国家科学技术学术著作出版基金资助出版

生态学研究

分布式栅格流域环境系统模拟模型及应用

李 勇等 编著

科学出版社

北 京

内 容 简 介

流域生源要素管理模型（CNMM）是一个空间分布式、基于栅格数据结构的流域生态水文环境模拟模型。本书对 CNMM 的原理及应用进行了较全面的介绍，主要内容包括：CNMM 的结构和建模方法；CNMM 的基本模块（能量、水文、植物生长、碳氮磷循环、管理措施、水体水质等）；CNMM 的废弃物处理和人工湿地模块；环境变化（气候和土地利用）与流域生态水文过程的交互影响；CNMM 关键参数的空间化方法、敏感性分析和优化方法，以及模型的不确定分析方法；CNMM 的应用实例。

本书可供从事流域生态水文、环境科学、农业科学、生态学等研究的科研人员及大专院校师生阅读参考。

图书在版编目（CIP）数据

分布式栅格流域环境系统模拟模型及应用/李勇等编著. —北京：科学出版社, 2017.3

（生态学研究）

ISBN 978-7-03-049714-7

Ⅰ. ①分… Ⅱ.①李… Ⅲ. ①流域环境–模拟系统–研究 Ⅳ.①X321

中国版本图书馆 CIP 数据核字(2016)第 206445 号

责任编辑：罗 静 岳漫宇 刘 晶 / 责任校对：李 影
责任印制：张 伟 / 封面设计：刘新新

科学出版社 出版
北京东黄城根北街 16 号
邮政编码：100717
http://www.sciencep.com

北京凌奇印刷有限责任公司 印刷
科学出版社发行 各地新华书店经销
*

2017 年 3 月第 一 版 开本：B5（720×1000）
2017 年 3 月第一次印刷 印张：13
字数：260 000
POD定价： 80.00元
（如有印装质量问题，我社负责调换）

《分布式栅格流域环境系统模拟模型及应用》
编写人员名单

李　勇　沈键林　王　毅　高懋芳

刘　锋　周　萍　刘新亮　陈　丹

邹钢华　罗　巧　马秋梅

作者简介

李勇，男，1967 年生，研究员，博士生导师。1989 年获农学学士学位（南京农业大学土化专业），1992 年获理学硕士学位（中国科学院沈阳应用生态研究所生态学专业），2002 年获博士学位（澳大利亚墨尔本大学资源管理专业）。1992～1998 年在中国科学院南京土壤研究所任助理研究员，2002~2009 年在墨尔本大学任研究员。2009 年 7 月至今在中国科学院亚热带农业生态研究所任研究员，并入选中国科学院"百人计划"。

主要从事流域生态水文、碳氮磷循环与农业面源污染防控研究。近五年主持承担科技部 973 计划课题与专题、科技支撑计划专题、中国科学院"百人计划"项目、院/省/市重点项目、国家自然科学基金项目等十多项研究任务。在碳氮磷于土壤/微生物和农田水系中转化与运移过程、农业氮磷污染生态防控、农田和流域碳氮磷循环模型、陆气界面碳氮气体交换等方面成果显著。主要成果包括：确定土壤微生物量元素计量比与农田系统生产力和环境负荷关系密切；以第一完成人，与墨尔本大学、中国农业大学合作开发了农田水与养分管理模型（WNMM），并在多国应用；目前独立研发了适用于我国亚热带、高分辨率（时、空和生态过程）、空间分布式的栅格流域生源要素管理模型（CNMM）。发表科学论文 100 余篇，其中 SCI 收录的学术论文 70 余篇，千余次引证。

序

为满足流域水文、生源要素物质循环高分辨率模拟的需要，以分布式水文模型（如 DHSVM、GSSHA）框架为基础，开发了分布式的流域水文模块，并与生态系统模型 WNMM 进行了无缝耦合，主要表现为两者共用统一数据结构，WNMM 模型的植物生长、有机物质分解和土壤有机质积累、溶质淋溶、硝化和反硝化、碳氮气体（CO_2、CH_4、NH_3、NO、N_2O、N_2）排放及农学措施等模块得到了保留，扩充了地表径流汇流、不饱和区和地下水饱和流汇流、渠道水流汇流、能量平衡和融雪等过程，于是构建的流域碳氮循环耦合模型具有三维的水文模块和溶质迁移模块，土壤各层次的温度由能量平衡的土壤热项和热传导方程来定解，现定名为流域生源要素管理模型（Catchment Nutrients Management Model，CNMM）。该模型的模拟空间大小为 $1 \sim 500 \ km^2$（小流域），垂直深度为 $1 \sim 10 \ m$（一般为 4 m，在这个深度的土壤温度基本上恒定，近似于年平均气温），时间尺度为 $1 \sim 100$ 年（一般为 30 年、60 年、90 年），时间步长为 $1 \sim 24 \ h$（一般为 3 h），网格大小为 $1 \sim 100 \ m$（一般为 10 m）。模型的汇水方式为分布式，单网格可以向 4 个方向（上、下、左、右）的邻网格分水。CNMM 模型相比于其他水文模型的特点是基于网格，任意时间尺度和空间尺度，考虑土壤和土地利用类型，输入变量为气象变量、数字高程和河流网络（由 ARC/INFO 或其他 GIS 系统产生），输出变量为流域各出口流量和水质、点及区域的土壤和植物各种变量（如植物生物量、产量、土壤水分、土壤养分、土壤温室气体排放等）。目前该模型已经在湖南长沙县金井河流域、四川盐亭小流域、江西千烟洲小流域等进行了验证，在较少的参数校正下，模拟的流域出口水量和水质与观测值具有很好的吻合。

本书第 1 章综述了当前流域环境模型的研究进展；第 2 章介绍了 CNMM 的结构和建模方法；第 3 章至第 9 章主要介绍了 CNMM 的基本模块；第 10 章和第 11 章介绍了与环境污染及治理相关的扩展模块；第 12 章和第 13 章描述环境变化（包括土地利用和气候）对流域生态水文过程以及流域行为的影响；第 14 章和第 15 章报告了 CNMM 模型关键参数的系列空间化方法、敏感性分析和优化方法，并介绍模型模拟的不确定分析方法；第 16 章以湖南省金井河流域为例，介绍了 CNMM 的实际应用。

李 勇

2017 年 3 月 15 日于长沙

前　言

　　近十年来，水文学家、生态学家和环境学家都建立及应用了各自领域的数学模型，在流域尺度模拟农业点源和非点源污染，如美国环保署的 HSPF 模型（Bicknell et al.，2001）和美国农业部的 SWAT 模型（Arnold et al.，1998）、澳大利亚 CSIRO 的 E2 模型（Argent et al.，2005），以及其他的模型如 RHESsys（Band et al.，1991）等。这些模型主要基于水文反应单元，应用广泛且各有特点，如在水文方面 HSPF 模型要比 SWAT 模型准确，但在污染物和土壤颗粒迁移方面却又不如后者；E2 模型实际上是一个模拟框架，用户可以随意地选择自己喜欢的水文模块，以及污染物产生、迁移和过滤等模块进行农业生态系统模拟，但它的污染物产生模块却非常简单，同时它也提供给有经验的用户进行污染物产生模块的自我定义，从而实现灵活而机动的目的。我国在国际上较有影响的流域环境模型为新安江模型（Zhang et al.，1992）、HELP 模型（Yang et al.，2005）和 ECOHAT 模型（刘昌明等，2010）等，主要侧重于流域水文及生态水文耦合的模拟。

　　另外，基于田块尺度的农田生态系统模型如 ANIMO（Kroes et al.，1998）、CENTURY（Parton et al.，1988）、DNDC（Li，2000）、ECOSYS（Grant，2001）、DAISY（Hansen et al.，1991）、WNMM（Li et al.，2007）和 FASSET（Chatskikh et al.，2005）功能全面，能够比较系统地模拟农业生态系统的各个生态过程（包括植物生长和水-碳-氮-磷循环），但都缺乏对水分在空间上的三维动态模拟，从而限制了它们在景观尺度上应用于农业生产活动对环境的影响评价。

　　本书作者及其科研团队在中国科学院"百人计划"和科技部重点基础研究项目课题的资助下，以其已开发完成并得到广泛应用的农田生态系统养分管理模型 WNMM 为生物地球化学功能基础，结合空间分布式的栅格流域水文模型，扩展其三维水文及生态水文耦合过程模拟能力，构建了流域生源要素管理模型（Catchment Nutrients Management Model，CNMM）。CNMM 综合模拟亚热带农业生态系统中人、动物和自然的关系，农业生产活动与环境的关系，公共社会民生政策（包括区域经济开发、污染控制和温室气体减排）和农业生态系统行为（包括土地利用变化和环境影响）的关系，以及农业生态系统对全球气候变化的响应等，寻求基于追求不同社会、环境和经济效益等方向的农业生态系统最佳管理模式。

目　　录

1. 流域环境模型研究进展

1.1 引　言

　　水资源是基础自然资源，是生态环境的控制性因素之一，水资源问题为世界普遍所关注，它不仅影响、制约社会的可持续发展，而且将成为 21 世纪全球资源环境的首要问题，直接威胁人类的生存和发展。水资源是量与质的高度统一，我们在面临水量危机的同时，水质危机更加严重，甚至因水质问题所导致的水资源危机大于水量危机。

　　《2014 年中国环境状况公报》显示，全国水环境质量不容乐观。全国 423 条主要河流、62 座重点湖泊（水库）的 968 个国控地表水监测断面（点位）中，Ⅳ、Ⅴ、劣Ⅴ类水质断面比例为 36.9%。Ⅰ、Ⅱ、Ⅲ、Ⅳ、Ⅴ、劣Ⅴ类水质断面分别占 3.4%、30.4%、29.3%、20.9%、6.8%、9.2%。开展营养状态监测的 61 个湖泊（水库）中，富营养状态的有 15 个。2014 年，流域地下水水质监测井 2071 个测站数据评价结果显示，较差和极差测站的比例为 84.8%。海水方面，2014 年春季、夏季和秋季，劣于第四类海水水质标准的海域面积分别为 52 280 km^2、41 140 km^2 和 57 360 km^2，主要分布在辽东湾、渤海湾、莱州湾、长江口、杭州湾、浙江沿岸、珠江口等近岸海域。春季、夏季和秋季，呈富营养化状态的海域面积分别为 85 710 km^2、64 400 km^2 和 104 130 km^2。夏季，重度、中度和轻度富营养化海域面积分别为 12 800 km^2、15 840 km^2 和 35 760 km^2。重度富营养化海域主要集中在辽东湾、长江口、杭州湾、珠江口等近岸区域。水利部报告目前全国有 3.2 亿农村人口喝不上符合标准的饮用水，其中约 6300 多万人饮用高氟水，200 万人饮用高砷水，3800 多万人饮用苦咸水，1.9 亿人饮用水有害物质含量超标。另外还有很大一部分城市人口的饮用水也不达标（戴丽，2015）。

　　虽然随着我国环境治理力度的加大，水质恶化的势头有所抑制，但从总体上来判断，水质恶化的趋势不可避免，从空间上，已从大陆向海洋、从城市向农村扩展，如果不采取有力的措施，一些城市、地区或流域甚至全国可能发生水质危机，可以说，水质危机危害远远超过水量危机，必须引起高度重视。与此同时，流域环境问题长期以来缺乏系统性、协同性和创新性的科学研究，水污染控制的技术支撑比较薄弱，水资源与水环境质量仍将是制约与胁迫我国经济社会发展的重大瓶颈。

　　流域环境系统模型从流域尺度出发，通过模拟污染物在流域范围内的迁移转化过程，系统认识流域环境系统特征，研究各种污染形成机制，明确污染物运移的时空分布规律，是流域环境规划、管理、研究的重要工具。相对其他注重单一过程和注重小尺度或田间尺度的多个过程的模型而言，流域尺度环境模型在整个流域范围内整体模拟水文过程和环境动态，可以为治理和管理流域水环境提供有力支持。

根据不同的分类原则，流域环境模型可以分成不同的类型。

根据模型的空间表征方式，流域环境模型可以分为（半）分布式模型和集总式模型。前者将流域分成若干个小的单元或者亚流域，通过严格的数学物理方程和函数关系来表述流域的水文过程及地球物理和化学过程，参数具有明确的物理意义，可以通过连续方程和动力方程求解，并通过实测数据校准模型，获得空间化的参数系数，如 SWAT 模型和 EFDC 模型等；后者将流域视为一个整体单元，用抽象和概化的方程表达流域的水循环过程，具有一定的物理基础，模型结构相对简单，实用性较强，但在许多环节上一般借助于概念性元素或经验函数关系描述，缺乏明确的物理意义，模拟结果有时不够理想，包括 SPARROW 模型等。

根据模型输入数据或参数的特点，流域环境模型可以分为确定模型和随机模型。确定模型根据确定的数学关系来描述流域的水文过程及地球物理化学过程，而随机模型的输出结果在大多数情况下只是一个变化范围。尽管大多数模型都是确定模型，随机模型具有两大优势：第一，当流域空间或时间信息有限时，随机模型可以以简单的概念框架来描述空间或时间异质性；第二，可以使决策支持者明确预测的不确定性（Todini，2004；Zheng and Keller，2008；Daniel et al.，2011）。

根据时间尺度，流域环境模型还可以分成基于降雨事件型和连续型模型。降雨事件型模型只是模拟单次降雨事件的入渗、地表径流等过程，而连续型模型还考虑前后降雨事件发生之间土壤湿度等的变化。

1.2　国外流域环境模型研究

国外流域环境模型研究经历了萌芽期（20 世纪 70 年代末之前）、快速发展期（20 世纪 80 年代初至 90 年代初）、完善应用期（20 世纪 90 年代中后期至今）（沈晔娜，2010），由简单的统计分析向机理模型模拟、由平均负荷输出或单场暴雨分析向连续时间响应分析、由集总模型向分布式模型发展，耦合 GIS 和 RS 等实现最佳管理、标识关键源区，今后模糊理论、不确定性分析、风险评价和管理的引入将促进相关研究的开展（夏军等，2012）。下面对目前应用比较广泛的几种流域尺度水文模型作简要回顾（表 1.1）。

1.2.1　ANSWERS/ANSWERS-2000

ANSWERS（Areal Nonpoint Source Watershed Environment Response Simulation）

表 1.1 主要流域环境模型的比较研究

模型	适用性	主要模块	地表径流	地下水流	养分模拟	空间尺度	时间尺度	流域划分方式	是否公开
ANSWERS	适用于农业流域；为缺乏水文资料流域设计	地表径流，下渗，地下排水，土壤侵蚀，截留及地表沉沙输移	曼宁连续性方程	无	无	分布式	基于暴雨事件	方格网；二维模拟	是
ANSWERS-2000	适用于中尺度农业流域；为缺乏水文资料流域设计；有利于评价BMP的效果；能模拟氮在4个氮库之间的迁移转化	地表径流；下渗；河网汇流；排水；养分迁移	曼宁方程	达西方程	氮，磷，泥沙迁移	分布式	连续	栅格	是
AGNPS	适用于农业流域	地表径流，土壤侵蚀及泥沙迁移	CN，洪峰流量为TR-55	无	无	分布式	基于暴雨事件	同类上地区域	是
AnnAGNPS	适用于农业流域；广泛应用于大量措施施及其他BMP效果的评估	水文，泥沙，养分和农药迁移；由DEM产生河网	CN，洪峰流量为TR-55	达西方程	氮，磷，农药，有机碳	分布式	连续，以天计；或小于一天计	同类上地区域，河道，水坝	是
GSSHA/CASC2D	适用于农业或城市流域；可模拟各种气候变化条件和复杂空间数据集下的流域	空间异质性的降雨；降雨产流和二维地表径流，河道汇流，土壤湿度，泥沙输移，侵蚀	二维扩散波方程	无	无	分布式	基于暴雨事件；连续	二维格网；一维河道	否
HEC-1/HEC-HMS	适用于城市流域；大量应用于模拟洪水及其对土地利用变化的影响	降雨，损失，基流，地表径流转化和汇流	CN，运动波方程	无	无	半分布式	基于暴雨事件	树枝状网络或栅格	是
HSPF	适用于农业或城市流域；适用于点、面的水和泥沙输移任	地表径流/水质组分，渗透区域的模拟，河道混合水库	经验外流	壤中流，外流，渗漏，地下水外流	土壤温度，水温，溶解氧，二氧化碳，氮，有机氮/磷，农药	半分布式	连续	可渗透/不可渗透上地区域，河道，混合模拟；一维模拟	是
KINEROS2	适用于城市环境，研究单个切断的或设计的暴雨事件；也可用于农业流域	分布式降雨输入，降雨产流，坡面漫流，河道汇流，泥沙输移，截留，入渗，地表径流以及侵蚀	动力波方程	无	无	分布式	基于暴雨事件	坡面及河道的连接；一维模拟	是

续表

模型	适用性	主要模块	地表径流	地下水流	养分模拟	空间尺度	时间尺度	流域划分方式	是否公开
MIKE SHE	空间和时间尺度较大；标准组件的设计；高水平的水质、数值计算和水量分析	截留、坡面/河道流、不饱和/饱和区域、含水层河道交换、参溶质的水平对流扩散、地球化学过程、植物生长、土壤侵蚀及灌溉	二维扩散波方程	三维地下水流	地表、土壤及地下水中溶解的物质	分布式	基于暴雨事件；连续；可变的时间步长	二维矩形正方形坡面栅格；一维坡面河道；二维不饱和/三维饱和流	否
SWAT	较适用于农业流域；在计算TMDL和模拟大量措施以及其他BMP方面非常强大；成功应用于许多国家的流域	水文、气候、泥沙、养分物质、作物生长、农药管理、河道和水库汇流	地表径流的计算采用CN；洪峰流量的计算采用SCS TR-55	侧向壤中流/地下水流	氮，磷，农药，碳	半分布式	连续；以天为时间步长	基于气候的亚流域，水文响应单元位、池塘、地下水，以及主河道	是
WEPP	较适用于农业流域，分析小流域水文和土壤侵蚀	气候产生、冻土、积雪及融雪、灌溉、入渗、坡面流水力学、水量平衡、植物生长、侵蚀及残留物分解	动力波方程	Green-Ampt 公式	无	分布式	连续	河段及水坝	是

是美国普渡大学开发的基于单次事件的分布式参数模型（Beasley et al.，1980）。20 世纪 90 年代，Bouraoui 和 Dillaha（1996）基于原模型开发了连续模拟版本 ANSWERS-2000，以方格划分流域，网格内所有的水文参数（土壤特性、地表状况、植被、地形等）一致。雨期和无雨期的模拟步长分别为 30 s、24 h。ANSWERS 和 ANSWERS-2000 可以用于模拟水文资料缺乏的流域，评估农业和城市流域最佳管理措施（BMP）在地表产流过程中降低泥沙和养分流失的有效性。

夏军等（2012）指出，由于该模型采用经验性的侵蚀模块，仅可以模拟总泥沙迁移过程，而不能模拟如地表径流的饱和度、地下水等许多子过程；因未考虑不稳定水流运动、土壤中污染物运移、土壤与地表水之间的交换等，导致非点源污染模拟具有不确定性，不能很好地用于 BMP 规划；江河中水流和泥沙输移运动与耕地上坡地流的特性不同，需修改输移方程；不适于壤中流为主的流域。Oogathoo（2006）指出 ANSWERS 的主要缺点是不能模拟壤中流，也不能模拟地下水对基流、积雪和融雪的贡献。这表明，该模型不适用于基流、积雪和融雪很大的流域。Borah 和 Bera（2003）也指出，ANSWERS 不宜模拟高强度的单次暴雨事件，在求解方程时会出现数值问题。他们也指出 ANSWERS-2000 没有河道侵蚀和泥沙输移过程，因此泥沙和化学组分模块不适用于流域尺度的分析。

1.2.2 AGNPS/AnnAGNPS

AGNPS 模型（Agricultural Non-Point Source Pollution Model）（Young et al.，1995）是 1986 年由 USDA-ARS 与明尼苏达污染物防治局研制的流域分布式事件模型，步长为暴雨历时，适于 $1\sim20\,000$ hm^2 的流域，以方格划分流域，包括水文、侵蚀、泥沙和化学物质传输模块。AnnAGNPS（Annualized AGNPS）（Bosch et al.，2001）是 1998 年研发的可以暴雨事件、月或年为步长的半经验、分布式、连续模拟、地表径流污染物负荷模型，适合 $1\sim300\,000$ hm^2 的流域。该模型可以通过成本-效益分析实现流域地表径流、水土流失和养分迁移的管理。它可以模拟池塘、植被过滤带、河岸缓冲区等最佳管理措施（BMP）（Kalin and Hantush，2003）。Borah 和 Bera（2003）指出，AnnAGNPS 模型可以用来分析水文变化和流域管理措施尤其是农业措施的长期影响。Baginska 等（2003）研究表明 AnnAGNPS 对暴雨产流的预测效果基本满意，Das 等（2004）以可接受的精度模拟安大略湖西南的 Canagagigue Creek 流域的地表径流，而 Suttles 等（2003）和 Yuan 等（2001）研究表明该模型可以预测长时间的月均或年均地表径流量。

但是 AnnAGNPS 模型主要有以下局限性：①不能模拟基流或在冻土条件下进行模拟；②模型没有考虑流域内降雨的空间分布不均匀性，因此忽略了流域内的水量平衡计算；③径流模拟并非全部基于物理定理（Oogathoo，2006）。

1.2.3 CNMM

流域生源要素管理模型（Catchment Nutrients Management Model，CNMM）是以我国亚热带小流域为研究区域的一种分布式数学物理流域环境模型（Li，2015），用于农田生态系统水-碳-氮等物质循环的模拟，进而可研究区域气候变化对农业的影响，揭示地球表层物质生源要素比率与农业生产力的关系。其前身为水-氮管理模型（WNMM 模型），CNMM 完善并扩展了 WNMM 模型的结构和功能。该模型与分布式 DHSVM 水文模型进行无缝耦合，增加了水文循环模块，将流域水量平衡和能量平衡联立起来。CNMM 模型基于物理空间网格进行架构和运行，以数字高程模型（DEM）网格节点为中心，计算时把流域划分为若干栅格单元，在各网格上根据质-能平衡方程求解。CNMM 模型具有三维的溶质迁移模块和水文模块。其中溶质迁移模块涉及植物生长、植物-土壤-水体系统中的水-碳-氮循环［包括新鲜有机物质分解、土壤有机质分解与积累、干湿沉降、硝化和反硝化、碳氮气体（CO_2、NH_3、N_2O、NO、N_2）排放等］、水土及碳氮迁移与流失、农业管理措施（包括播种、收获、耕作、施肥、灌溉、水渠植草、废弃物管理等）等子过程；水文模型涉及降雨及蒸发散、地表径流汇流、不饱和区和地下水饱和流汇流、渠道水流汇流、融雪等子过程。

该模型的新颖之处在于它是基于栅格和水系网络的，可作用于任意时空尺度，对时间做一维剖分，对空间做三维立体剖分。CNMM 可以应用于开展长期连续地模拟多种养分管理措施、耕作措施、自然保护措施、替代农作系统和其他农业管理措施对地表径流和养分流失的影响。

1.2.4 GSSHA/CASC2D

CASC2D（Julien and Saghafian，1991）是基于半干旱流域开发的用于预测地表径流的分布式水文模型，其水和泥沙是在二维地面栅格和一维渠道中进行模拟的。该模型既可以模拟单次降雨事件，也可以进行长期连续模拟。GSSHA（Downer and Ogden，2004）是 CASC2D 的加强版，在保持 CASC2D 所有功能的基础上，提高了模型的稳定性和运行效率，可以模拟饱和/非饱和地下水，允许模型在各种气候下和流域内的应用。GSSHA 可以用于城市化区域的径流模拟、洪水预测及城市规划等。相比 CASC2D，GSSHA 可以模拟水文储存单元如湖泊、湿地、水库等，并且在河道内泥沙输移的预测方面有所改进，尤其是在强降雨事件发生时（Downer and Ogden，2004）。CASC2D 和 GSSHA 在密西西比的 Goodwin Creek 实验流域都得到了测试，结果表明，GSSHA 在选定的暴雨事件中模拟泥沙输出的精度优于 CASC2D（Ogden et al.，2001；Downer and Ogden，2004）。

Kalin 和 Hantush（2003）的研究表明，该模型存在一些明显的局限性，如对泥沙的模拟效果比较差，认为渠道的流失并不限于输移，这意味着该模型产生的泥沙量要大于其水流所能携带的量。该模型的另外一个局限在于其计算流程，计算量较大，并且数据需求量太大（Borah and Bera，2003）。Ogden 和 Julien（2002）的研究表明，当栅格数超过 100 000 时就无法进行计算，因此，该模型不适用于中尺度到大尺度的流域（Borah and Bera，2003）。

1.2.5 HEC-1/HEC-HMS

HEC-HMS 水文模型（Scharffenberg，2013）是由美国陆军工兵局（USACE）水文工程中心（HEC）开发的一系列水利工程应用模型中的一种——流域降雨-径流模型，它是 HEC-1（Hydrological Engineering Center，1998）水文模型的继承和发展，是一个具有物理概念的半分布式次洪降雨径流模型，可以对自然的降雨-径流过程或是受人为控制约束的降雨-径流过程进行连续模拟。HEC-HMS 模型考虑到流域内气候环境、降雨及下垫面的空间变化，利用山体形成的自然分水线，将流域划分为若干个子流域，可分别对各个子流域和河道利用不同的降雨-径流方法、基流计算方法、河道汇流计算方法等进行选择，分别设置各子流域的各类参数，计算各个子流域各自的产流、汇流，并沿汇流河道演算至下游控制断面出口，得到流域出口处总径流过程的洪峰量、径流量、峰现时间等水文数据。另外，HEC-HMS 模型还能将流域的空间变化细化到每个栅格单元，分别计算各栅格单元的产流、汇流，最终按栅格汇流顺序演算至河道出口断面。

在 HEC-HMS 水文模型研究方面，2000 年后，随着 GIS 技术的发展，国内学者开始将 HEC-HMS 水文模型应用于我国部分流域，以中北部地区应用居多，而南方地区特别是季风气候地区的应用较少。总的来说，HEC-HMS 在我国小流域的降雨-径流模拟中应用效果较为理想，且多应用于平原地区，在山丘区的山洪模拟较少（廖富权，2014）。2012 年，陈芬等（2012）将模型应用于晋江流域的暴雨次洪模拟中，梁睿（2012）将模型应用于北张店流域，效果较好；在国际方面，HEC-1 和 HEC-HMS 在模拟洪水及对土地利用变化的影响方面也有广泛的应用。Duru 和 Hjelmfelt（1994）利用模型的运动波方法发现即使在有限的校准下，模型对无资料流域的地表径流预测效果仍然比较好，并可以准确评估土地利用对水文循环的影响。另外，在加拿大北安大略湖的研究（Sui，2005）表明 HEC-1 模型也可以用于对无资料流域的径流模拟。

尽管 HEC-1/HEC-HMS 已被广泛运用，Oogathoo（2006）指出该模型具有一定的局限性。第一，该模型的时间步长是固定的，而这不适于进行详细分析。第二，该模型是一个半分布式的模型，假设每个亚流域内的水文过程都是一致的。第三，该模型的主要目标是决定洪水过程线，而基流模拟方法比较简单，因此，在没有降水的情况下，模型不能计算水分的损失，即土壤不会变干以恢复它的流失潜能。Scharffenberg（2008）指出了该模型的其他缺陷，包括没有耦合蒸散-入渗与入渗-基流过程、没有含水层的相互作用、不能模拟河段的回水、对于树枝状河网的分流能力有限等。

1.2.6　HSPF

HSPF（Hydrological Simulation Program-Fortran）模型（Bicknell et al.，1997）是 1980 年 Johanson 提出的，起源于 SWM（Stanford Watershed Model）模型，适于大流域长期连续模拟。模拟地段分透水地面、不透水地面、河流或完全混合型湖泊水库。模型包含 3 个应用模块和 5 个效用模块，前者模拟流域的水文/水力和水质要素，后者可分析时间序列数据。应用模块包括透水和不透水区水文水质模块，透水区模拟包括融雪、水文、地表土壤侵蚀沉积物、多种水质变化模拟及农业化学子模块等；地表水体水文水质模块模型可模拟河道及混合水库的径流和水质。由斯坦福 IV 计算径流，采用机理性的土壤侵蚀模型模拟土壤侵蚀，模型可提供水解、氧化、光解、生物降解、挥发和吸收 6 种沉积化学作用模式，并结合水动力学实现沙、粉沙和黏土，以及 BOD、DO、氮、磷、农药等的地表、壤中流过程和蓄积、迁移、转化的综合模拟，可进行小时尺度的产汇流分析，是国际上模拟流域非点源污染效果最好的模型之一。该模型最大的缺陷是假设模拟区对斯坦福流域水文模型是适用的，且污染物在受纳水体的宽度和深度上充分混合，限制模型的实用性，只能模拟到各子流域不同土地利用类型污染负荷产生量，空间分辨率较低。

1.2.7　KINEROS2

KINEROS2 （Kinematic Runoff and Erosion Model）可以用来模拟不同的人为因素如城市发展、小型水库、人工修建的渠道等对洪水过程线和产沙量的影响。该模型是软件系统 AGWA （Automated Geospatial Watershed Assessment Tool） 的一部分。由于受限于地表径流的计算，并且模型没有对长期模拟进行设计，KINEROS2 模型没有蒸散模块，而这对计算水量平衡非常重要（Kalin and Hantush，2003）。但是，该模型基于其整套的水文和泥沙模块，在研究单次强降雨、评估流域管理措施尤其是结构性措施方面是一个很好的工具。Kalin 和 Hantush（2003）通过在美国艾奥瓦州的 Treynor 流域的测试表明，该模型在模拟侵蚀和泥沙输移方面相当强大。Lajili-Ghezal（2004）将该模型应用于突尼斯的半干旱区域 M'Richet E1 Anze 流域，结果表明该模型可以对无资料流域的地表径流进行预测，并可以评估未来的土地利用总体规划。Miller 等（2007）利用 AGWA 框架下的 KINEROS2 成功地评估了暴雨产流量和快速洪水响应。

而 Al-Qurashi 等（2007）认为该模型在阿曼地区的大型干旱流域的应用效果不够理想。尽管有相对高分辨率的降雨产流数据，并且他们采用自动校正与加入降雨参数结合的方式来优化模型模拟效果，但是该模型的验证效果很差，甚至还不及采用默认参数设置。Borah 和 Bera（2003）指出，该模型在小于 1000 hm^2 的流域对地表径流和泥沙的模拟效果较好，而当对空间和时间增值进行组合以保持数值分析的稳定时就会出现较差的模拟结果。总之，该模型的主要缺陷是没有化学/养分模块，使得该模型不能用于评估 BMP（Kalin and Hantush，2003）。

1.2.8 SHE/MIKE SHE

SHE（Systeme Hydrologique European）是 1969 年由 Abbott 等提出的以矩形网格划分流域的模型。20 世纪 90 年代初在 SHE 的基础上研发的 MIKE SHE 是一个综合、确定的灵活而功能强大的模型，是世界上第一个严格意义上的、有物理意义的连续分布式水文系统模型。主要组件有 WM（水流运动）、AD（溶解质的平移和扩散）、GC（地球化学和生物反应）、CN（作物生长和根系区氮的运移过程）、SE（土壤侵蚀）、DP（双相介质中的孔隙率）、IR（灌溉）。MIKE SHE 能综合模拟对流-弥散运移、吸附、生物降解、地球化学过程和大孔隙流问题，以及大多数水文、水资源和污染物运移的一般应用。大部分子模型具有物理意义，适合尺度很广，从单一的土壤剖面到大范围的区域尺度；完全与 GIS 数据库耦合，并有用户友好输入-输出界面；采用整合式的模块化结构，每一组件描述水文循环中一个独立的物理过程；但 Richards 方程使用有效或有代表性的参数值无法验证模拟的土壤含水条件；模型代码未公开，用户无法根据实际需要修改模块；对蒸散量与河流含水层相互作用的模拟能力有待提高。

1.2.9 SWAT

SWAT（Soil and Water Assessment Tool）是 20 世纪 90 年代初 USDA-ARS 开发的以日为步长的具有物理机制的适于大、中尺度的流域管理模型，是在农业和森林为主的流域具有连续模拟能力的最有前途的非点源模型（Neitsch et al.，2011）。以子流域划分法离散流域，并进一步划为水文响应单元（HRU），包括水文、非点源污染负荷模拟、河道污染物迁移转化和湖泊水体水质模块。模型不能模拟详细的、基于事件的洪水和泥沙，日模拟存在系统误差，丰水期模拟效果较好；各 HRU 可有不同的地形特征，且设定土地利用和土壤阈值会忽略产沙量较大的小面积土地；在地表层增加营养物模拟化肥施用与实际不符；水质模拟结果以负荷总量的形式输出，而中国水质检测和管理主要采取污染物浓度控制，需进行换算；DEM 分辨率对提取坡度值影响较大，模拟流域产流、产沙时，应订正坡度；天气发生器只能产生一点处的天气序列，不适于尺度水文模拟；增加了模拟河道下切和边坡稳定性的算法，允许河道范围和大小连续更新，但河床描述过于简单；基于完全混合假设的水库演算的出流计算过于简化，为模拟大型水库，这些方面有待改进。

1.2.10 WEPP

WEPP（Water Erosion Prediction Project）模型于 1985 年由美国农业部开发。模型主要由 7 个部分组成：对降雨、温度、风等气候因子的模拟，地表水和地下水的水文运动，水平衡和渗透，土壤组成和变化，植物生长和残留物分解及管理，地表水力学运动，侵蚀的形成和预测预报等。作为连续的物理模型，WEPP 可以模拟非规则坡形的陡坡、土壤、耕作、作物及管理措施对侵蚀的影响，可以模拟土壤侵蚀的时空变异规律；预测泥沙在坡地及流域中的运移状态；但其本身只能模拟片蚀、细沟侵蚀和临时性沟道中的水力侵蚀过程，无法模拟较大规模的沟蚀和流水沟道的侵蚀；模型在它的发源地未得到很好的推广，限制了其发展。

1.3 流域环境模型系统

近年来，水文学家和水资源管理者，以流域环境模型的理论为基础，开发了数个多功能的综合水文模型和生态环境管理的流域模型系统，如 AGWA、BASINS、MODFLOW-WHaT、WISE、WMS 等。下面简单介绍几种常用的流域模型系统。

1.3.1 AGWA

AGWA（Automated Geospatial Watershed Assessment Tool）（Miller et al.，2007）是基于 GIS、在 USDA-ARS 西南流域研究中心和 U.S. EPA 研究与发展办公室的一个合作项目的基础上开发的一个工具系统。嵌入 AGWA 的是 KINEROS 和 SWAT 模型。利用数字高程模型（DEM）来描绘和离散化流域，然后由土壤、土地覆盖和降水等数据层驱动模型的运行，并采用 Walnut Gulch 实验流域的地下水文数据来校准和验证模型。

AGWA 可以用来研究土地利用变化对地表径流、侵蚀和水质的影响。例如，Miller 等（2002）和 Kepner 等（2004）研究表明，如果存在多相土地利用数据，就可以以时间为函数来评价土地利用变化对水文的影响，如果不能得到多相土地利用数据，则可以用空间代替时间，将一个空间流域与另一个流域进行对比研究。Hernandez 等（2000）研究表明，不管是 SWAT 模型还是 KINEROS2 模型，模拟的径流对土地利用变化是敏感的，而在查找表中所作的假设决定了模拟结果变化的方向和幅度。他们的研究还表明模型的校准和降雨的空间分布对模拟结果的影响比较大。

1.3.2　BASINS

BASINS（Better Assessment Science Integrating point & Non-point Sources）是由 USEPA 开发的综合环境数据、分析工具、流域和水质模块用于流域管理、TMDL 发展、海岸带管理、非点源污染工程、水质模拟和国家污染排放清除系统（NDPES）许可的模型系统，最初开发于 1996 年，并分别在 1998 年、2001 年、2004 年、2007 年、2008 年和 2010 年发布了相应的更新版本。其最新版本 BASINS 4.1 发布于 2013 年。BASINS 适合对多种尺度下流域点源及非点源的各种污染物进行综合分析，但其缺点是数据需求量太大，基础资料往往难以满足。

1.3.3　MODFLOW-WHaT

MODFLOW-WHaT（MODFLOW-Watershed Hydrology and Transport）是最近开发的流域模型系统，该系统由 Oregon Health and Science University 地下水研究中心赞助和维护。该软件包利用理查德方程对地表-地下过程进行完全耦合的三维模拟，对地表径流以二维的动力波方程进行近似计算，并采用适合的时间步长计算方法。而采用扩散比拟地表径流模型（Diffusion Analogy Surface Water Flow Model, DAFLOW）计算开放渠道的流量，利用 RT3D 和 BLTM（Branched Lagrangian Transport Model）模型模拟水质。Johnson 等（2003）利用 MODFLOW-SURFACT 评估日降雨量和空间分布对半干旱区域地下水中 VOC 出现情况的影响。和 MODFLOW-SURFACT 相比，MODFLOW-WHaT 考虑了入渗和壤中流，因此在模拟流域对降雨事件的水文响应方面更准确（Brad，2003）。

1.3.4　WISE

WISE（Watershed Information System）是基于 GIS 的管理和分析大量水资源数据的系统。该系统最初用来存储、管理开放数据，而不是用来处理信息。该系统包括 HEC-1、HEC-2、HEC-RAS、FLO-2D、CHAMPS（Coastal Hydroscience Analysis，Modeling & Predictive Simulation）、WHAFIS（Wave Height Analysis for Flood Insurance Studies）、SWMM（Storm Water Management Model）、NPSM（NonPoint Source Model）中的 WinHSPF（Windows Hydrological Simulation Program-Fortran）等模块。WISE 已被广泛应用于洪水险情制图。USGS 新罕布什尔州/佛蒙特州水科学中心将 WISE 运用于新罕布什尔州的 Carroll 县（Flynn，2006）。

1.3.5　WMS

WMS（Watershed Modeling System）最初是由杨百翰大学环境模拟研究实验

室与美国陆军工兵局水路实验站联合开发的，现在由 Aquaveo 公司维护与开发。该系统对于流域水文和水力的所有模拟都提供完全的图形模拟环境界面。WMS 在自动模拟过程，如流域边界的自动产生，几何参数、CN 值、粗糙系数等的计算方面包含以下很强大的工具。该系统的水文模拟组块包括 HEC-1、TR-20、TR-55、NFF（National Flood Frequency Model）、MODRAT（Modified Rational Method Model）、OC Rational 和 HSPF，水力模拟组块包括 HER-RAS、SMPDBK（Simplified Dam-Break Model）和 CE QUAL W2。

1.4 流域环境模型发展趋势

从流域环境模型国内外的实际应用情况来看，以下几个方面需要深入研究（Beckers et al.，2009；朱瑶等，2013）。

（1）发展与改进现有模型，加强耦合模型或集成化模型的开发与应用。发展与改进现有模型，尤其是水文和污染物迁移转化机理的模型，包括模型平台开发、模型功能扩展及模型校准验证等，拓展模型的使用范围和提高模拟的精度。耦合模型或集成化模型能结合各模型的优势，最大限度地发挥模型的功能，是解决流域环境复杂污染问题的发展方向之一。

（2）不同来源的不确定性分析。目前虽然已有关于模型不确定性的讨论，但还没有形成系统化、普遍适用的理论体系，因而对模型进行深入的不确定性分析，确定不同来源误差的大小和分布，对于模型的准确应用十分有意义。

（3）加强流域环境对人类活动、气候变化的响应研究。气候变化包括温度和降雨的变化、极端天气事件的发生、冰川融雪的变化等。这类研究的重点是如何有效地利用流域环境模型来预测未来气候变化情景下流域环境的变化趋势。

参 考 文 献

陈芬, 林峰, 陈兴伟. 2012. 采用分布式 HEC-HMS 水文模型的晋江流域暴雨次洪模拟. 华侨大学学报(自然科学版), 33(3): 325-329.
戴丽. 2015. "生命之源"的战争. 节能与环保, 5: 24-32.
梁睿. 2012. HEC-HMS 水文模型在北张店流域的应用研究. 太原: 太原理工大学硕士学位论文.
廖富权. 2014. HEC-HMS 模型构建及其在恭城河流域洪水预报中的应用. 南宁: 广西大学硕士学位论文.
沈晔娜. 2010. 流域非点源污染过程动态模拟及其定量控制. 杭州: 浙江大学博士学位论文.
夏军, 翟晓燕, 张永勇. 2012. 水环境非点源污染模型研究进展. 地理科学进展, 31(7): 941-952.
朱瑶, 梁志伟, 李伟, 等. 2013. 流域水环境污染模型及其应用研究综述. 应用生态学报, 24(10): 3012-3018.
Al-Qurashi A, Macintyre N, Wheater H. 2007. Rainfall-runoff modelling using KINEROS model. Geo Res Abs.

Baginska B, Milne-Home W, Cornish P S. 2003. Modelling nutrient transport in Currency Creek, NSW with AnnAGNPS and PEST. Environmental Modelling and Software, 18: 801-808.

Beasley D B, Huggins L F, Monke E J. 1980. Answers - A model for watershed planning. Transactions of the ASAE, 23: 938-944.

Beckers J, Smerdon B, Wilson M. 2009. Report: Review of Hydrologic Model for Forest Management and Climate Change Applications in British Columbia and Alberta.

Bicknell B R, Imhoff J C, Kittle J L, et al. 1997. Hydrological Simulation Program Fortran: User's Manual for Version 11. U.S. Environmental Protection Agency, National Exposure Research Laboratory, Athens, GA, EPA/600/R-97/080, 755.

Borah D K, Bera M. 2003. Watershed-scale hydrologic and nonpoint-source pollution models: Review of mathematical bases. Transactions of the ASAE, 46: 1553-1566.

Bosch D D, Theurer F, Felton G, et al. 2001. Evaluation of the AnnAGNPS Water Quality Model. Tifton, GA.

Bouraoui F, Dillaha T A. 1996. Answers-2000: Runoff and sediment transport model. J Environ Eng-Asce, 122: 493-502.

Brad R T. 2003. Simulating fully coupled overland and variably saturated subsurface flow using MODFLOW. Faculty of the OGI School of Science and Engineering. Oregon Health and Science University.

Daniel E B, Camp J V, LeBoeuf E J, et al. 2011. Watershed modeling and its applications: A state-of-the-art review. The Open Hydrology Journal, 5: 26-50.

Das S, Rudra R P, Goel P K, et al. 2004. Application of AnnAGNPS Model under Ontario Condition. ASAE/CSAE 2004 Annual International Meeting, St. Joseph, Michigan.

Downer C W, Ogden F L. 2004. GSSHA: Model to Simulate Diverse Stream Flow Producing Processes. J Hydrol Eng, 9: 161-174.

Duru J O, Hjelmfelt A T. 1994. Investigating prediction capability of HEC-1 and kineros kinematic wave runoff models. Journal of Hydrology, 157: 87-103.

Flynn R H. 2006. Scoping of flood hazard mapping needs for Carroll County, New Hampshire. U.S. Geological Surrey.

Hernandez M, Miller S N, Goodrich D C, et al. 2000. Modeling runoff response to land cover and rainfall spatial variability in semi-arid watersheds. Environ. Monit Assess, 64: 285-298.

Hydrological Engineering Center. 1998. HEC-1 Flood Hydrograph Package: User's Manual. U.S. Army Corps of Engineers, Davis, CA.

Johnson R L, Thoms R B, Zogorski J S. 2003. Effects of daily precipitation and evapotranspiration patterns on flow and VOC transport to groundwater along a watershed flow path. Environ Sci Technol, 37: 4944-4954.

Julien P Y, Saghafian B. 1991. CASC2D user's manual. Colorado State University, Department of Civil Engineering.

Kalin L, Hantush M M. 2003. Evaluation of sediment transport model and comparative application of two watershed models. Office of Research and Development, U.S. Environmental Protection Agency.

Kepner W G, Semmens D J, Bassett S D, et al. 2004. Scenario analysis for the San Pedro River, analyzing hydrological consequences of a future environment. Environ. Monit Assess, 94: 115-127.

Lajili-Ghezal L. 2004. Use of the KINEROS model for predicting runoff and erosion in a tunisian semi-arid region. Journal of Water Science, 17: 227-244.

Li Y. 2015. CNMM: a catchment environmental model for managing water quality and greenhouse gas emissions. AGU Fall Meeting, 14-18 December 2015, San Francisco, CA.

Miller S N, Kepner W G, Mehaffey M H, et al. 2002. Integrating landscape assessment and hydrologic modeling for land cover change analysis. Journal of the American Water Resources Association, 38: 915-929.

Miller S N, Semmens D J, Goodrich D C, et al. 2007. The Automated geospatial watershed assessment tool. Environmental Modelling and Software, 22: 365-377.

Neitsch S L, Arnold J G, Kiniry J R, et al. 2011. Soil and Water Assessment Tool Theoretical Documentation Version 2009. Texas Water Resources Institute, 647.

Ogden F L, Garbrecht J, DeBarry P A, et al. 2001. GIS and distributed watershed models. II: Modules, interfaces and models. J Hydrol Eng, 6: 515-523.

Ogden F L, Julien P Y. 2002. CASC2D: A two-dimensional, physically based, Hortonian hydrologic model. In: Singh V P, Frevert D K Eds. Mathematical models of small watershed hydrology and applications. Water Resources Publications, Highlands Ranch, Colorado.

Oogathoo S. 2006. Runoff Simulation in the Canagagigue Creek Watershed Using the MIKE SHE Model. McGill University, Montreal, Canada.

Scharffenberg B. 2008. Introduction to HEC-HMS. Technical workshop on watershed modeling with HEC-HMS (US ArmyCorps of Engineers, Hydrologic Engineering Center's Hydrologic Modeling System). In: Scharffenberg B Ed. California Water and Environmental Modeling Forum, Sacramento, California.

Scharffenberg B. 2013. Hydrologic Modeling System HEC-HMS User's Manual (version 4.0). Hydrologic Engineering Center, U.S. Army Corps of Engineers.

Sui J Y. 2005. Estimation of design flood hydrograph for an ungauged watershed. Water. Resour Manag, 19: 813-830.

Suttles J B, Vellidis G, Bosch D D, et al. 2003. Watershed-scale simulation of sediment and nutrient loads in Georgia coastal plain streams using the annualized AGNPS model. Transactions of the ASAE, 46: 1325-1335.

Todini E. 2004. Role and treatment of uncertainty in real-time flood forecasting. Hydrological Processes, 18: 2743-2746.

Young R A, Onstad C A, Bosch D D. 1995. AGNPS: An agricultural nonpoint source model. In: Singh V P Ed. Computer models of watershed hydrology. Water Resources Publications, Highlands Ranch, Colorado.

Yuan Y P, Bingner R L, Rebich R A. 2001. Evaluation of AnnaGNPS on Mississippi Delta MSEA watersheds. Transactions of the ASAE, 44: 1183-1190.

Zheng Y, Keller A A. 2008. Stochastic Watershed water quality simulation for TMDL development – A case study in the newport Bay watershed. JAWRA Journal of the American Water Resources Association, 44: 1397-1410.

2. 模型结构与建模方法

2.1 引　言

CNMM 模型是以我国亚热带小流域为研究区域的一种空间分布式数学物理流域环境模型，用于模拟流域生态系统水-碳-氮-磷等物质循环，研究区域环境气候变化对农业流域行为的影响，揭示地球表层物质生源要素比率与农业生产力的关系。其前身为水-氮管理模型（WNMM 模型）（Li et al., 2007），CNMM 完善并扩展了 WNMM 模型的结构和功能，并与分布式 DHSVM 水文模型（Wigmosta et al., 1994）进行了无缝耦合，增加了水文循环模块，将流域水量平衡、能量平衡和物质平衡联立起来。

CNMM 模型基于物理空间网格进行架构和运行，以数字高程模型（DEM）网格节点为中心，计算时把流域划分为若干个土地管理和土壤性质均一的栅格水文单元，每个栅格单元再在垂直方向细分为数十个土壤层次单元，并在网格和土壤层次单元上根据质-能平衡方程求解。该模型应用 C 语言（ANSI C 兼容）编写，模块化结构设计，共计大约 5 万行源程序。

2.2　模型的结构和主要模块

CNMM 模型具有三维的水文模块组和溶质迁移模块组，其中溶质迁移模块组涉及植物生长、植物-土壤-水体系统中的水-碳-氮循环 [包括新鲜有机物质分解、土壤有机质分解与积累、干湿沉降、硝化和反硝化、碳氮气体（CO_2、NH_3、N_2O、NO、N_2）排放等]、水土及碳氮迁移与流失、农业管理措施（包括播种、收获、耕作、施肥、灌溉、水体植草、废弃物管理等）等子过程；水文模块组涉及降雨及蒸发散、地表径流汇流、不饱和区和地下水饱和流汇流、渠道水流汇流、融雪等子过程。该模型的新颖之处在于它是基于栅格和水系网络的，可模拟任意时空尺度，对时间做一维剖分，对空间做三维立体剖分，考虑了土壤和土地利用类型的空间变异性。CNMM 模型可模拟流域的空间大小为 1~500 km²，垂直深度为 1~10 m（一般为 4 m，在这个深度的土壤温度基本上恒定，近似于年平均气温），时间尺度为 1~100 年（一般为 30 年、60 年、90 年），时间步长为 1 h 至 1 d（一般为 3 h），网格大小为 1~100 m（一般为 10 m）。模型的上边界为植物冠层的顶部，下边界为受降水影响的浅层地下水的底部。模型的汇水方式为空间分布式，单网格可以向 4 个方向（上、下、左、右）的邻网格分水。

CNMM 输入数据主要包括气象参数、植物生理参数、土壤性质、土地管理、数字高程、地形阴影、河流网络、水体水质等；输出数据为流域出口流量、水质和其他以点、面形式表达的植物、土壤、地表及地下信息等（图 2.1）。

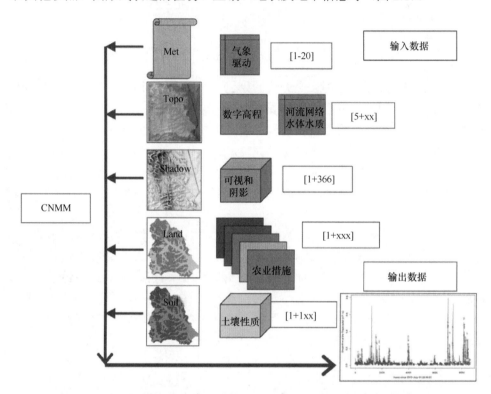

图 2.1　CNMM 数据输入和输出示意图（全书所有彩色图片请扫封底二维码）

具体而言，CNMM 主要拥有以下 13 个模块。

（1）气象数据输入（图 2.2）。CNMM 需要短波辐射（W·m^{-2}）、长波辐射（W·m^{-2}）、降水（mm·d^{-1}）、气温（℃）、风速（m·s^{-1}）和相对湿度（%）的时值数据来驱动模拟计算。这些数据可以是测定的，也可以是模型模拟的（如 GCM，由降尺度计算获得）。CNMM 可以接收研究区域内多个气象站的信息，并应用反距离插值法进行空间估计和通过 DEM 数据开展高程影响修正。

（2）能量平衡。模拟植物冠层的净辐射、显热通量、潜热通量和土壤热通量，以及土壤不同层次的热动态及温度变化（图 2.3）。

（3）水量平衡。包括各种生态水文过程，如植物截流（雪和雨水）、有效降水、土壤蒸发、植物蒸腾、地表径流、地表入渗、土壤剖面分配、根层渗漏、非饱和区和饱和区的侧渗流、渠道水流运动等。CNMM 对单个水文反应单元的水循环模拟见图 2.4，对流域水平方向的水运动（包括地表径流、地下水和地表水系）模拟见图 2.5。

```
#Number Of Meteorological Stations
1
#ID     Name            North           East            Elevation  File
 1      Xishan          3166433.757     439165.106      278.2      met\met_data_3h.dat

#TIME           SHORTW      LONGW        TAIR        PRECIP          WIND        RHD
#MM/DD/YYYY-HH  w/m2         w/m2         oC          mm             m/s           %
01/01/2010-00   0.00       284.32       5.22        0.00            2.17        42.30
01/01/2010-03   0.00       280.46       4.15        0.00            1.73        46.60
01/01/2010-06   0.00       276.95       3.45        0.00            2.33        47.46
01/01/2010-09   0.53       276.27       3.16        0.00            0.93        49.49
01/01/2010-12  62.71       263.59       4.14        0.01            1.60        27.97
01/01/2010-15  74.77       273.96       4.14        0.00            3.50        48.74
01/01/2010-18  44.24       271.08       1.33        0.00            2.27        63.48
01/01/2010-21   0.69       267.83       0.19        0.06            1.47        77.60
01/02/2010-00   0.00       267.57       0.04        0.18            1.07        82.48
01/02/2010-03   0.00       267.37       0.03        0.00            1.10        80.35
01/02/2010-06   0.00       267.17      -0.10        0.00            1.17        85.97
01/02/2010-09   0.30       266.64      -0.26        0.01            0.90        89.08
```

图 2.2　CNMM 所需的气象数据格式

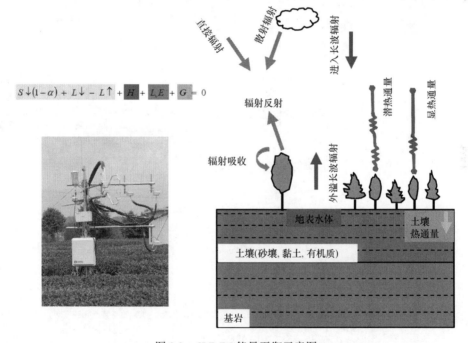

图 2.3　CNMM 能量平衡示意图

（4）植物生长。主要基于参数优化的 BIOME3 模型（Alex and Prentice, 1996），CNMM 首先模拟多种 C3 和 C4 植物包括树、灌丛、作物、牧草等的光温潜在生长，然后模拟它们在水分、养分和通气胁迫下的实际生长。植物生长模块主要包括光合作用、碳水化合物（CH₂O）分配、生长及维持呼吸、物候和年周转、成熟与收获、枯枝落叶等 6 个过程，模拟植物系统的 CH₂O 输入、CH₂O 储存、CH₂O 转移、实体生物展示和脱落等 5 个状态（图 2.6）。

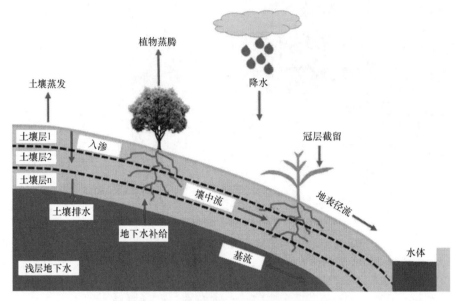

图 2.4　单个栅格单元的水循环示意图

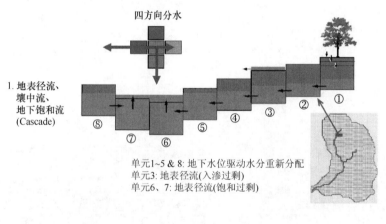

2. 水系　Linear channel reservoirs
　　　　Muskingum-Cunge

$$V_c^{t+1} = \frac{Q_{in}}{k} + \left(V_c^t - \frac{Q_{in}}{k} \right) \exp(-k\Delta t)$$

$$Q_{out} = Q_{in} - (V_c^{t+1} - V_c^t)/\Delta t$$

图 2.5　地表径流、地下水流和水系水体运动示意图

（5）土地管理措施。CNMM 可以模拟年度土地利用变化和日常管理措施。林地管理主要包括植树和砍伐；农田管理措施主要有耕作、播种或移栽、施肥（包括化肥和有机肥）、灌溉、收获、放牧、秸秆还田与焚烧等。

（6）碳循环。流域系统唯一的碳素来源是植物的光合碳同化作用，主要以植物凋落物或作物秸秆残留物、根际分泌物、养殖和生活废弃物形式进入土壤系统。在 CNMM 中，土壤有机碳被划分为 8 个库（图 2.7）：快矿化和慢矿化新鲜有机

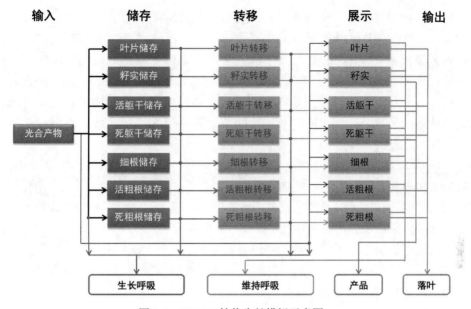

图 2.6　CNMM 植物生长模拟示意图

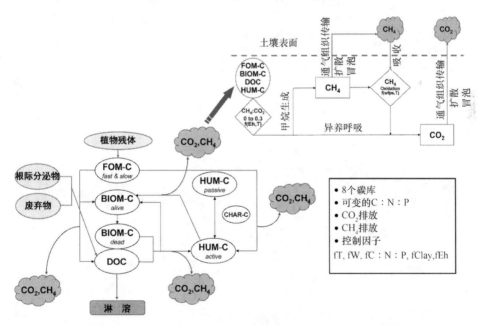

图 2.7　CNMM 碳循环示意图

FOM，新鲜有机碳；BIOM，微生物碳；DOC，可溶性有机碳；HUM，腐殖质碳；CHAR：黑炭碳

碳（FOM-C）、活和死的微生物碳（BIOM-C）、可溶性有机碳（DOC）、活性腐殖质碳（Active HUM-C）、惰性腐殖质碳（Passive HUM-C）、惰性黑炭（CHAR-C）。CNMM 模拟碳素在多个碳库中的储存与转化，最终产物是进入大气的二氧化碳

（CO₂）和甲烷（CH₄），并不模拟一氧化碳（CO）的排放。影响土壤碳循环的因素可以是气候条件（温度和降水）、土壤性质（如黏粒含量）和管理措施（秸秆还田或焚烧）。土壤有机碳的循环是土壤有机氮和有机磷循环的母循环，它们在储存和转化过程中由土壤有机质的 C/N 比、C/P 比来联动。另外，土壤有机质的 C/N 比、C/P 比并不固定，取决于有机物料的投入量和质量、土壤有机碳的矿化速率等因素。除 DOC 外，土壤有机碳不能在流域系统的土壤和水体中移动。

（7）氮循环。CNMM 能够模拟流域系统完整的氮循环：大气沉降、生物固氮、肥料（化学和有机）投入、植物吸收、有机质矿化、土壤微生物固定、硝化、反硝化、氨气挥发、淋溶、地表流失、侧渗流流失等（图 2.8）。同时，模拟土壤硝化反应和反硝化反应的氮氧化物（NO）、氧化亚氮（N₂O）、氮气（N₂）排放。氮素无机形态的铵态氮（NH_4^+-N）和硝态氮（NO_3^--N）在流域系统的土壤和水体中非常活跃，并与可溶性有机氮（DON）一起可在流域系统的土壤和水体中迁移，尤以 NO_3^--N 运动最快。

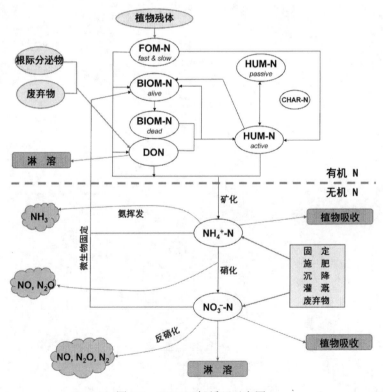

图 2.8　CNMM 氮循环示意图

（8）磷循环。在 CNMM 中，有机磷的形态参照有机碳、氮，无机磷形态主要有可利用磷（Labile-P）、活性态磷（Active-P）、稳定态磷（Stable-P）三种。CNMM

模拟有机磷的矿化和土壤微生物固定、可溶性磷在地表径流和地下水中的迁移及在土壤根区的淋溶、土壤无机磷的吸附和解吸、植物吸收等过程（图 2.9）。在流域系统中，磷素并不活跃，但可溶性有机磷（DOP）和可利用磷有一定的迁移性，它们能决定水体富营养化的程度。

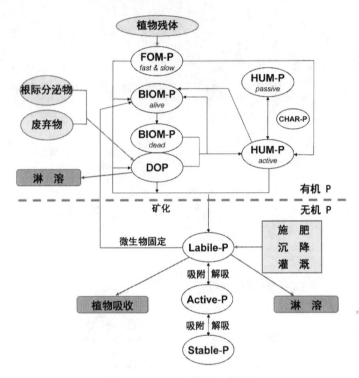

图 2.9　CNMM 磷循环示意图

（9）溶质运移。CNMM 应用通用对流-扩散方程模拟多种溶质（如 DOC、DON、DOP、NH_4^+-N、NO_3^--N 和 Labile-P 等）在地表径流、土壤、地下水和水系中的运移。图 2.10 展示了 CNMM 模拟的河流出水口水体硝态氮浓度与观测值的比较。

（10）河流水体水质。CNMM 以 QUAL2E 模型为基础构建河流水体水质模拟模块。河流水体以水体、藻类（algae）和底泥（sediment）来表述水体介质。状态变量主要有溶解氧含量（DO）、DOC、DON、DOP、NH_4^+、NO_3^-、CO_2、CH_4、N_2O、N_2 等，主要生物地球化学过程包括复氧、矿化、沉积、吸附-解析、硝化-反硝化、吸收等。河流水体水质的一个重要指标是 DO，它取决于大气复氧、光合作用、呼吸作用、底泥需氧量、生物化学需氧量、硝化作用、盐浓度和温度等。CNMM 主要考虑氮循环、藻类生长、底泥生物需氧量、碳素氧的吸收、大气复氧等过程及其对溶解氧的影响（图 2.11）。

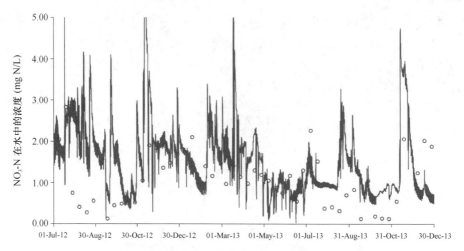

图 2.10　渠道出水口水体硝态氮浓度模拟验证图

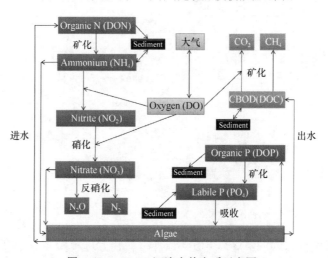

图 2.11　CNMM 河流水体水质示意图

（11）动物废弃物处理。在 CNMM 中，畜禽养殖场系统一般包括 3 个组成部分：圈舍粪便产生、废弃物储存、废弃物处理。圈舍可以是室内棚舍，也可以是室外围栏；粪便储存和处理设施包括厌氧发酵、堆肥、氧化塘或生态湿地。废弃物主要由畜禽粪便、垫圈材料、清圈废水等组成。当废弃物在养殖场各个部位之间移动时，经历不同的环境条件，包括温度、湿度、氧化还原（Eh）、pH、营养物质浓度等，这些环境因素驱动废弃物内部生物地球化学反应的发生，也连续不断地改变着废弃物数量与化学组成。畜禽养殖与废弃物处理各过程的生物地球化学反应均会产生 CO_2、CH_4、NH_3、NO、N_2O 和 N_2 等气体（图 2.12）。CNMM 同时模拟居民地化粪池和沼气池溢流的管理。

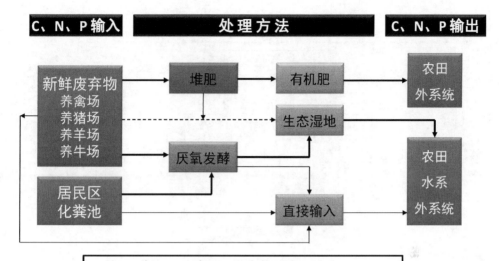

图 2.12 CNMM 废弃物处理模拟示意图

（12）水生植物的氮、磷消减。CNMM 模拟人工湿地和沟渠水生植物对污染水源的碳、氮、磷消减和净化作用（图 2.13）。人工生态湿地系统主要通过好氧-厌氧生化处理和湿地植物、微生物的生化、光合作用等过程，过滤、吸附、吸收、分解和转化污水中的悬浮物、有机物、氮、磷等，达到净化污水的目的。

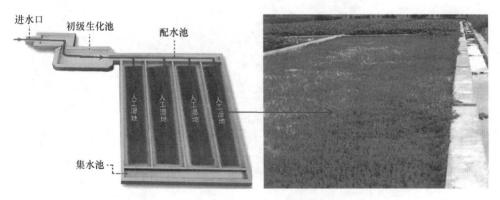

图 2.13 绿狐尾藻生态湿地污水处理系统示意图

（13）流域景观动态变化。以自然、经济和气候变化等为驱动因子，应用细胞生长模型模拟小流域的景观动态变化（图 2.14）。

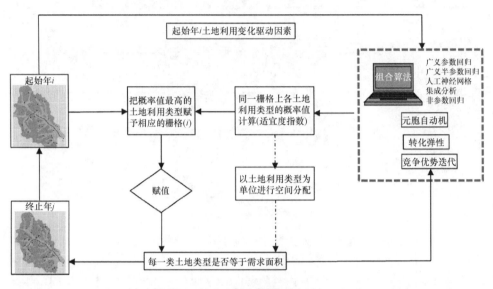

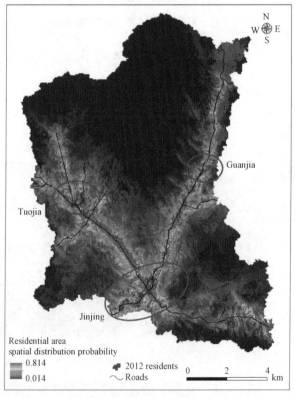

图 2.14 流域景观动态变化模拟框图（上）及其在金井流域的应用（下）

2.3 模型输入数据

2.3.1 气象数据

CNMM 需要气象数据来驱动模型运算。数据变量主要为短波辐射（W·m^{-2}）、长波辐射（W·m^{-2}）、降水（mm·ts^{-1}）、气温（℃）、风速（m·s^{-1}）、相对湿度（%）。CNMM 可以接收多个流域内的气象站数据，一般应用反距离插值法进行空间插值为模型提供在空间上连续的数据。气象数据储存在 MET 目录中，这个目录包含多个文件，其中一个为 Stations.dat，记录有多少个气象站及其地理位置和文件名称，另外的则为具体的气象数据文件。

2.3.2 视野和阴影数据

在目录 SHADE 中，主要存储研究流域的视野图（SKYVIEW）和 366 天的流域阴影图（shadow_mm_dd_hourly），mm 为月份，dd 为一个月中的天数。

2.3.3 地形数据

在目录 TOPO 中，主要存储研究流域的数字高程（DEM）、覆盖区（MASK）和流向（FLOWDIR）等图，数据格式为 ARC GRID ASCII。

2.3.4 河流信息

在 STREAM 目录中，主要存储河流位置图（str.asc）、河流等级文件（stream_class.dat）、河流网络文件（stream_network.dat）、河流图谱文件（stream_map.dat）、河流各河段初始状态数据（Channel_State_initialisation.dat）、水质参数文件（stream_wq?.dat）和流域各单个非水系网格的最近距离水系网格信息（surface_routing.dat）。

2.3.5 土壤性质

在 SOIL 目录中，主要包含流域土壤图（SoilType）、地表新鲜有机物质信息、土壤物理性质（分层）、土壤化学性质（分层）、土壤碳-氮-磷循环参数等数据。土壤性质数据最为复杂，它们需要一个 R script 程序在土壤图的基础上应用当地开发的土壤传递函数来进行计算完成。该目录所有的数据都是 ARC GRID ASCII 格式。

2.3.6 土地管理信息

在 LAND 目录中，存储有土地利用图（landuse.asc）、针对土地利用类型的植物生理参数（crop.dat）、土地管理信息（如播种、施肥、灌溉、耕作、秸秆措施、收获等）和各类化粪池的生化参数信息（sts.dat）。

2.3.7　流域项目信息

在 BIN 目录中，存储一个[流域名称].cnmm 文本文件，主要记录研究流域的多种信息，包含以上 6 类数据，用以驱动 CNMM 的运行。

2.4　模　型　输　出

CNMM 主要输出 3 类数据：点、线和面。在流域项目文件中，记录了各个需要输出的点的位置信息，CNMM 在运行时将按照这些点输出多项时值数据，包括土壤水分、土壤矿态氮含量、土壤温度、土壤水文、土壤 C-N-P 循环、植物生长等，这些数据主要用来率定 CNMM。线尺度的信息为水系河流出水口的流量、溶质浓度和温室气体排放等。面尺度的输出数据主要为 CNMM 运算结束后的终态变量图，如土壤水分、地表径流和 ET、植物生物、作物产量、溶质淋溶负荷、温室气体排放等。

2.5　模型潜在应用

应用 CNMM 可以模拟研究长期连续地模拟不同多种养分管理措施、耕作措施、自然保护措施、替代农作系统、其他农业管理措施对地表径流和养分流失的影响。主要包括以下多种应用：

（1）评价气候变化和大气 CO_2 增加对植物生长或作物粮食产量的影响；

（2）评价气候变化和大气 CO_2 增加对流域水量平衡的影响；

（3）评价气候变化和大气 CO_2 增加对流域碳、氮、磷循环的影响；

（4）评价替代动物废弃物有机肥的应用和其他管理措施情景模式；

（5）评价不同种植系统和林业系统的水量平衡和污染物平衡；

（6）模拟流域温室气体（CO_2、CH_4、N_2O）排放和评价各项农业减排措施；

（7）模拟流域非温室气体（NO_2、NO、NH_3）排放和评价各项农业减排措施；

（8）模拟不同放牧系统以评价牧草地的承载力；

（9）评价不同森林经理系统对流域的综合影响；

（10）系统分析河流及河岸缓冲带的环境自净化能力和功能提升措施；

（11）评价和筛选水生植物的渠道水体氮、磷消减能力；

（12）模拟非点源、点源污染的环境影响。

参 考 文 献

Alex H, Prentice I C. 1996. BIOME3: An equilibrium terrestrial biosphere model based on eco-physiological constraints, resource of availability, and competition among plant functional types. Global Biogeochemical Cycles, 4(10): 693-709.

Li Y, Chen D, White R, et al. 2007. A spatially referenced water and nitrogen management model (WNMM) for (irrigated) intensive cropping systems in the North China Plain. Ecological Modelling, 203: 395-423.

Wigmosta M S, Vail L W, Lettenmaier D P. 1994. A distributed hydrology soil vegetation model for complex terrain. Water Resources Research, 30(6): 1665- 1679.

3. 能 量 平 衡

3.1 引　言

能量是流域物质流动的主要驱动力，它深刻影响着流域降雪（冰）、冻融、蒸散发等过程；还影响着流域内植物生长发育、微生物生化反应等过程（见图 2.3）。

3.1.1　太阳辐射（$S\downarrow$）

太阳以电磁波的形式向外传递能量，称太阳辐射。太阳辐射是流域能量的主要来源。太阳辐射在大气上界的分布由地球的天文位置决定，故又称天文辐射。太阳辐射经过大气削弱之后到达地面的太阳直接辐射和散射辐射之和，称为太阳总辐射 $[S\downarrow(1-\alpha)]$。全球平均而言，太阳总辐射约占到达大气上界太阳辐射的 45%。

3.1.2　地面辐射（$L\uparrow$）

太阳辐射到达地面后，会被地面吸收一小部分，其中大部分能量会以辐射的方式传送回大气。地表面这种以其本身的热量日夜不停地向外放射辐射的方式，称为地面辐射。由于地表温度比太阳低得多（地表面平均温度约为 300 K），其最大辐射的平均波长为 10μm，属红外区间。因此，与太阳短波辐射相比，地面辐射又称为地面长波辐射。

3.1.3　大气辐射（$L\downarrow$）

大气吸收地面长波辐射的同时，又以辐射的方式向外放射能量。大气这种向外放射能量的方式，称为大气辐射。由于大气本身的温度低，放射的辐射能波长较长，故也称为大气长波辐射。

3.1.4　地面有效辐射（$L\downarrow - L\uparrow$）

地面和大气之间以长波辐射的方式进行热量的交换，大气对地面起着保温作用，这种保温作用可用地面有效辐射表示。因此，地面有效辐射实际上就是地面辐射和地面所吸收的大气逆辐射之间的差值。地面有效辐射的强弱随地面温度、空气温度、空气湿度和云况而变化。通常情况下，地面温度高于大气温度，所以地面辐射要比大气逆辐射强。

3.1.5　感热通量（H）

感热通量又称显热通量，是指由于温度变化而引起的大气与下垫面之间的，通过传导、湍流和对流等过程发生的热交换。与潜热通量概念不同的是，感热通量的热交换过程不改变热传导物质的原有相态。

3.1.6　潜热通量（LE）

潜热通量为温度不变条件下单位面积的热量交换。自然界潜热通量的主要形式为水的相变，因此大气科学和遥感科学也将其定义为下垫面与大气之间水分的热交换。潜热通量包括地面蒸发（裸地覆）或植被蒸腾、蒸发（植被覆盖）的能量，其与下垫面表面温度、下垫面饱和水气压、参考高度空气水气压、空气动力学阻抗、下垫面表面阻抗等有关。

3.1.7　土壤热通量（G）

单位时间和面积上的土壤热交换量。土壤热通量的大小与热流方向的温度梯度和土壤导热率成正比。土壤热通量和土壤热属性一起决定土壤温度的高低。当土壤热属性一定时，土壤热通量越大，土壤温度也就越高。

3.2　能 量 平 衡

3.2.1　阴影

在 CNMM 模型中，因为地形产生的阴影对辐射在流域空间分布属性有重大影响。在相同辐射强度下，阴影部分得到的辐射较少，而非阴影部分得到的辐射较多。CNMM 模型需要根据 DEM 计算地形的阴影。模型计算阴影时的最基本思路是，只有凸出的栅格单元才可以在其他单元上制造阴影，栅格阴影（H_s）计算公式为（Iqbal，1983）：

$$H_s = 255 \cdot \frac{\left[\cos(\frac{\pi}{2} - \alpha) \cdot \cos(\nabla z) + \sin(\frac{\pi}{2} - \alpha) \cdot \sin(\nabla z) \cdot \cos(\gamma - \psi) \right]}{\sin(\alpha)} \tag{3.1}$$

式中，H_s 为栅格的阴影值（0～255，等同颜色的灰度值）；α 为太阳高度角（太阳与地平线之间的角度）（rad）；∇z 为栅格的坡度（rad）；ψ 为太阳方位角，正北为零，顺时针方向，取值范围 0～360°（rad）；γ 为栅格的坡向（rad）。

3.2.2 太阳辐射

在 CNMM 模型中，太阳辐射的计算采用 Iqbal（1983）方法，其中，太阳位置的计算采用以下公式：

（1）日照角度

$$\Gamma = \frac{2\pi \cdot (d_n - 1)}{365} \tag{3.2}$$

（2）日地距离的修正

$$\begin{aligned} E_0 = {}&1.00011 + 0.034221\cos(\Gamma) + 0.00128\sin(\Gamma) \\ &+ 0.000719\cos(2\Gamma) + 0.000077\sin(2\Gamma) \end{aligned} \tag{3.3}$$

（3）太阳赤纬

$$\begin{aligned} \delta = {}&0.006918 - 0.399912\cos(\Gamma) + 0.070257\sin(\Gamma) - 0.006758\cos(2\Gamma) \\ &+ 0.000907\sin(2\Gamma) - 0.002697\cos(3\Gamma) + 0.00146\sin(3\Gamma) \end{aligned} \tag{3.4}$$

（4）太阳高度角

$$\alpha = \arcsin[\sin(\phi) \cdot \sin(\delta) + \cos(\phi) \cdot \cos(\delta) \cdot \cos(\omega \cdot t)] \tag{3.5}$$

（5）太阳方位角

$$\psi = \begin{cases} \pi & t = 0 \\ \pi + \dfrac{t \cdot \arccos\left[\dfrac{\sin(\alpha) \cdot \sin(\phi) - \sin(\delta)}{\cos(\alpha) \cdot \cos(\phi)}\right]}{|t|} & t \neq 0 \end{cases} \tag{3.6}$$

式中，$\omega=0.2618$，是地球角速度（rad·h^{-1}）；$t=$time-12，是对应正午太阳的本地时间；ϕ 为纬度（rad）；δ 为太阳赤纬（rad）；

CNMM 模型中，输入的短波辐射可通过多种方法计算，选取何种方法取决于数据的获取情况，比如以下 4 种情况：①无辐射观测数据；②只有全球短波辐射观测数据，$R\downarrow_{sw\_glob}$；③短波散射辐射观测数据，$R\downarrow_{sw\_diff}$；④长波辐射观测数据，$R\downarrow_{lw}$。

当无辐射观测数据时，可以基于大气环境与云况，采用经验公式以计算地外辐射（R_{ext}）的衰减情况。

（1）地外辐射

$$R_{ext} = I_{sc} \cdot E_0 \cdot \sin(\alpha) \cdot att_N \cdot att \tag{3.7}$$

$$I_{sc} = 1367 \ (\text{w·m}^{-2})$$

（2）基于云况的衰减

$$att_N = \frac{R_{sw\downarrow}}{R_{sw\_clear}} = (1 - c_1 \cdot N^{c_2}) \tag{3.8}$$

$$c_1=0.6，c_2=2.5（基于实测数据的计算）$$

（3）基于大气环境的衰减

$$att = \frac{R_{sw\_clear}}{R_{sw\_extr}} = shade \cdot \exp(-n \cdot a_1 \cdot m_r) \tag{3.9}$$

式中，$shade=0$ 或 1，当栅格在阴影处时为 0，当栅格有太阳光照射时为 1；$n=2$，延缓因子；$\alpha_1=0.1$，为分子弥散因子（Eagleson，1970）；光学质量因子（m_r）由以下公式计算（Paltrige and Platt，1976）：

$$m_r = \frac{1}{\sin(\alpha)} \cdot \frac{P}{P_0} \tag{3.10}$$

式中，P 是实际大气压（hPa）；P_0 为标准大气压（1013 hPa）。

当有辐射观测数据时，公式（3.9）只可以用来计算不同高程处的吸光度，该公式是一种基于光学质量的线性关系。

（4）基于栅格高程-压力的大气环境衰减（Eagleson，1970）

$$att = \exp(-n \cdot a_1 \cdot m_r) \tag{3.11}$$

（5）栅格位置的短波辐射

$$R{\downarrow}_{sw} = R{\downarrow}_{sw(station)} \cdot \frac{att}{att_{station}} \tag{3.12}$$

当有散射辐射的观测数据时，栅格位置的短波散射辐射可以表达为

$$R{\downarrow}_{sw\_diff} = R{\downarrow}_{sw\_diff(station)} \frac{att}{att_{station}} \cdot \frac{V}{V_{station}} \tag{3.13}$$

式中，V 和 $V_{station}$ 分别是栅格位置和辐射观测站的视野。

当无散射辐射观测数据时，可用下列公式估算：

$$R{\downarrow}_{sw\_diff} = (0.1 + 0.8 N_{tot}) \cdot \frac{R{\downarrow}_{sw\_glob}}{\sin(\alpha)} \cdot \frac{att}{att_{station}} \cdot V \tag{3.14}$$

式中，N_{tot} 为是天空的云层覆盖比例（%）。散射辐射必须少于全球辐射，但当太阳高度角小于 5°时，可以把整个辐射视为散射辐射。

在 CNMM 中，栅格的实际太阳辐射与其阴影有关（Iqbal，1983）：

$$R{\downarrow}_{sw} = \frac{H_s}{255} \cdot (R{\downarrow}_{sw(station)} - R{\downarrow}_{sw\_diff}) + R{\downarrow}_{sw\_diff} \tag{3.15}$$

3.2.3　能量平衡

能量平衡的计算基于以下观测要素：u、T_a、P 和 $R{\downarrow}_{sw}$。这些要素通常都比较容易观测。本书在接下来的内容中，为了将观测要素表达得更为清楚，将冠以符号$^{\wedge}$以示区别。

在解决能量平衡方面，CNMM 模型将土壤温度作为未知变量。因此，能量平衡公式可以表达为关于土壤热通量 G（$W \cdot m^{-2}$）的函数：

$$G = R_n - H - LE - \Delta E \tag{3.16}$$

3.2.3.1 净辐射（R_n）

净辐射 R_n（$W \cdot m^{-2}$）的计算不受视野影响，其公式如下：

$$R_n = \hat{R} \downarrow_{sw} (1-a) + \varepsilon_s \cdot R \downarrow_{lw} - \varepsilon_s \cdot \sigma \cdot T_s^4 \tag{3.17}$$

式中，假设短波辐射 $R \downarrow_{sw}$ 是观测量（$W \cdot m^{-2}$）；a 是折射率（草地 0.1～0.3）；ε_s 是土壤长波辐射率（数值为 0.95～0.98）；$\sigma = 5.6704 \times 10^{-8}$，是 Stefan-Boltzman 恒定系数（$W \cdot m^{-2} \cdot K^{-4}$）；$T_s$ 是地表温度（K）；$R \downarrow_{lw}$ 是基于 Brutsaert（1975）方法计算的长波辐射（$W \cdot m^{-2}$）（仅在天气晴朗时有效）：

$$R \downarrow_{lw} = \epsilon_a \cdot \sigma \cdot \hat{T}_a^4 \tag{3.18}$$

式中，$\hat{T}_a$ 是空气温度（℃）；ϵ_a 指的是标准大气辐射率（$W \cdot m^{-2}$），根据以下公式计算：

$$\epsilon_a = 1.24 \left(\frac{e_a}{\hat{T}_a} \right)^{1/7} \tag{3.19}$$

式中，e_a 是水气分压（hPa），它是饱和水气分压（e_s，hPa）的函数（Bolton，1980）：

$$e_a = \hat{U} \cdot e_s \tag{3.20}$$

$$e_s = 6.112 \cdot \exp \left[17.67 \frac{(\hat{T}_a - 273.15)}{(\hat{T}_a - 29.65)} \right] \tag{3.21}$$

式中的经验项考虑了云况。当大气辐射率 ϵ_a 上升到大约 25% 的天空完全被低云层覆盖时的大气辐射率，随着云层覆盖，ϵ_a 需要通过（$\frac{e_{a\_cloudy}}{e_{a\_clear}}$）进行校准：

$$\frac{e_{a\_cloudy}}{e_{a\_clear}} = 1 + N_{TOT} \cdot [0.2 N_H + 0.06 \cdot (N_{TOT} - N_H)] \tag{3.22}$$

式中，N_{TOT} 是总云层的全部覆盖比值（%）；N_H 是低程度和平均云层覆盖比值（%）。

3.2.3.2 内部能量变化（ΔE）

能量通量的计算基于流域内风场观测的相同高度进行。当有植被存在时，存储在地表面和风场观测高度之间的能量不可以忽视。在 CNMM 模型中，植物的热容量约等于水的热容量（$0.025 \ m \cdot m^{-2}$）。

在时间步长 Δt（$t_{i+1} - t_i$）内，单位体积内的能量变化受土壤、植被和大气的共同影响：

$$\Delta E = C_s(T_s^{i+1} - T_s^i) + C_v(\hat{T}_a^{i+1} - T_a^i) + C_a(\hat{T}_a^{i+1} - T_a^i) \tag{3.23}$$

式中，C_s、C_v、C_a 分别为土壤、植被、大气的热容量；T_s 是表层土壤温度（K）；T_a 是参照高度的气温（K）。

3.2.3.3 感热通量（H）

感热通量（H, W·m^{-2}）可以通过温度梯度、平均风速 $\hat{u}$、热传输系数 C_H 来计算：

$$H = \rho \cdot c_p \cdot C_H \cdot \hat{u} \cdot (T_s - \hat{T}_a) \tag{3.24}$$

式中，ρ 和 c_p 分别是空气密度（kg·m^{-3}）和空气比热（J·kg^{-1}·K^{-1}）。

$$\rho = \frac{\hat{P}}{28\,704 \cdot \hat{T}_a} \cdot \left[1 - \frac{e_a}{\hat{P} \cdot (1 - 0.622)} \right] \tag{3.25}$$

$$c_p = 1005 + \frac{(\hat{T}_a - 250)^2}{3364} \tag{3.26}$$

式中，$\hat{P}$ 是大气压力（Pa）。

热传输的计算与动量传输计算类同：

$$C_H = \frac{vk^2}{\log(\frac{z}{z_0}) \cdot \log(\frac{z_1}{z_T})} \cdot FH \tag{3.27}$$

式中，vk = 0.41，为 Von Karman 常数；z 是风场观测的高度（m）；z_1 是温度观测的高度（m）；z_0 是动量粗糙度（m）；z_T 为热粗糙度（m），$z_T \cong \frac{1}{5} - \frac{1}{10}z_0$；关于 FH 因子，根据 Louis 理论（1979）引入总 Richardson 数字 Ri_b，从而纳入了大气稳定度概念。当 $FH > 1$ 且 $Ri_b < 0$ 时，稳定大气状态；$FH < 1$ 且 $Ri_b > 0$ 时，不稳定大气状态。

$$FH = f(Ri_b) \tag{3.28}$$

$$Ri_b = -\frac{g \cdot z \cdot (T_s - \hat{T}_a)}{\dfrac{(T_s - \hat{T}_a)}{2u^2}} \cdot f^2 \tag{3.29}$$

$$f^2 = \frac{(1 - \dfrac{z_0}{z})^2}{\dfrac{z_1}{z} - \dfrac{z_T}{z}} \tag{3.30}$$

式中，g 为重力加速度（m·s^{-2}）。

3.2.3.4 潜热通量（LE）

潜热通量由下式估计：

$$LE = \mu \cdot ET \cdot \rho_w \tag{3.31}$$

式中，μ 是单位容量水的蒸发潜热（J·kg^{-1}）；ρ_w 是水的密度（1000 kg·m^{-3}）。

3.2.3.5 土壤热通量（G）

在 CNMM 模型中，土壤热通量是一个应用有限单元差分数值解法的表层土壤温度 T_s 的函数。CNMM 模型中土壤被认为是一个比热容、容重、热传导率均匀的介质，这些常数与土壤深度相关，并且根据土壤含水量变化：

$$\lambda_d = \rho_{sd} \cdot c_{sd} \cdot k_{sd} \tag{3.32}$$

$$c_s = (c_{sd} \cdot \rho_{sd} + sat \cdot por \cdot c_w \cdot \rho_w)/(\rho_s + por \cdot \rho_w) \tag{3.33}$$

$$\rho_s = \rho_{sd} + sat \cdot por \cdot \rho_w \tag{3.34}$$

$$k_s = \frac{\lambda_d}{c_s \cdot \rho_s}[1 + 8 \cdot (sat \cdot por)^{1/3}] \tag{3.35}$$

式中，下标 d 和 s 分别代表干、湿土壤，下标 w 代表水体；c 是比热容（J·kg^{-1}·K^{-1}）；λ 是热传输率 λ（W·m^{-1}）；k 是热扩散系数（m^2·s^{-1}）；ρ 是密度（kg·m^{-3}）；sat 是饱和度（0~1）；por 是土壤孔隙度（m^3·m^{-3}）。

在 CNMM 模型中，土壤热通量（G）由下式计算而得：

$$G = \frac{(T_s - T_1) \cdot \lambda_1}{d_1} \tag{3.36}$$

式中，T_1 为表层土壤温度（K）；d_1 为第 1 层土壤厚度（m）。

3.2.3.6 土壤地表温度（T_s）迭代估算

依据公式（3.16），通过联立公式（3.17）、公式（3.23）、公式（3.24）、公式（3.31）、公式（3.36），应用 Newton-Raphson 方法迭代数值求解土壤地表温度 T_s。在求解时，初始土壤地表温度为空气温度；T_1 为前一时间步长的第 1 土层的温度；当两个土壤地表温度的差别在设置的收敛目标之内时（0.01℃），迭代停止而获解。

3.2.3.7 土壤温度数值估算

不同层次土壤温度由下面的一维偏微分方程描述：

$$\frac{\partial T}{\partial t} = \frac{\partial}{\partial z}\left(D\frac{\partial T}{\partial z}\right) \tag{3.37}$$

式中，D 为土壤热扩散率（m^2·h^{-1}），为土壤热传导率与土壤热容量的比值。土壤热传导率与土壤热容量可根据 de Vries（1963）公式通过一些土壤基本性质（土壤水分、机械组成、质地、土壤单元组分热传导率）来估算。

土壤温度初始条件为

$$T_{z,0} = T(z) \tag{3.38}$$

地表温度条件为（上边界）

$$T_{0,t} = T_s(t) \tag{3.39}$$

底层土壤温度条件为（下边界）

$$T_{b,t} = T_b(t) \tag{3.40}$$

式中，T_b 为下边界的土壤温度（℃），如果土壤深度 $\geqslant 4m$ 时，T_b 可以为区域的年平均气温。

根据 Hanks 等（1971），式（3.37）可以通过有限差分法离散为下式：

$$\frac{T_{i,j} - T_{i,j-1}}{\Delta t} = \frac{(T_{i-1,j} - T_{i,j}) \cdot D_{i-0.5,j} - (T_{i,j} - T_{i+1,j}) \cdot D_{i+0.5,j}}{\Delta z^2} \tag{3.41}$$

式中，下标 i 和 j 分别代表空间和时间。

从土壤表层到底层依据式（3.41）联立的方程组由 Thomas 法求解，而得到更新的各层土壤温度。

参 考 文 献

Bolton D. 1980. The computation of equivalent potential temperature. Mon. Wea. Rew., 108: 1046-1099.

Brutsaert W. 1975. On a derivable formula for long-wave radiation from clear skies. Water Resources Research, 11(5): 742-744.

de Vries D A. 1963. Thermal properties of soils. *In*: Physics of Plant Environment, van Wijk W R. ed. Amsterdam: North-Holland Publishing Company: 210-235.

Eagleson P S. 1970. Dynamic Hydrology. Columbus: McGraw-Hill.

Hanks R J, Austin D D, Ondrechen W T. 1971. Soil temperature estimation by a numerical method. Soil Science Society of America Proceedings, 35: 665-667.

Iqbal M. 1983. An Introduction to Solar Radiation. New York: Academic Press.

Louis J F. 1979. A parametric model of vertical eddy fluxes in the atmosphere. Bound Layer Meteor, 17: 187-202.

Paltrige G W, Platt C M R. 1976. Radiative Processes in Meteorology and Climatology.

4. 水 文 过 程

4.1 引　言

本章介绍流域水文学研究与流域水循环要素相关的问题，内容涵盖流域水文过程的各个环节。在某一流域中，若流域闭合且无外侧流域的交换水量时，任一时间段内，流域水量平衡可以简单表征为

$$P = ET + Q_{out} + \Delta S \tag{4.1}$$

式中，P 为降雨量（m）；ET 为流域蒸散发量（m）；Q_{out} 为流域出流量；ΔS 为时间段内流域水量变化（m）。

流域水文学涵盖的内容和环节远比公式（4.1）中要复杂得多，其研究对象包括降水、冠层截留、蒸散发、地表径流、入渗、地下径流、河川径流等。降雨（灌溉）是流域水文循环要素的总来源，其数量分配受气候、地形地貌、土壤、植被、人类活动等因素的共同作用（见图 2.4）。降雨到达地表后，一部分转化为地表水，另一部分入渗转化为土壤水，在重力作用下其中一部分土壤水又转化为地下水。而地表水、土壤水、地下水蒸发与植物水蒸腾又回到大气层，成为降雨来源的一部分。地表水、土壤水、地下水、植物水之间不断产生水量交换，形成完整的流域水循环过程。

流域水文过程非常复杂，影响流域水循环发生和演变的因素有：①降雨特性；②蒸散发特性；③下垫面特性；④汇流特性（雷晓辉和白薇，2001）。一般情况下，降雨作为流域水文系统的主要输入（如无大量灌溉），其降雨量、降雨强度、降雨历时等因素都不同程度上影响着流域水文过程；蒸散发在流域水量平衡中是很重要的一个要素，包括气候、日照等；下垫面通常包括土壤类型、植被类型、地形地貌、土壤含水量等，其特性影响着流域产流、汇流、蒸散发等；汇流通常包括坡地汇流、河网汇流、人类取用水过程等，其特性影响着流域的蓄水能力、出口断面流量等过程（唐家良，2005）。

4.2　水文过程的组成部分

CNMM 的水文过程主要沿承分布式水文-土壤-植被模型（DHSVM）（Wigmosta et al.，1994）和 GEOtop 模型（Rigon et al.，2006）。

4.2.1 降雨

CNMM 模型需要流域降水的空间分布。因此，在研究流域中需安装数个降雨观测设施（雨量筒），并记录所有雨量观测点的信息，包括雨量筒的编号、经度、纬度、高程、降雨量。

单位时间步长内流域降雨量分布的计算是基于各观测点的实测数据，通过反距离权重法插值而得到。在进行雨量插值的时候，模型会根据各栅格的高程自动对降雨量的空间分布特征进行修正。一般而言，栅格的海拔越高，生成的降雨量也会越大。CNMM 模型还能够基于风速数据对降雨和降雪量进行校正。对于降雨和降雪的划分主要参考其特定的雨雪转化温度阈值。

$$P_{corr} = P \cdot (a_1 + b_1 \cdot u) \qquad T \geqslant T_{snow} \tag{4.2}$$

$$P_{corr} = P \cdot (a_s + b_s \cdot u) \qquad T < T_{snow} \tag{4.3}$$

式中，P_{corr} 为校正后降雨量（m）；T_{snow} 为雨雪转化的气温阈值（℃）；u 为风速（m·s^{-1}）；a_1 和 b_1 为液态降雨量的校正参数（−）；a_s 和 b_s 为固态降雪量的校正参数（−）。

降雨和降雪类型的界定是基于插值后气温数据，以单独降雨/雪事件进行。在降雨-降雪转化的过渡温度区间，CNMM 模型可以同时生成降雨和降雪数据。其中，降雪的比例计算公式为：

$$R_{snow} = \frac{T_{r\_s} + T_{trans} - T_a}{2 \cdot T_{trans}} \qquad (T_{r\_s} - T_{trans}) < T_a < (T_{r\_s} + T_{trans}) \tag{4.4}$$

式中，R_{snow} 为降雪占总降水量的比例（数值范围 0~1）；T_a 为气温（℃）；T_{r_s} 为 50%降水转化为雪降落到地面时的气温（℃）；T_{trans} 为雪转化为雨的温度范围的 50%值（K）。

4.2.2 冠层截留

冠层截留的计算过程只考虑叶面积指数和植被覆盖度。由于 CNMM 模型把冠层分为上冠和下冠两个层次，因此，某一冠层最大截留量（最大截留水深，I_c, m）的计算公式为

$$I_{c_j} = r_j \cdot LAI_j \cdot F_j \tag{4.5}$$

式中，下标 j 为冠层，0 为上，1 为下；LAI 为叶面积指数（m^2·m^{-2}）；r 为单位 LAI 拦截降水率 [0.0001 m·(m^2·m^{-2})$^{-1}$]，而 F 是冠层覆盖度（0~1）。当降雨发生时，降雨被存储在冠层的表面，直至最大截留水深，任何多余的降水会通过冠层，作为穿透雨量到达地表或者下冠层。当公式（4.5）被应用于上冠层时（j=0），上冠层的穿透雨量即下冠层的降雨输入量，模型将计算上冠层的最大截留水深 I_{c_0}，并

再次计算下冠层的截留雨量，直至降雨达到地表。

4.2.3 非饱和土壤水分运动

在 CNMM 中，土壤剖面一般按如下的层次节点实施垂直空间离散：0.00 m、0.01 m、0.02 m、0.03 m、0.04 m、0.05 m、0.06 m、0.07 m、0.08 m、0.09 m、0.10 m、0.15 m、0.20 m、0.30 m、0.40 m、0.50 m、0.60 m、0.70 m、0.80 m、0.90 m、1.00 m、1.10 m、1.20 m、1.30 m、1.40 m、1.50 m、4.0 m……

土壤表层可以通过降雨、冰雪融化或相邻区域地表径流汇流等方式获取水分。对于土体表层（1）、中间层（k）、底层（n）的水量平衡计算公式为：

$$d_1\left(\theta_1^{t+\Delta t} - \theta_1^t\right) = I - Q_v\left(\theta_1\right) - \sum_{j=0}^{2} f_{j_1} \cdot E_t - E_s + V_{e_2} - V_{e_1} \tag{4.6}$$

$$d_k\left(\theta_k^{t+\Delta t} - \theta_k^t\right) = Q_v\left(\theta_{k-1}\right) - Q_v\left(\theta_k\right) - \sum_{j=0}^{2} f_{j_k} \cdot E_t + V_{e_{k+1}} \tag{4.7}$$

$$d_n\left(\theta_n^{t+\Delta t} - \theta_n^t\right) = Q_v\left(\theta_{n-1}\right) + \left(Q_{sin}^t - Q_s^t\right) \cdot \Delta t \tag{4.8}$$

式中，d 指土壤层的厚度（m）；θ 指土壤层含水量（$m^3 \cdot m^{-3}$）；I 指单位时间步长内流入水量（$m \cdot ts^{-1}$）；Q_v 指上一土层向下一土层流动的水量（$m \cdot ts^{-1}$）；f 指当前土层中植物根系的土体分布比例（0～1）；V_e 指下土层因超饱和而上升进入该土层的水量（$m \cdot ts^{-1}$）；E_t 和 E_s 分别指植物蒸腾量和土壤蒸发量（$m \cdot ts^{-1}$）；Q_{sin}^t 和 Q_s^t 分别指在单位时间开始时土壤亚表层中侧向流的流进、流出量（$m \cdot ts^{-1}$）。

首先，CNMM 模型计算上一土层的水分流入量；其次，计算从顶层到底层运动的垂直水分流动；再次，计算底层土壤净侧向流流量（$Q_{sin} - Q_s$），并随之计算各土层的新土壤含水量（$\theta^{t+\Delta t}$）。最后，从土体底层开始，检查各土层的新含水量是否大于该土层饱和含水量 ϕ。如果 $\theta^{t+\Delta t} > \phi$，那么 $V_e = \theta^{t+\Delta t} - \phi$，即土壤含水量等于饱和含水量；如果 $\theta^{t+\Delta t} \leqslant \phi$，$V_e = 0$。$V_e$ 会被分配到上一土层，并依此类推，逐层次计算，直至土表。如果到达地表后，还有多余水分（V_{e_1}），则这多余水分将进入地表径流产流途径。

在 CNMM 模型中，向下的非饱和土壤水分运动（q_v）采用 Darcy 定律计算，单位水力梯度下的不饱和土壤导水率以 Brooks-Corey 公式计算：

$$q_v(\theta) = K_{s\_v}\left[\frac{\theta - \theta_r}{\phi - \theta_r}\right]^{(2/m)+3} \tag{4.9}$$

式中，K_{s_v} 是土壤纵向饱和水力传导度（$m \cdot s^{-1}$）；m 是气孔分布指数（–）；ϕ 是土壤孔隙度（约等于土壤饱和含水量）（$m^3 \cdot m^{-3}$）；θ_r 是土壤残余含水量（一般数值为 0)（$m^3 \cdot m^{-3}$）。因此，单位时间步长内的土壤水分下渗量（Q_{vk}，$m \cdot ts^{-1}$）则为

$$Q_{vk} = \frac{1}{2}\Big[q_v(\theta_k^t) + q_v(\hat{\theta})\Big]\Delta t \qquad (4.10)$$

式中，$\hat{\theta}$ 指时间步长末期时的土壤含水量（$m^3 \cdot m^{-3}$）；它包含在该时间步长内从上层土壤中的水分流入量：$\hat{\theta} = \theta_k^t + \dfrac{Q_{vk-1}^{t+\Delta t}}{d_k}$。

4.2.4 蒸发与蒸腾

在某一单独栅格单元上，一般包含上/下冠层和裸露土表。在某些情况下，上冠层可能覆盖全部或者部分栅格，而下冠层或裸露土表也可能覆盖整个栅格单元。

在 CNMM 模型计算蒸散发时，假如地表有积雪覆盖，CNMM 模型会自动假设积雪覆盖整个下冠层或地表，则下冠层或土壤对于水分的蒸散发没有任何贡献。

在 CNMM 模型中，上冠层和下冠层都分为干、湿两个区域。潜在蒸发量的初始计算基于上冠层，它代表这一栅格单元内植被与土表的最大蒸散发量。首先，模型会计算冠层截留水分的蒸发，其代表整个蒸散发的湿区部分。冠层截留的蒸发速度被假定为潜在蒸发速率。假如冠层截留总量足够满足潜在蒸发速率，则日冠层截留蒸发量等于日潜在蒸发量，冠层截留蒸发量直接从冠层截留总量中扣除，而不再从土壤中扣除。假如冠层截留总量不能满足潜在蒸发速率，剩余的蒸发量余额则从下冠层和土壤中扣除（假如下冠层和土壤不是太干或者太湿）。上冠层蒸腾量代表的是蒸散发的干区部分，而用潜在蒸发量减去上冠层的蒸散发量就得到下冠层潜在蒸发量。上层冠潜在蒸发量（E_{po}，m）采用 Penman-Monteith 方法计算（Wigmosta et al.，1994）：

$$E_{po} = \frac{\Delta \cdot R_n + \rho \cdot c_p \cdot \dfrac{e_s - e}{r_{ao}}}{\lambda_v \cdot [\Delta + \gamma]} \qquad (4.11)$$

式中，Δ 是饱和蒸汽压-温度曲线的坡度（$hPa \cdot K^{-1}$）；R_n 是净辐射通量密度（$W \cdot m^{-2}$）；ρ 是湿润空气的密度（$kg \cdot m^{-3}$）；c_p 是在定压比热容（$kJ \cdot kg^{-1} \cdot K^{-1}$）；$e_s$ 是在常温下的饱和蒸气压（hPa）；e 是蒸气压（hPa）；r_{ao} 是在上冠层和参照高度之间水气输送的气动阻力（$s \cdot m^{-1}$）；λ_v 是蒸发潜热（$kJ \cdot kg^{-1}$）；γ 的湿度常数（$hPa \cdot K^{-1}$）。

干燥植物表面的蒸腾量可由 Penman-Monteith 公式计算（Wigmosta et al.，1994）：

$$E_{tj} = E_{pj} \frac{\Delta + \gamma}{\Delta + \gamma \cdot (1 + r_{cj}/r_{aj})} \qquad (4.12)$$

式中，E_{tj} 是冠层蒸腾量（m·s^{-1}）；E_{pj} 为冠层潜在蒸发量（m·s^{-1}）；r_{cj} 水气传输的冠层阻力（s·m^{-1}）；下标 j 为冠层，以下一致。

冠层的干（$1-A_{wj}$）、湿（A_{wj}）区划分基于以下公式（Deardorff，1978；Dickinson et al.，1993）：

$$A_{wj} = \left\{ \frac{S_{Ij}^t + P_j}{I_{cj}} \right\}^{2/3} \tag{4.13}$$

式中，S_{Ij}^t 是在时间步长开始时储藏于冠层的截留水深（m）；P_j 为时间步长内的降雨深度（m）；I_{cj} 是最大截留量（m）[见公式（4.5）]。

模型独立且逐步地计算每一冠层的蒸发量和蒸腾量。首先，基于潜在蒸发量计算来自于湿区部分的实际水分蒸发量：

$$E_{Ij} = E_{pj} \cdot A_{wj} \cdot \Delta t_w \tag{4.14}$$

式中，E_{Ij} 是时间步长内的冠层截留水的蒸发总量（m）；Δt_w 是处于潜在蒸发量条件下的冠层截留水蒸发所需的时间（s）。如果在模型时间段内潜在的蒸发速率不足以除去所有冠层截留水，Δt_w 等于模型时间步长（Δt）。然而，植被干燥部分的总蒸发量（E_{Tj}）由公式（4.15）计算得到：

$$E_{Tj} = E_{tj} \cdot (1 - A_{wj}) \cdot \Delta t + E_{tj} \cdot A_{wj} \cdot (\Delta t - \Delta t_w) \tag{4.15}$$

在无下冠层时，表层土壤的蒸发量将被计算，否则土壤蒸发量忽略不计。在土壤湿润条件下，土壤能够将水分输送到土表的速率会大于或等于潜在蒸发量的需求。当土壤处于干燥条件下，蒸发速率由土壤决定，且与土壤水分含量呈非线性函数关系。在土壤干燥条件下，土壤水分蒸发（E_s）的计算公式为

$$E_s = \min(E_{ps}, F_e) \tag{4.16}$$

式中，$E_{ps} = E_{po} - (E_{Io} + E_{To})$；$F_e$ 为水分挣脱土壤基质吸附的能力（即脱湿力）。脱湿力的大小取决于表层土壤的类型和水分条件，可基于以下公式（Entekhabi and Eaqleson，1989）：

$$F_e = S_e \cdot \sqrt{\Delta t} \tag{4.17}$$

$$S_e = \sqrt{\frac{8\varphi \cdot k_s \cdot \Psi_b}{3(1+3m) \cdot (1+4m)}} \cdot \left[\frac{\theta}{\varphi} \right]^{(1/2m+2)}$$

式中，S_e 代表土壤吸湿力；Ψ_b 是土壤气泡压力；m 为经验系数。

在计算冠层蒸散发时，上冠层的垂直风廓线是基于三层中性大气条件计算的。在上冠层之上的风廓线将从参照高度至上冠层顶部以对数廓线模型表示，上冠层其他部位的风廓线以指数廓线模型表示；上冠层以下的风廓线以对数风廓线模型表示。

　　湍流传输的总气动阻力与三层风廓线层的关系可以用以下公式表示（Storck，2000）：

$$R_{ao} = \frac{\log\left(\dfrac{z_r - d_o}{z_{00}}\right)}{U_r \cdot k^2} \left\{ \frac{h_o}{n(z_w - d_o)} \left[\exp\left(n_a \left(1 - \frac{d_o - z_{0o}}{h_o} \right) \right) - 1 \right] + \frac{z_w - h_o}{z_w - d_o} + \log\left(\frac{z_r - d_o}{z_w - d_o} \right) \right\}$$

(4.18)

式中，U_r 是参照高度 z_r 处的风速（m·s^{-1}）；h_o、d_o、z_o 分别是上冠层的高度（m）、位移高度（m）和粗糙度（m）；z_w 是对数廓线和粗糙亚层之间的边界高度（m）；n_a 是一个无量纲消光系数；k 是 Von Karmen 常数；下标 0 代表上冠层。

　　地表土壤、积雪或者下冠层的气动阻力用以下公式表示（Storck，2000）：

$$r_{au} = \log\left(\frac{z_a - d_u}{z_{0u}} \right)^2 \cdot \frac{1}{U(z_a) \cdot k^2}$$

(4.19)

式中，$z_a = 2 + d_u + z_{ou}$，d_u 和 z_{0u} 分别表示位移高度和粗糙层高度。

　　在 CNMM 模型中，上冠层和下冠层的冠层阻力（r_c，m·s^{-1}）依据 Wigmosta 等（1994）的公式分别计算。针对两个冠层，r_c 为气孔阻力的总和（m·s^{-1}），r_s 则表示单个叶片阻力（m·s^{-1}），假设所有叶片 r_s 对 r_c 的贡献是一致的，则：

$$r_{cj} = \frac{\langle r_{sj} \rangle}{Cov_j \cdot LAI_j \cdot \left(1.4 - 0.4\dfrac{CO_2}{330} \right)}$$

(4.20)

式中，Cov 是冠层总 LAI 对投影单面 LAI 的比率（0～1）；两个方向括号表征在冠层叶面积指数范围内的反向平均（Dickinson et al.，1991）；下标 j 代表冠层；CO_2 为大气 CO_2 浓度（ppmv）。植物物种和环境因素对 r_{sj} 的影响可以用物种依赖性阻力（$r_{s_{min}}$，m·s^{-1}）和四大限制因子计算得到：

$$r_{sj} = r_{s_{min} j} \cdot f_1(T_j) \cdot f_2(vpd_j) \cdot f_3(PAR_j) \cdot f_4(\theta_j)$$

(4.21)

式中，f_1 为空气温度修正系数；f_2 为大气压差值修正系数；f_3 为光合有效辐射通量修正系数；f_4 为土壤含水量修正系数。前面三个限制因子可以用以下公式计算（Dickinson et al.，1993）：

$$f_1 = \frac{1}{0.08T_a - 0.0016T_a^2}$$

(4.22)

$$f_2 = \frac{1}{1 - \dfrac{e_s - e}{e_c}}$$

(4.23)

$$f_3 = \frac{1 + \dfrac{R_p}{R_{pc}}}{\dfrac{r_{s_{min}}}{r_{s_{max}}} + \dfrac{R_p}{R_{pc}}}$$

(4.24)

式中，T_a 是气温（℃）；e_c 是造成气孔关闭的大气压差（约 4 kPa），$r_{s_{max}}$ 是最大阻力（叶表）($m \cdot m^{-1}$)；R_p 是可见光辐射($W \cdot m^{-2}$)，R_{pc} 是 R_s 为两倍最小气孔阻力（$r_{s_{min}}$）时的光强($W \cdot m^{-2}$)。根据 Feddes 等（1978）的研究，第四大限制因子为基于土壤含水量的分段线性函数：

$$f_4 = \begin{cases} 0 & \theta \leqslant \theta_{wp} \\ \dfrac{\theta^* - \theta_{wp}}{\theta - \theta_{wp}} & \theta_{wp} < \theta \leqslant \theta^* \\ 1 & \theta^* < \theta \leqslant \theta_s \end{cases} \quad (4.25)$$

式中，θ 是土壤平均含水量（$m^3 \cdot m^{-3}$）；θ_{wp} 是植物萎蔫含水量（$m^3 \cdot m^{-3}$）；θ^* 是植物蒸腾不受限制时的最低土壤含水量（$m^3 \cdot m^{-3}$）。

上、下冠层或土壤表面的短波和长波辐射量都分别计算。上冠层接收太阳（短波）辐射，同时向上与天空，向下与下冠层、积雪和土壤表面有长波辐射交换，上冠层吸收的净辐射可以用以下公式表示：

$$R_{no} = R_s \cdot \left[(1 - \alpha_o) - \tau_o \cdot (1 - \alpha_u) \right] \cdot F + (L_d + L_u - 2L_o) \cdot F \quad (4.26)$$

式中，R_s 是输入模型的入射短波辐射（$W \cdot m^{-2}$）；α_o 是上冠层的反射系数（–）；τ_o 是由上冠层转出的短波辐射占总入射短波辐射的比例（0～1）；α_u 是下冠层的反射系数（0～1）；F 是上冠层的覆盖度（0～1）；L_d、L_u 和 L_o 分别是天空向下、下冠层向上、上冠层的长波辐射通量（$W \cdot m^{-2}$）。冠层转出短波辐射的比例是根据 Beer 法则来计算（Monteith and Unsworth，1990）：

$$\tau_o = \exp(-k_b \cdot LAI_o) \quad (4.27)$$

式中，k_b 是一个冠层消光系数（–）；LAI_o 是单面的冠层叶面积指数（$m^2 \cdot m^{-2}$）。

下冠层可接收来自上冠层减弱的短波辐射和开放无遮蔽处直接的短波辐射。在上冠层之下，下冠层和上冠层可交换长波辐射；而在开放无遮蔽条件下，下冠层直接与天空和地面交换长波辐射。下冠层吸收的净辐射公式为

$$R_{nu} = R_s \cdot (1 - \alpha_u) \cdot \left([1 - F] + \tau_o \cdot F \right) + (1 - F) \cdot L_d + F \cdot L_o - L_u \quad (4.28)$$

假定一个统一的发射率，$L_o = \sigma \cdot (T_o + 273.15)^4$ 和 $L_u = \sigma \cdot (T_u + 273.15)^4$，这里 σ 是 Stefan-Boltzmann 常数，T_o 和 T_u 分别为上冠层、下冠层的温度（℃），除了下雪时，这两个温度等于空气温度。天空的长波辐射由模型输入数据提供。如只有赤裸的土壤（无林下层和积雪）时，$L_u = \sigma \cdot (T_s + 273.15)^4$，其中，$T_s$ 为土壤地表温度，一般用气温代替。如果需要更准确的土壤地表温度，可通过非线性方程的迭代求解得到更精确的温度（见第 3 章）。

4.2.5 地表径流

栅格中的地表径流产流方式通常有三种类型：①降雨和融雪过程引发的超渗

产流;②降雨和融雪过程引发的饱和产流;③地下水位上升至地表而引发的回流。计算地表径流的汇流方法主要有两种:一种是显式法,即逐个计算地表径流在栅格单元中流经路线;另一种方法是单位水文过程线法。如果在水系信息提供的前提下,采用显式法较好,否则采用后者。CNMM 模型采用的是前者。

地表径流在栅格中的沿坡流动原理类似于地下水流的运动原理,地表径流沿 k 方向的径流量(q_{O_k},$m \cdot s^{-1}$)计算如下(Wigmosta and Perkins,2001):

$$q_{O_k} = w_k \cdot v \cdot y \qquad (4.29)$$

式中,v 是栅格的地表径流速度($m \cdot s^{-1}$);y 是栅格的地表径流深度(m);w_k 是栅格在 k 方向上水流的宽度(m)[详见公式(4.31)]。总径流量(Q_O,$m \cdot s^{-1}$)是公式(4.31)中各方向径流量之和。于是,在单位时间步长末端的地表水体积(S,m):

$$S_O^{t+\Delta t} = S_O^t + V_{e1} + I + (Q_{O \, in} - Q_O) \cdot \Delta t \qquad (4.30)$$

式中,$Q_{O \, in}$ 是地表径流从上一级梯度栅格流入下一级梯度栅格中的总流量($m \cdot s^{-1}$);I 是超渗产流的体积(m)。该模型现在使用一个恒定速度 $v = \Delta x / \Delta t$,Δx 表示栅格的宽度。这意味着,地表径流在一个时间步长内离开栅格的径流体积等于地表水在一个时间步长开始时存储的径流体积。

4.2.6 土壤饱和层流或壤中流

CNMM 模型采用的是栅格至栅格的方法计算饱和土壤中亚表层侧向流,即壤中流或基流。依据数字高程模型(DEM),每个栅格与其相邻的栅格都从北开始沿顺时针方向标记数值 k(k 数值范围为 0~3,分别表征北、东、南、西 4 个方向,见图 2.5)。在一些坡度陡峭,土壤薄而渗透性好的土壤中,水力梯度约等于该处地表坡度;而在一些坡度缓和的地方,水力梯度可更好地表征该处水位的斜度。单个栅格在 k 方向(q_{S_k},$m \cdot s^{-1}$)的亚表层饱和侧向水流流量可由以下公式计算(Wigmosta and Perkins,2001):

$$q_{S_k} = w_k \cdot \beta_k \cdot K_{s\_h} \qquad (4.31)$$

式中,w_k 指栅格在 k 方向上水流的宽度(m);β_k 指在 k 方向上的水位梯度($m \cdot m^{-1}$);K_{s_h} 为侧向土壤饱和导水率($m \cdot s^{-1}$)。那么,该栅格土壤中流出的总流量 Q_S 相当于公式(4.31)计算的在 4 个方向的总和。在 CNMM 中,侧向土壤饱和导水率假设为纵向土壤饱和导水率(K_{s_v})的 50%,该参数可根据具体情况适当校正。

4.2.7 河道水体运动

在排水渠道和河川溪流内的径流流动用逐级跌水的线性库容模型计算。排水渠道和河川溪流包括所有栅格的任何一个都可赋予特定的水力学参数。

CNMM 模型提供一个相对简单且稳定的线性库容方法计算河道水流。该方法将每条河道当成一个恒定宽度且其流出量与蓄水量线性相关的水库（V_c），同时这种线性蓄泄关系也意味着恒定的径流流速，其计算方式是 Manning 方程式（该方法需要已知的径流深以及其相应的水力半径），计算 $t+\Delta t$ 时期的蓄水量公式如下（Wigmosta and Perkins，2001）：

$$V_c^{t+\Delta t} = \frac{Q_{in}}{K_c} + (V_c^t - \frac{Q_{in}}{K_c}) \cdot \exp(-K_c \cdot \Delta t) \qquad (4.32)$$

式中，Q_{in} 是在时间步长内从横向和上游流入河道的平均流量（m），来源于上级河段、地表径流、土壤饱和流（壤中流和基流）；K_c 是一个渠道容量参数（s^{-1}），其计算公式如下：

$$K_c = \frac{R_r^{2/3} \sqrt{S_c}}{n_c \cdot L_c} \qquad (4.33)$$

式中，R_r 是参照径流深的水力半径（m）；S_c、n_c、L_c 分别是渠道坡度（$m \cdot m^{-1}$）、渠道 Manning 系数（无量纲，一般为 0.1～0.001）、长度（m）。那么，在通过质量平衡后，可求得渠道平均流出水量（Q_{out}）：

$$Q_{out} = Q_{in} - \frac{V_c^{t+\Delta t} - V_c^t}{\Delta t} \qquad (4.34)$$

4.2.8 灌溉

CNMM 模型可以模拟灌溉活动对流域水文过程的影响。任一栅格的灌溉水源有两种，一种是从其最近的池塘水库和河流栅格提取水分灌溉，一种是从其地下水源抽提水分灌溉。

在 CNMM 模型中，旱地和稻田的灌溉制度各不相同。对于旱地，CNMM 模型要求输入设定的灌溉制度表，模型按照灌溉制度表中的灌溉起始时间和灌溉水量，从最近水源或地下水提取水分灌溉；而对于稻田，模型要求设定水田的灌溉期和排水期。在灌溉期内，最大稻田地表蓄水深度被设定为 0.1 m，当稻田地表蓄水深度小于 0.02 m 时，CNMM 模型从最近水源一次提取足够水分灌溉，使地表蓄水深度达到 0.1 m。在稻田排水期，最大稻田地表蓄水深度被设定为 0 m。在降雨时，超过最大稻田地表蓄水深度 0.1 m 的水分作为地表径流。需要指出的是，CNMM 模型暂时只能实施漫灌，在灌溉过程中无冠层截留产生。

参 考 文 献

雷晓辉, 白薇. 2001. 基于二元演化模式的流域水文模型. 黑龙江水专学报, 28(4): 14-17.

唐家良. 2005. 中国亚热带农业综合小流域生态水文过程研究. 南京: 中国科学院南京土壤研究所博士学位论文.

Deardorff J. 1978. Efficient prediction of ground temperature and moisture with inclusion of a layer of vegetation, J Geophysical Research, 83: 1889-1903.

Dickinson R E, Henderson-Sellers A, Kennedy P J. 1993. Biosphere-atmosphere transfer scheme (BATS) Version leas coupled to the NCAR Community Climate Model, NCAR Technical Note, NCARITN-387+STR, Boulder, Colorado.

Entekhabi D, Eagleson P S. 1989. Land surface hydrology parameterization for atmospheric general circulation models: inclusion of subgrid scale spatial variability and screening with a simple climate model, Ralph M Parsons Laboratory Report No. 325, Massachusetts Institute of Technology: 195.

Feddes R A, Kowalik P J, Zaradny H. 1978. Simulation of field water use and crop yield. New York: John Wiley and Sons: 188.

Monteith J L, Unsworth M H. 1990. Principles of environmental physics, New York: Routledge, Chapman and Hall: 291.

Rigon R, Bertoldi G, Over T M. 2006. GEOtop: A distributed hydrological model with coupled water and energy budgets. Journal of Hydrometeorology, 7: 371-388.

Storck P. 2000. Trees, snow and flooding: an investigation of forest canopy effects on snow accumulation and melt at the plot and watershed scales in the Pacific Northwest, Water Resource Series, Technical Report 161, Department of Civil Engineering, University of Washington.

Wigmosta M S, Perkins W A. 2001. Simulating the effects of forest roads on watershed hydrology. *In*: Wigmosta M S, Burges S J. Influence of Urban and Forest Land Use on the Hydrologic Geomorphic Responses of Watersheds. AGU Water Science and Applications Series, 2.

Wigmosta M S, Vail L W, Lettenmaier D P. 1994. A distributed hydrology soil vegetation model for complex terrain. Water Resources Research, 30(6): 1665-1679.

5. 碳 循 环

5.1 土壤碳库分类

土壤有机碳库组分较为复杂，根据稳定性可将其分为不稳定有机碳库和稳定性有机碳库。土壤不稳定有机碳也称为活性有机碳，是指土壤中有效性较高，易被土壤微生物分解矿化（沈宏等，1999），且对碳平衡有重要影响的那部分有机碳，在调节土壤养分流向方面有重要作用，不仅对农业生产措施反应灵敏，而且与土壤潜在生产力关系密切。国内外将可矿化新鲜有机碳、微生物碳、可溶性有机碳、易氧化有机碳、轻组有机碳、颗粒有机碳等统称为活性有机碳。土壤稳定性有机碳库是与土壤活性有机碳库相对的一种碳库，包括腐殖质碳和惰性黑炭等，对于土壤总碳库的稳定、土壤结构的形成具有重要意义。

土壤可矿化新鲜有机碳（FOM-C），主要利用微生物分解有机物质的特性，通过测定 CO_2 的释放量或专性呼吸率来求得。根据周转时间的不同，可将 FOM 分为快矿化新鲜有机碳（fast FOM-C）和慢矿化新鲜有机碳（slow FOM-C）。两者库的大小可通过三库一级动力学方程进行拟合（Paul et al.，2001；Yang et al.，2007），拟合方程如下：

$$C_t = C_f \cdot \exp(-k_f \cdot t) + C_s \cdot \exp(-k_s \cdot t) + C_p \cdot \exp(-k_p \cdot t)$$

式中，C_t 是 t 时刻土壤总有机碳；C_f 和 k_f 分别代表土壤快矿化新鲜有机碳和分解速率；C_s 和 k_s 代表土壤慢矿化新鲜有机碳和分解速率；C_p 和 k_p 代表土壤惰性腐殖质碳和分解速率。

土壤微生物碳（BIOM-C）是指土壤中体积在 $5\sim10\ \mu m^3$ 的微生物体中所含的有机碳，主要通过氯仿熏蒸-K_2SO_4 提取的方法测定（吴金水和肖和艾，2004）。虽然微生物碳仅占土壤有机碳的 1%～4%，但这部分微生物是土壤有机质中最活跃和最易变化的部分，是土壤有机质转化和分解的直接作用者，并在土壤养分的转化过程中起主导作用（Brookes et al.，1991）。

土壤可溶性有机碳（DOC）是由一系列有机物组成的，从简单的有机酸到复杂的大分子物质如胡敏酸、富里酸等。目前 DOC 的概念是基于其提取过程来定义的，即能通过 0.45 μm 微孔滤膜且能溶于水、酸或碱的有机物质。DOC 是土壤中各种养分及环境污染物移动的载体因子，对土壤的 C、N、P、S 及污染物的迁移转化起着重要的作用，其淋失是土壤碳损失的重要途径（吕国红等，2006）。

土壤易氧化有机碳（ROC）是土壤中最易氧化分解的那部分有机碳。在农业可持续发展的系统研究中，土壤碳库容量的变化主要发生在土壤易氧化有机碳库中，所以认为这一活性指标对衡量土壤有机质的敏感性要优于其他农业变量，可以指示土壤有机碳的早期变化（Blair and Lefroy，1995）。

土壤轻组有机碳（LFOC）是存在于土壤轻组有机质中的有机碳。轻组有机质一般认为是土壤密度小于 20 g·cm^{-3} 组分中的土壤有机质，包括游离腐殖酸和植物残体及其腐解产物等，周转期为 1～15 年，是植物残体分解后形成的一种过渡有机质库（Janzen et al.，1992）；除一些植物残体及其中间产物外，还包括孢子、种子、动物残体、微生物残骸，以及一些吸附在碎屑上的矿质颗粒。轻组有机碳代表了中等分解速率的有机碳库或易变有机碳的主要部分，在碳氮循环中起显著作用，具有很强的生物活性，是土壤养分的重要来源，被认为是土壤生物调节土壤肥力的重要指标，是衡量土壤质量的重要属性之一。

土壤颗粒态有机碳（POC）采用颗粒分组法获得，是与砂粒（53～2000 μm）结合的有机碳部分，周转期为 5～20 年（Camberdella and Elliott，1994）。这个库中有机碳主要来源于分解速率中等的植物残体分解产物，并与土壤团聚体有机结合。颗粒态有机碳是新鲜有机质向腐殖质转化过程中的过渡成分，属于土壤有机碳库中相对易分解、生物活性较高的组分，这部分有机碳也被认为是有机碳中的非保护性部分。土壤中颗粒有机碳对耕作管理措施变化反应敏感，极易因耕作管理措施的变化而快速丧失，秸秆和绿肥的施用可以增加颗粒有机碳含量及其固定率（周萍等，2006）。

土壤腐殖质碳（HUM-C）在土壤中相对稳定性较高，是土壤有机质在微生物作用下形成的特殊类型高分子有机化合物的混合物，约占土壤有机质的 65%（窦森等，2006）。由于腐殖质具有胶体特性，能吸附较多的阳离子，因而使土壤具有保肥力和缓冲性，还能使土壤疏松和形成结构体，从而改善土壤的物理性质，是土壤健康的重要保障。土壤腐殖质根据其在酸碱溶液中的溶解度分为胡敏酸、富里酸和胡敏素三个组分。土壤活性腐殖质碳（Active HUM-C）是游离有机质，以及与活性铁铝氧化物结合的腐殖质的总和，是腐殖质中对土壤肥力起主要作用的组分之一，主要为胡敏酸和富里酸的部分活性组分（吴龙华和高子勤，2001）；而惰性腐殖质碳主要是指胡敏素，被定义为在任何 pH 条件下的水溶液中不溶的腐殖物质。

惰性黑炭（CHARC）的组成成分包括芳香族、脂肪族化合物，官能团主要有羧基、羰基、苯环等。稳定的黑炭主要是以芳香族为骨架的环状结构，这种芳香化结构具有很高的生物化学及热稳定性，能长期保存在土壤中而不易被矿化，分解速率较慢，存在时间可达数百年甚至上千年之久，有利于碳的封存，且能够改善土壤性质，提高土壤肥力和持水能力（Fowles，2007；Lehmann et al.，2008）。

流域系统唯一的碳素来源是植物的光合碳同化作用，主要以植物凋落物或作物秸秆残留物、根际分泌物、养殖和生活废弃物形式进入土壤系统。在 CNMM

中，土壤有机碳被划分为 8 个库（见图 2.7）：快矿化（fast FOM）和慢矿化（slow FOM）新鲜有机碳、活的（live BIOM）和死的（dead BIOM）微生物碳、可溶性有机碳（DOC）、活性腐殖质碳（active HUM）、惰性腐殖质碳（passive HUM）、惰性黑炭（CHARC），这个系统与 WNMM（Li et al.，2007）基本一致。CNMM 模拟碳素在多个碳库中的储存与转化，最终产物是进入大气的二氧化碳（CO_2）和甲烷（CH_4），并不模拟一氧化碳（CO）的排放。影响土壤碳循环的因素可以是气候条件（温度和降水）、土壤性质（如黏粒含量）和管理措施（秸秆还田或焚烧）。土壤有机碳的循环是土壤有机氮和有机磷循环的母循环，它们在储存和转化过程中由土壤有机质的 C/N 比、C/P 比来联动。另外，土壤有机质的 C/N 比、C/P 比并不固定，决定于有机物料的投入量和质量、土壤有机碳的矿化速率等因素。除 DOC 外，土壤有机碳不能在流域系统的土壤和水体中移动，但它们可以在土壤剖面通过扩散作用向下缓慢移动（约 $0.0002 \ m^2 \cdot y^{-1}$）。

5.2 土壤碳循环的影响因素

土壤有机质处于动态平衡中，其含量取决于土壤有机质输入量与损失量的相对大小，而这个过程同时又受土壤温度、水分、质地、有机物料的化学组成及外源有机质输入等的影响。由于外来有机物质不断输入，才保障了土壤有机质的平衡，为土壤中碳的循环提供了必要物质条件和能量条件。土壤有机碳的输出主要通过土壤有机质的分解和转化进行，其分解的主要产物为 CO_2，即土壤呼吸。土壤呼吸是土壤中异氧微生物和植物根系进行生命活动的标志，也是碳循环的重要组成部分。影响土壤有机碳的积累和转化的因素包括自然因素和人为因素，自然因素中影响较大的主要包括气候因子（温度、水分）和土壤性状；人为因素中影响较大的主要有土地利用变化。

5.2.1 气候条件

气候主要在两个方面影响土壤碳循环：一是温度、水分变化影响植物生产力；二是气候变化影响微生物活性，从而改变地表凋落物和土壤有机碳的分解速率。

温度变化是全球气候变化的主要标志之一，也是控制土壤微生物活性及有机质分解速率的关键因素，由此必将对土壤有机碳产生重要影响（Henry et al.，2012）。大量研究表明，温度的上升，不仅提高植被的净初级生产力，同时也将影响土壤中微生物的活性，导致微生物种群增长，促进土壤中有机碳的分解（Wang et al.，2003；Schindlbacher et al.，2009）。因而，土壤温度的微小变化都会影响土壤与大气之间的碳素平衡。在 CNMM 中，土壤温度对土壤有机碳分解的影响（$f_{T_{SOC}}$，0~1）可以用以下的公式来描述：

$$f_{T_{\text{SOC}}} = \begin{cases} 0.01 & T_{\text{soil}} < 5℃ \\ 0.99 + \dfrac{T_{\text{soil}}}{T_{\text{soil}} + \exp(5.0 - 0.25 \cdot T_{\text{soil}})} + 0.01 & T_{\text{soil}} \geqslant 5℃ \end{cases} \quad (5.1)$$

式中，T_{soil} 为某土壤层的土壤温度（℃）。按公式（5.1），土壤温度对土壤有机碳分解的影响为 0.01~1.00，总是大于 0.01。

水分是影响土壤有机碳的另一个重要因素，主要通过影响土壤的通气性而影响土壤有机质的矿化分解，进而影响土壤有机碳的积累（Suseela et al.，2012）。干燥或干旱会引起部分土壤微生物死亡，在一定程度上加速或减缓有机碳的分解速率，改变土壤中的有机碳储量。降雨后，土壤微生物量会激增，促进微生物的活性增强，激发土壤呼吸迅速增强（陈全胜等，2003）。大量研究表明，土壤含水量对土壤呼吸的影响较为复杂，当土壤湿度较低时，土壤呼吸与水分表现为明显的相关关系，并且在一定范围内呼吸强度随土壤水分的增加而增加。而对于不同类型生态系统的土壤，呼吸速率与土壤含水量的关系不尽相同。多数情况下土壤表面 CO_2 通量与土壤湿度呈正相关，但当土壤含水量超过一定的阈值，土壤湿度就成了土壤呼吸的抑制因子。在 CNMM 中，除可溶性有机碳（DOC）外的各土壤有机碳库分解的土壤水分影响（$f_{W_{\text{SOC}}}$，0~1）可以用以下公式表示：

$$f_{W_{\text{SOC}}} = \max\left[0.01, \min(1.00, -0.5455 + 5.1364 \cdot wfps - 4.3717 \cdot wfps^2) \right] \quad (5.2)$$

式中，$wfps$ 是某土壤层的土壤孔隙水分饱和度（0~1），等于土壤体积含水量占土壤孔隙度的比率，即 θ/Φ。θ 为土壤水分含量（$m^3 \cdot m^{-3}$）；Φ 为土壤孔隙度（$m^3 \cdot m^{-3}$）。公式（5.2）表明，当土壤水分饱和时，土壤有机碳库的分解速率是很低的。DOC分解的土壤水分影响（$f_{W_{\text{DOC}}}$，0~1）比较特殊，可以用以下公式表述：

$$f_{W_{\text{DOC}}} = \max\left[0.01, \min\left(1.00, \frac{\theta}{\theta_{\text{fc}}}\right) \right] \quad (5.3)$$

式中，θ_{fc} 为土壤田间持水含水量（$m^3 \cdot m^{-3}$）。公式（5.3）表示土壤水分只是在低于田间持水量时才线性地抑制 DOC 的分解。

5.2.2 土壤理化性状

土壤质地被认为是影响土壤有机碳含量的主要因素。一般认为，土壤中的有机碳量随粉粒和黏粒含量的增加而增加（Côté et al.，2000；McInerney and Bolger，2000）。这主要反映在粉粒对土壤水分有效性、植被生长的正效应及其黏粒对土壤有机碳的保护作用，而黏粒的保护作用则主要是通过与有机碳结合形成有机-无机复合体实现的。另外，土壤质地不仅影响土壤中有机碳的含量，还影响其在土壤有机碳的各组分中的分配。但是也有研究表明，土壤质地与土壤有机碳矿化量之间没有明显关系，黏粒含量高的土壤其有机碳矿化量并非最低，这也说明了土壤黏粒可能并非有机碳周转中的主导因子，其作用可能因底物有效性、土壤微生物等的差异而不同（Yang et al.，2007；Zhou et al.，2014）。在 CNMM 中，土壤黏粒含量抑制土壤有机碳库分解的影响（f_{clay}，0～1）可以用以下公式来表达：

$$f_{clay} = \min(1.00, \quad 0.1793 \cdot Clay^{-0.471}) \tag{5.4}$$

式中，$Clay$ 为土壤黏粒含量（0～1）。其他土壤特性，如黏土矿物类型、pH、物理结构及其养分状况等均会影响土壤有机碳的含量。不同类型的矿物对土壤有机碳的保护作用存在差异。土壤微生物的活性要求一定的酸度范围，pH 过高（>8.5）或过低（<5.5）对大部分微生物都不大适宜，会抑制其活动，从而使有机碳分解的速率下降。例如，在酸性土壤中，微生物种类受到限制以真菌为主，从而减慢了有机物质的分解。土壤的物理结构则通过调节土壤中空气和水的运动，影响微生物的活动。就土壤养分来说，不仅其可利用的养分状况影响植被的生长，而且微生物同化 1mol 的氮需 24mol 的碳，土壤中矿质态氮的有效性直接控制土壤有机碳的分解速率，主要表现在对进入土壤的新鲜有机碳（FOM-C）分解的影响。

5.2.3 土地利用变化

土地利用的变化主要通过改变土地利用类型、地表植被覆盖度，干扰地下土壤和植物根系，改变土壤表层有机质输入量，并不同程度地改变局地小气候（土壤温度、湿度、孔隙度）和土壤微生物生长环境，直接影响到生态系统、群落和生物量组成、净初级生产力（NPP）和土壤理化性状，进而改变土壤有机碳的"输入"和"输出"状态，影响生态系统碳平衡。土地利用变化的碳排放是大气 CO_2 浓度升高的第二大人为碳源，也是导致全球变化与生物圈碳素循环失衡的最主要人为驱动力之一，其作用仅次于化石燃料的燃烧。

CNMM 假设在不同土地利用及相应的管理方式下，土壤有机碳库的容量和分解速率是不一样的，需要通过长期观测数据来率定。当土地利用发生转变时，土壤有机碳库的容量和分解速率也会发生相应的渐变变化，但目前还没有这种渐变的数据支撑。

CNMM 假设农田耕作会增加土壤有机碳库的矿化，一般将这个耕作影响（f_{till}，1～2）定义为 200%，并表现在农田土壤 0～0.20 m 表层，而林地或天然草地土壤无此特殊定义。

5.2.4 新鲜有机物料的质量

在 CNMM 中，新鲜有机碳库的分解受到其本身的质量影响，即氮和磷的含量。一般而言，当新鲜有机碳库的 C/N 比（$C:N_{FOM}$）大于 30 时，出现微生物固定土壤矿态氮库；当在 20～30 之间时，微生物固定和矿化过程平衡；当小于 20 时，矿化过程大于微生物固定。影响新鲜有机碳库矿化的 C/N 比的阈值可以为 25；相对应的 C/P 比为 200 左右。于是，新鲜有机碳 C/N 比和 C/P 比（$C:P_{FOM}$，0～1）影响其碳库分解的公式可以表述如下：

$$f_{C:N:P} = \min\left[1.0, \exp\left(-0.693\frac{C:N_{FOM}-25}{25}\right), \exp\left(-0.693\frac{C:P_{FOM}-200}{200}\right)\right] \quad (5.5)$$

$$C:N_{FOM} = \frac{FOM}{FOM\_N + NH_{40}^+ + NO_{30}^-} \quad (5.6)$$

$$C:P_{FOM} = \frac{FOM}{FOM\_P + LabileP_0} \quad (5.7)$$

式中，FOM、FOM_N、FOM_P 分别为新鲜有机碳含量（kg·C·hm^{-2}）、新鲜有机氮含量（kg·N·hm^{-2}）、新鲜有机磷含量（kg·P·hm^{-2}），NH_{40}^+、NO_{30}^-、$LabileP_0$ 分别为土壤表层铵态氮（kg·N·hm^{-2}）、硝态氮（kg·N·hm^{-2}）、速效磷含量（kg·P·hm^{-2}）。

5.3 土壤有机碳库转化、分解

在 CNMM 中，碳素在各土壤有机碳库的逐级转化和分解见图 2.7。

具体而言，单位时间步长（ts）内 fast FOM 碳库的分解速率（$r_{fast\ FOM}$，kg C·hm^{-2}·ts^{-1}）为

$$r_{fast\ FOM} = CR_{fast\ FOM} \cdot \sqrt{f_T \cdot f_W} \cdot f_{clay} \cdot f_{till} \cdot f_{C:N:P} \cdot fast\ FOM \quad (5.8)$$

式中，$CR_{fast\ FOM}$ 为 fast FOM 分解的一级反应动力学常数（ts^{-1}）。60% 的 $r_{fast\ FOM}$ 进入气体状态，其余部分中的 80% 进入 BIOM 碳库（90% 为活组分，10% 为死组分），15% 进入 active HUM，5% 进入 DOC。

单位时间步长内 slow FOM 碳库的分解速率（$r_{slow\ FOM}$，kg C·hm^{-2}·ts^{-1}）为

$$r_{slow\ FOM} = CR_{slow\ FOM} \cdot \sqrt{f_T \cdot f_W} \cdot f_{clay} \cdot f_{till} \cdot f_{C:N:P} \cdot slow\ FOM \quad (5.9)$$

式中，$CR_{slow\ FOM}$ 为 slow FOM 分解的一级反应动力学常数（ts^{-1}）。60% 的 $r_{slow\ FOM}$ 进入气体状态，其余的，45% 进入 BIOM 碳库（90% 为活组分，10% 为死组分），50% 进入 active HUM，5% 进入 DOC。

在土壤水分和土壤温度的胁迫下，单位时间步长内 live BIOM 碳库的死亡损失速率（$r_{live\ BIOM}$，kg·C·hm^{-2}·ts^{-1}）为

$$r_{live\ BIOM} = CR_{live\ BIOM} \cdot \max(f_{T_{live\ BIOM}}, f_{W_{live\ BIOM}}) \cdot live\ BIOM \quad (5.10)$$

$$f_{W_{\text{live BIOM}}} = \begin{cases} 1 & sw \leqslant 0 \\ 1 - \dfrac{sw}{sw25} & 0 < sw \leqslant sw25 \\ 0 & sw > sw25 \end{cases} \tag{5.11}$$

$$f_{T_{\text{live BIOM}}} = \begin{cases} 1 & T_{\text{soil}} \leqslant 2 \\ 1 - \dfrac{T_{\text{soil}} - 2}{6 - 2} & 2 < T_{\text{soil}} \leqslant 6 \\ 0 & sw > 6 \end{cases} \tag{5.12}$$

式中，$CR_{\text{live BIOM}}$ 为 live BIOM 死亡的一级反应动力学常数（ts^{-1}）；$f_{W_{\text{live BIOM}}}$ 为土壤微生物死亡土壤水分胁迫函数（0~1），$sw = \theta - \theta_{\text{wp}}$，$sw25 = 0.25 \cdot (\theta_{\text{fc}} - \theta_{\text{wp}})$；$f_{T_{\text{live BIOM}}}$ 为土壤微生物死亡土壤温度胁迫函数（0~1）。$r_{\text{live BIOM}}$ 全部进入 dead BIOM。

单位时间步长内 dead BIOM 碳库的分解速率（$r_{\text{dead BIOM}}$，$\text{kg C·hm}^{-2}\text{·ts}^{-1}$）为

$$r_{\text{dead BIOM}} = CR_{\text{dead BIOM}} \cdot \sqrt{f_T \cdot f_W} \cdot f_{\text{clay}} \cdot f_{\text{till}} \cdot dead\ BIOM \tag{5.13}$$

式中，$CR_{\text{dead BIOM}}$ 为 dead BIOM 分解的一级反应动力学常数（ts^{-1}）。60%的 $r_{\text{dead BIOM}}$ 进入气体状态，其余的，35%内循环进入 live BIOM 碳库，60%进入 active HUM 碳库，5%进入 DOC。

单位时间步长内 active HUM 碳库的分解速率（$r_{\text{active HUM}}$，$\text{kg C·hm}^{-2}\text{·ts}^{-1}$）为

$$r_{\text{active HUM}} = CR_{\text{active HUM}} \cdot \sqrt{f_T \cdot f_W} \cdot f_{\text{clay}} \cdot f_{\text{till}} \cdot active\ HUM \tag{5.14}$$

式中，$CR_{\text{active HUM}}$ 为 active HUM 分解的一级反应动力学常数（ts^{-1}）。60%的 $r_{\text{active HUM}}$ 进入气体状态。其余的，95%进入 BIOM 碳库（90%为活组分，10%为死组分），5%进入 DOC。

active HUM 和 passive HUM 之间存在相互交换。单位时间步长内它们之间的交换通量（$r_{\text{active\_passive HUM}}$，$\text{kg C·hm}^{-2}\text{·ts}^{-1}$）可定义为：

$$r_{\text{active\_passive HUM}} = CR_{\text{passive}} \cdot \left[active\ HUM \cdot \left(\frac{1}{fr_{\text{active HUM}}} - 1 \right) - passive\ HUM \right] \tag{5.15}$$

式中，CR_{passive} 是 active HUM 和 passive HUM 之间交换的一级反应动力学常数（ts^{-1}），$fr_{\text{active HUM}} = active\ HUM / (active\ HUM + passive\ HUM)$。如果 $r_{\text{active\_passive HUM}} > 0$，active HUM 向 passive HUM 流动；否则，反向流动。

单位时间步长内 DOC 碳库的分解速率（r_{DOC}，$\text{kg C·hm}^{-2}\text{·ts}^{-1}$）为

$$r_{\text{DOC}} = CR_{\text{DOC}} \cdot \sqrt{f_T \cdot f_W} \cdot f_{\text{till}} \cdot DOC \tag{5.16}$$

式中，CR_{DOC} 为 DOC 碳库分解的一级反应动力学常数（ts^{-1}）。60%的 r_{DOC} 进入气体状态，其余的，50%进入 live BIOM 碳库，50%进入 active HUM 碳库。

根据 Olson（1963），日值一级反应动力学常数（CR_{daily}，d^{-1}）可以通过如下的公式转换成其他时间步长的一级反应动力学常数（CR_{st}，ts^{-1}）：

$$CR_{st} = 1 - \exp\left[\log(1 - CR_{daily}) \cdot \frac{ts}{24}\right] \qquad (5.17)$$

5.4 土壤有机碳库的 CO_2、CH_4 排放

由 5.3 节计算出的气体状态的碳素，需要通过温度影响、氧化还原状态影响、植物生长影响修正来计算和分配土壤的甲烷（CH_4）排放，剩余部分为 CO_2 排放。

CH_4 排放温度影响（$f_{T_{CH_4}}$）可定义为

$$f_{T_{CH_4}} = Q10T_{CH_4}^{\frac{T_{soil}}{10}} \qquad (5.18)$$

$$Q10T_{CH_4} = \exp\left[\frac{\log(Q10_{CH_4}) + 273.15}{T_{soil} + 273.15}\right] \qquad (5.19)$$

式中，$Q10_{CH_4}$ 是土壤甲烷排放的 $Q10$ 值，缺省值为 3.5。

土壤氧化还原状态影响（f_{Eh}）主要通过计算农田淹水、排水时间对土壤氧化还原电位（Eh）的影响而求得：

$$Eh = \begin{cases} 1390 \cdot Floods^{-0.87} + 12 \cdot Drains - s_{FOM} \cdot r_{FOM} - 250 & landuse = 'Paddy' \\ 1390 - 250 & landuse \neq 'Paddy' \end{cases} \qquad (5.20)$$

$$f_{Eh} = \exp\left(-1.7 \cdot \frac{Eh + 150}{150}\right) \qquad (5.21)$$

式中，$Floods$ 和 $Drains$ 是分别为农田处于淹水和排水状态时的持续时间（d），$r_{FOM} = r_{fast\,FOM} + r_{slow\,FOM}$；$s_{FOM}$ 为新鲜有机物质分解引起土壤 Eh 下降的斜率系数，一般需要试验数据率定，缺省值为 0。f_{Eh} 的取值范围在 0~1 之间。

植物生长影响（f_{plant}）可定义为

$$f_{plant} = 1 - DVS^2 \qquad (5.22)$$

式中，DVS 为植物生长状态指标（0~1）。

那么，单位时间步长内土壤的甲烷排放通量（r_{CH_4}，$kg\ C \cdot hm^{-2} \cdot ts^{-1}$）定义为

$$r_{CH_4} = f_{T_{CH_4}} \cdot f_{plant} \cdot f_{Eh} \cdot \sum \begin{matrix} fr_{FOM_{CH_4}} \cdot hrc_{FOM} \\ fr_{DOC_{CH_4}} \cdot hrc_{DOC} \\ fr_{BIOM_{CH_4}} \cdot hrc_{BIOM} \\ fr_{HUM_{CH_4}} \cdot hrc_{HUM} \end{matrix} \qquad (5.23)$$

式中，$fr_{FOM_{CH_4}}$、$fr_{DOC_{CH_4}}$、$fr_{BIOM_{CH_4}}$、$fr_{HUM_{CH_4}}$ 分别为 FOM、DOC、BIOM、HUM 的潜在 CH_4 排放系数（0.05、0.03、0.01 为目前 CNMM 的取值）；hrc_{FOM}、hrc_{DOC}、hrc_{BIOM}、hrc_{HUM} 分别为 FOM、DOC、BIOM、HUM 分解时释放的碳素气体（kg C·hm^{-2}·ts^{-1}）。最终，单位时间步长内土壤的 CO_2 排放通量（r_{CH_4}，kg C·hm^{-2}·ts^{-1}）则可定义为

$$r_{CO_2} = hrc_{FOM} + hrc_{DOC} + hrc_{BIOM} + hrc_{HUM} - r_{CH_4} \qquad (5.24)$$

5.5 DOC 淋溶和迁移损失

DOC 可在流域环境系统中迁移。CNMM 应用如下一个线性库容转移方程来描述 DOC 在土壤中的垂直或侧向移动：

$$r_{DOC_{Move}} = \frac{DOC_{in}}{k_{DOC_{Move}}} + (DOC - \frac{DOC_{in}}{k_{DOC_{Move}}}) \cdot \exp(-k_{DOC_{Move}}) \qquad (5.25)$$

$$k_{DOC_{Move}} = \frac{(SW_{max})^{\frac{2}{3}} \cdot \sqrt{Flux_{sw}}}{R_{DOC} \cdot dg \cdot \exp(-4.0 \cdot Clay)} \qquad (5.26)$$

式中，$r_{DOC_{Move}}$ 为 DOC 在土壤中的垂直或侧向移动通量（kg C·hm^{-2}·ts^{-1}）；DOC_{in} 为外源 DOC 输入项（kg C·hm^{-2}·ts^{-1}）；$k_{DOC_{Move}}$ 为 DOC 的移动系数（ts^{-1}）；SW_{max} 为某层土壤的最大可移动水容量（m）；$Flux_{sw}$ 为土壤水的垂直或侧向流量（m·ts^{-1}）；R_{DOC} 为土壤 DOC 的迁移阻抗系数（无量纲）；dg 为土壤的厚度（m）；$Clay$ 为土壤的黏粒含量（0~1）。由方程（5.25）可知，R_{DOC} 值越大，DOC 移动越慢，DOC 的 R_{DOC} 缺省值分别为 2。

土壤 DOC 随地表径流的迁移可以直接应用一个线性方程来描述：

$$r_{DOC_{Runoff}} = DOC_0 \cdot \frac{Runoff}{Runoff + \theta_0 \cdot dg_0} \cdot DOC\_Coeff\_Out\_Runoff \qquad (5.27)$$

式中，$r_{DOC_{Runoff}}$ 为土壤 DOC 地表径流迁移通量（kg C·hm^{-2}·ts^{-1}）；DOC_0 为地表土壤 DOC 含量（kg C·hm^{-2}）；$Runoff$ 为地表径流量（m·ts^{-1}）；θ_0 和 dg_0 分别为地表的土壤含水量（m^3·m^{-3}）和土层厚度（m）；$DOC\_Coeff\_Out\_Runoff$ 为土壤 DOC 的地表径流迁移系数，缺省值 0.025。

参 考 文 献

陈全胜, 李凌浩, 韩兴国, 等. 2003. 水分对土壤呼吸的影响及机理. 生态学报, 23(5): 972-978.

窦森, 晓彦春, 张晋京. 2006. 土壤胡敏素各组分数量及结构特征初步研究. 土壤学报, 3(6):

934-940.

吕国红, 周广胜, 周莉, 等. 2006. 土壤溶解性有机碳测定方法与应用. 气象与环境学报, 22(2): 51-55.

沈宏, 曹志洪, 胡正义. 1999. 土壤活性炭的表征及其生态意义. 生态学杂志, 18(3): 32-38.

吴金水, 肖和艾. 2004. 土壤微生物生物量碳的表观周转时间测定方法. 土壤学报, 41(3): 401-407.

吴龙华, 高子勤. 2001. 腐殖质对白浆土中 Fe、Mn、Al 形态转化及磷生物有效性的影响. 土壤学报, 38(1): 81-88.

周萍, 张旭辉, 潘根兴. 2006. 长期不同施肥对太湖地区黄泥土总有机碳及颗粒态有机碳含量及深度分布的影响. 植物营养与肥料学报, 12(6): 765-771.

Blair G J, Lefroy R D B. 1995. Soil carbon fractions based on their degree of oxidation, and the developments of a carbon management index for agriculture systems. Australian Journal of Agriculture Research, 46: 1459-1466.

Brookes P C, Wu J, Ocio J A. 1991. Soil microbial biomass dynamics following the addition of cereal st raw and other substrate to soil. In: Firbank L G, Carter N, Barbyshire J F, et al. The Ecology of Temperate Cereal Fields. Oxford, Blackwell: 95-111.

Camberdella C A, Elliott E T. 1994. Carbon and nitrogen dynamics of some fraction from cultivated grassland soils. Soil Science Society of America Journal, 58: 123-1301.

Côté L, Brown S, Paré D, et al. 2000. Dynamics of carbon and nitrogen mineralization in relation to stand type, stand age and soil texture in the boreal mixedwood. Soil Biology & Biochemistry, 32: 1079-1090.

Fowles M. 2007. Black carbon sequestration as an alternative to bioenergy. Biomass and Bioenergy, 31(6): 426-432.

Henry G H R, Harper K A, Chen W, et al. 2012. Effect of observed and experimental climate change on terrestrial ecosystems in Northern Canada: results from the Canadian IPY program. Climate Change, 115: 207-234.

Janzen H H, Campbell C A, Brandt S A, et al. 1992. Light fraction organic matter in soils from long-term crop rotations. Soil Science Society of American Journal, 56: 1799-1806.

Lehmann J, Skjemstad J O, Sohi S, et al. 2008. Australian climate-carbon cycle feedback reduced by soil black carbon. Nature-Geoscience, 1: 832-835.

Li Y, Chen D, White R, et al. 2007. A Spatially Referenced Water and Nitrogen Management Model (WNMM) for (irrigated) intensive cropping systems in the North China Plain. Ecological Modelling, 203: 395-423.

McInerney M, Bolger T. 2000. Temperature, wetting cycles and soil texture effects on carbon and nitrogen dynamics in stabilized earthworm casts. Soil Biology & Biochemistry, 32: 335-349.

Olson J S. 1963. Energy storage and the balance of producers and decomposers in ecological systems. Ecology, 44(2): 322-331.

Paul E A, Collins H P, Leavitt S W. 2001. Dynamics of resistant soil carbon of Midwestern agricultural soils measured by naturally occurring ^{14}C abundance. Geoderma, 104: 239-256.

Schindlbacher A, Zechmeister-Boltenstern S, Jandl R. 2009. Carbon losses due to soil warming: Do autotrophic and heterotrophic soil respiration respond equally? Global Change Biology, 15: 901-913.

Suseela V, Conant R, Wallenstein M D, et al. 2012. Effects of soil moisture on the temperature sensitivity of heterotrophic respiration vary seasonally in an old-field climate change experiment. Global Change Biology, 18: 336-348.

Wang W J, Dalal R C, Moody P W, et al. 2003. Relationships of soil respiration to microbial biomass, substrate availability and clay content. Soil Biology & Biochemistry, 35: 273-284.

Yang L, Pan J, Shao Y, et al. 2007. Soil organic carbon decomposition and carbon pools in temperate and sub-tropical forests in China. Journal of Environment Management, 85: 690-695.

Zhou P, Li Y, Ren X E, et al. 2014. Organic carbon mineralization responses to temperature increases in subtropical paddy soils. Journal of Soils and Sediments, 14: 1-9.

6. 氮 循 环

6.1 引 言

氮素对于地球上的所有生命都是必需的，它是合成氨基酸和核酸的必需元素，而氨基酸是合成蛋白质的基础，核酸如 RNA、DNA 是重要的遗传物质。在地球大气中，氮气是最多的成分，约占大气总体积的 78%。但是氮气相对稳定，对于植物是不可利用的，只有通过化学过程或者生物固氮将氮气转化成化合物如 NO_3^- 和 NH_4^+，才能被植物所利用。因此。氮素是进行初级生产及一些重要生态过程的限制元素。氮素循环和碳循环一样，是任何生态系统中的重要组成。

由于化学氮肥的大量使用、豆科植物的大量种植、汽车尾气及工业废气的大量排放，人类活动使得由氮气向活性氮的转化比自然状态下的转化增加了约一倍（Vitousek et al., 1997；Fowler et al., 2013）。此外，受人类活动的影响，从地表向大气的活性氮排放也急剧增加。当氮素由惰性氮气转化成活性氮（如 NH_4^+ 和 NO_3^-）后，这部分活性氮在生物圈的循环将大大加速，并产生重要的环境影响。例如，排放到大气中的活性氮组分，除一部分在排放源周边沉降外，还有一部分可通过长距离输送后再通过干湿沉降返回地表，从而对许多自然和半自然生态系统产生影响。当前，过多的大气氮沉降已对全球森林、草地生物多样性产生了重要威胁。大量含活性氮废水的排放，已造成湖泊、沿海水体的严重富营养化，蓝藻时常暴发。而农田大量的氮肥施用，不但会造成土壤酸化，也产生了大量的氧化亚氮（N_2O）排放，对全球气候变化有重要影响。鉴于氮循环对植物生产及对生态环境的重要影响，对氮循环进行模拟和调控十分有必要。

6.2 氮循环框架

在 CNMM 模型中，土壤氮的形态分为有机组分和无机组分（见图 2.8），主要基于 WNMM 模型（Li et al., 2007）。土壤有机氮的形态主要为：快速/慢速分解新鲜有机氮（FOM-N）、活/死亡微生物氮（BIOM-N）、可溶性有机氮（DON）、活性/惰性腐殖质氮（HUM-N）和黑炭氮（CHAR-N）。土壤有机氮的主要来源为植物凋落物/作物秸秆残留（贡献 FOM-N）、植物根际分泌物和人为废弃物输入等（贡献 BIOM-N 和 DON）。土壤有机氮的系统输出途径主要为 DON 淋溶、所有有机氮库的土壤径流流失损失（CNMM 不模拟）和矿化。

各土壤有机氮库之间的交换通量由土壤有机碳库的交换通量（见第 5 章）和 C/N 比计算而得到，FOM-N、BIOM-N、DON 和 HUM-N 都可以通过微生物活动矿化输出无机态氮 NH_4^+。FOM 的 C/N 比是变化的，由 FOM 物料的含碳量和含氮量决定；BIOM 的 C/N 比是固定的，缺省为 8；HUM 的 C/N 比由初始土壤有机碳含量与土壤有机氮含量决定，其缺省值在 10～16 之间。

土壤无机氮组分主要包括 NH_4^+ 和 NO_3^-，其来源于土壤有机氮的矿化、废弃物中的无机成分、施肥、大气干湿沉降和灌溉等，并消减于土壤微生物同化固定、植物吸收、氨挥发、硝化-反硝化、淋溶、水土径流损失（CNMM 不模拟土壤流失）等途径。

6.3   大气氮沉降

大气氮素沉降量的来源既有自然源又有人类源（Galloway et al.，2004）：闪电产生的 NO_x，野火所引起的 NO_x 和 NH_3 排放，自然土壤产生的 NO_x 排放，自然土壤、植被和野生动物产生的 NH_3 排放，化石燃料燃烧产生的 NO_x 和 NH_3 排放，其他工业过程产生的 NO_x 和 NH_3 排放，森林采伐过程产生的 NO_x 和 NH_3 排放，农业焚烧过程中产生的 NO_x 和 NH_3 排放，农田土壤产生的 NO_x 排放，农作物产生的 NH_3 排放，畜禽粪便产生的 NH_3 排放，以及来自于人类废弃物和废水所产生的 NH_3 排放。氮沉降通量由一个具有时空变异的数据库来提供。

在 CNMM 中，氮素大气湿沉降通量（N_{Wdep}，kg N·hm^{-2}·ts^{-1}）和干沉降通量（N_{Ddep}，kg N·hm^{-2}·ts^{-1}）分别定义为

$$N_{Wdep} = 0.01 \cdot C_{IN} \cdot Rain \qquad (6.1)$$

$$N_{Ddep} = annND \cdot \frac{ts}{24 \cdot 365} \qquad (6.2)$$

式中，C_{IN} 为雨水中的平均无机氮浓度（mg N·L^{-1}），包括 NH_4^+、NO_3^-；$Rain$ 为降水量（mm·ts^{-1}）；$annND$ 为研究区域的年平均大气氮素干沉降量（kg N·hm^{-2}·y^{-1}）；ts 为时间步长（h）。

在 CNMM 中，一半的氮沉降通量直接进入表层土壤 NH_4^+ 库，另一半进入表层土壤 NO_3^- 库。然而干湿沉降的实际途径可能比目前 CNMM 所代表的情况要复杂得多，因为包括从融化的雪块中释放的氮和叶片对 NH_3 及 NO_x 的直接吸收（Tye et al.，2005；Vallano and Sparks，2007）。

6.4   生 物 固 氮

通过土壤微生物固定空气中的氮气（N_2）来产生新的活性氮既是工业革命以前也是现今氮素循环的重要途径，但是一个用来解释全球尺度对生物固氮控制的

机制仍未有很好的发展（Cleveland et al., 1999; Galloway et al., 2004）。Cleveland 等（1999）建议采用经验关系，通过蒸腾速率方程或者净初级生产力方程来预测生物固氮（BNF）。在一些模型如 CLM（Oleson et al., 2013）模型中应用年净初级生产力（annNPP）来预测生物固氮，年净初级生产力使得生物固氮取决于对固氮微生物的碳水化合物供应。其年度 BNF（a_{BNF}）相关表达式如下：

$$a_{BNF}=1.8\cdot[1-\exp(-0.003\cdot annNPP)]$$

CNMM 采用一个需求-供给模式关系来模拟豆科植物的 r_{BNF}（kg N·hm^{-2}·ts^{-1}）：

$$r_{BNF} = \min\left(BNF_{max}, \begin{cases} 0 & N_{demand} \leqslant N_{soil} \\ N_{demand} - N_{soil} & N_{demand} > N_{soil} \end{cases} \right) \tag{6.3}$$

式中，BNF_{max}、N_{demand}、N_{soil} 为单位时间步长内豆科植物的最大生物固氮量、潜在需氮量、土壤实际供氮量（kg N·hm^{-2}·ts^{-1}）。也有一些模型如 FASSET 应用生物固定 1 g 氮素需要消耗 20 g 新鲜同化碳（总量不超过 50%的日值碳同化量）这个线性关系来估算 BNF。

生物固定的氮素直接进入植物吸收氮库，这与 CENTURY（Parton et al., 1988）和 CLM4.5（Oleson et al., 2013）等模型不一致，它们的 BNF 直接进入无机氮库中，比如 NH$_4^+$库。

6.5 尿 素 水 解

进入农田生态系统的化肥氮素的形态以纯尿素为主。即使施用的化肥是复合肥，其中的氮素主要也是以尿素的形态出现。尿素在水分和温度的影响下，通过水解而分解为 NH$_3$ 和 CO$_2$；NH$_3$ 可以从土壤中直接挥发，也可溶于水中，形成 NH$_4^+$ 和 OH$^-$。因此，1 mol 的尿素水解会释放 2 mol 的 OH$^-$，会暂时引起土壤 pH 的显著升高。在 CNMM 中，尿素水解反应主要受到土壤水分和温度的影响，其单位时间步长内的水解速率（r_{uhy}，kg N·hm^{-2}·ts^{-1}）可以应用下面的公式来描述：

$$r_{uhy} = CR_{uhy} \cdot Urea \cdot f_{W_{uhy}} \cdot f_{T_{uhy}} \tag{6.4}$$

$$f_{W_{uhy}} = \frac{1}{3.92 - 7.75 \cdot \dfrac{\theta}{\phi} + 5.22 \cdot \left(\dfrac{\theta}{\phi}\right)^2} \tag{6.5}$$

$$f_{T_{uhy}} = 0.99 \cdot \frac{T_{soil}}{1 + \exp(9.93 - 0.312 \cdot T_{soil})} + 0.01 \tag{6.6}$$

式中，CR_{uhy} 为尿素水解的一级反应动力学常数（h^{-1}，大多数土壤的取值为 0.1 h^{-1}），$f_{W_{uhy}}$ 和 $f_{T_{uhy}}$ 分别为尿素水解的土壤水分和土壤温度影响系数。

尿素水解反应引起的土壤 pH 的增加变化（ΔpH_{uhy}）可以用以下公式描述：

$$\Delta pH_{uhy} = pH_{response} \cdot \frac{2}{14} \cdot \frac{r_{uhy}}{10\,000 \cdot (\theta \cdot dg)} \tag{6.7}$$

式中，$pH_{response}$ 为单位氮素 kg N·hm^{-2} 引起土壤 pH 的变化，缺省值为 40～50。

6.6 植物氮吸收

在 CNMM 中，只有 NH$_4^+$和 NO$_3^-$可以被植物吸收，途径主要为植物根系吸水（对流）和根区扩散。CNMM 采用一个广义的基于植物根系分布的需求-供给氮吸收模型：

$$\Delta N_{uptake} = \min(N_{soil},\ \Delta N_{demand} \cdot \beta_{root}) \tag{6.8}$$

$$\Delta N_{demand} = AccNPP \cdot C_{N_{opt}} - N_{uptake} \tag{6.9}$$

式中，ΔN_{uptake} 为植物实际氮吸收通量（kg N·hm^{-2}·ts^{-1}）；ΔN_{demand} 为植物潜在需氮通量（kg N·hm^{-2}·ts^{-1}）；N_{soil} 为植物有效的土壤含氮量（kg N·hm^{-2}）；$C_{N_{opt}}$ 为植物潜在含氮浓度（g N·g^{-1}）；β_{root} 为植物根系分布函数（0～1）；AccNPP 为植物累积净光合生产量（kg·hm^{-2}）；ΔN_{uptake} 为当前植物氮素吸收总量（kg N·hm^{-2}）。

植物中的实际氮素浓度（$C_{N_{act}}$，g N·g^{-1}）按下面公式计算：

$$C_{N_{act}} = \frac{N_{uptake} + \Delta N_{uptake}}{B + \Delta B} \tag{6.10}$$

式中，B 和 ΔB 分别为当前植物生物量（kg·hm^{-2}）和生物量增量（kg·hm^{-2}·st^{-1}）。

于是，植物的氮素胁迫指数（Stress_N，0～1）为

$$Stress\_N = \exp\left[-\exp\left(-5.0 \cdot \frac{C_{N_{act}} - 0.6 \cdot C_{N_{opt}}}{0.9 \cdot C_{N_{opt}} - 0.6 \cdot C_{N_{opt}}}\right)\right] \tag{6.11}$$

$$C_{N_{opt}} = BN1 + BN2 \cdot \exp(-BN3 \cdot HUI) \tag{6.12}$$

式中，形状系数 BN1、BN2 和 BN3 可以通过植物发芽、半成熟或扬花，以及成熟或者收获时的最优氮浓度来推导。

如果一定时间内植物对氮的需要能完全由质流满足，则认为扩散为零。这个方法由 Watts 和 Hanks（1978）提出，并在许多模型中得到应用，比如 LEACHN（Hutson and Wagenet，1991）和 WAVE（Vanclooster et al.，1996）。

6.7 硝化、反硝化过程

在土壤有氧条件下，氧气是理想的电子受体用来支持异养微生物的代谢活动。但在厌氧条件下，土壤异养微生物则优先利用 NO$_3^-$作为电子受体来支持土壤异养微生物的呼吸活动。这个过程即为反硝化过程，导致 NO$_3^-$转化为气态 N$_2$，另一

小部分转化为 NO_x 和 N_2O（Firestone and Davison，1989）。通常认为，生物固氮与反硝化在前工业时代的生物圈中是近似平衡的；反硝化反应也可能在有氧土壤环境中的厌氧站点发生，从而导致高的全球反硝化通量，即使有时单位面积反硝化通量相当低（Galloway et al.，2004）。

6.7.1 硝化

土壤中氮素硝化作用是个两步骤的细菌氨氧化过程：

（1）$NH_4^+ + 1.5O_2 \longrightarrow NO_2^- + 2H^+ + H_2O$

硝化微生物主要为 Nitrosomonas，ammonia oxidization bacteria（AOB）

（2）$NO_2^- + 0.5O_2 \longrightarrow NO_3^-$

硝化微生物主要为 Nitrobacter，nitrite oxidization bacteria（NOB）。

在第一步的硝化过程中，释放氢离子，并出现中间体：由于在酸性条件下，羟胺（NH_2OH）和肟（NOH）两者极不稳定，会分解而释放 NO 和 N_2O，可能以 NO 为主，对温度极端敏感；在第二步的硝化过程中，NO_2^- 在酸性条件下不稳定，可能分解为 NO 和 N_2O，并以 N_2O 为主，对水分和温度敏感（Bremner，1997；Goodroad and Keeney，1984）。因此，硝化反应会引起土壤 pH 的暂时下降，并排放少量的 N_2O，以及可能较多的 NO（如果条件适宜：高温、适度土壤水分）（Parton et al.，2001）。

在 CNMM 中，土壤氮素硝化反应主要受到土壤水分和温度的影响，其单位时间步长内的硝化速率（r_{nit}，kg N·hm^{-2}·ts^{-1}）可以应用下面的公式来描述：

$$r_{nit} = r_{nit_{max}} \cdot f_{W_{nit}} \cdot f_{T_{nit}} \cdot f_{NH_{4nit}} \tag{6.13}$$

$$f_{W_{nit}} = \begin{cases} Anit \cdot wfps + Bnit & 0.1 < wfps \leqslant 0.6 \\ \left(Anit \cdot 0.6 \cdot \dfrac{\phi}{BD} + Bnit\right) \cdot \dfrac{(0.8 - wfps)}{0.15} & 0.6 < wfps < 0.8 \\ 0.001 & else \end{cases} \tag{6.14}$$

$$f_{T_{nit}} = \exp\left[\frac{T_{soil} - 20}{10} \cdot \log(2.1)\right] \tag{6.15}$$

$$f_{NH_{4nit}} = \frac{C_{NH_4}}{10 + C_{NH_4}} \tag{6.16}$$

式中，$r_{nit_{max}}$ 为某层土壤潜在硝化势（kg N·hm^{-2}·ts^{-1}）；$f_{W_{nit}}$ 为土壤氮素硝化反应的水分影响系数（0.001～1.0）；$f_{T_{nit}}$ 为土壤氮素硝化反应的温度影响系数；$f_{NH_{4nit}}$ 为土壤氮素硝化反应的土壤 NH_4^+ 浓度影响系数；C_{NH_4} 为土壤 NH_4^+ 浓度（mg N·kg^{-1} soil）；$Anit$ 和 $Bnit$ 为计算土壤水分影响系数的两个参数，由室内试验获得，它们的缺省值分别为 2.0 和 –0.2。

在硝化过程中释放的 NO 通量（r_{no}，kg N·hm^{-2}·ts^{-1}）可以应用如下公式来估计：

$$r_{nit\_no} = \min\left\{ r_{nit}, \ P_{nox} \cdot \exp\left[-0.5 \cdot \left(\frac{wfps - A_{nox}}{B_{nox}} \right)^2 \right] \cdot f_{T_{nit}} \cdot \sqrt{f_{depth}} \right\} \quad (6.17)$$

$$f_{depth} = \exp(-20 \cdot depth) \quad (6.18)$$

式中，$depth$ 为土壤深度（从表层算起，m）；P_{nox}、A_{nox}、B_{nox} 分别为潜在土壤 NO 通量（kg N·hm^{-2}·ts^{-1}）、最佳 $wfps$、$wfps$ 影响系数；P_{nox} 决定于土壤性质；A_{nox} 和 B_{nox} 的缺省值分别为 0.25 和 0.05。

在硝化过程中释放的 N$_2$O 通量（$r_{nit\_N_2O}$，kg N·hm^{-2}·ts^{-1}）可以应用如下公式：

$$r_{nit\_N_2O} = r_{nit} \cdot fr_{nit\_N_2O} \cdot f_{depth} \quad (6.19)$$

其中，$fr_{nit\_N_2O}$ 为硝化反应的 N$_2$O 排放系数，缺省值为 0.0015，可以根据实际田间条件率定。

另外，由于硝化反应引起的土壤 pH 的减少变化（ΔpH_{nit}）可以用以下的公式描述：

$$\Delta pH_{nit} = -pH_{response} \cdot \frac{2}{14} \cdot \frac{r_{nit}}{10\,000 \cdot (\theta \cdot dg)} \quad (6.20)$$

式中，$pH_{response}$ 为单位 kg N·hm^{-2} 引起土壤 pH 的变化，缺省值为 40～50。

6.7.2　反硝化反应

反硝化反应（denitrification）在自然界具有重要意义，是氮循环的关键一环，它和厌氧氨氧化（anammox）一起，组成自然界被固定的氮素重新回归大气中的途径。具体而言，它是指细菌将硝酸盐（NO$_3^-$）中的氮通过一系列中间产物（NO$_2^-$、NO、N$_2$O）还原为氮气（N$_2$）的生物化学过程，参与这一过程的细菌统称为反硝化菌。反硝化菌在厌氧条件下将 NO$_3^-$ 作为电子受体完成呼吸作用以获得能量，这一过程是硝酸盐呼吸的两种途径之一，另一种途径是硝酸异化还原为氨的过程（DNRA）。

反硝化过程包括以下 4 个步骤的氮素还原反应：

（1）NO$_3^-$ 还原为 NO$_2^-$：$2NO_3^- + 4H^+ + 4e^- \longrightarrow 2NO_2^- + 2H_2O$

（2）NO$_2^-$ 还原为 NO：$2NO_2^- + 4H^+ + 2e^- \longrightarrow 2NO + 2H_2O$

（3）NO 还原为 N$_2$O：$2NO + 2H^+ + 2e^- \longrightarrow N_2O + H_2O$

（4）N$_2$O 还原为 N$_2$：$N_2O + 2H^+ + 2e^- \longrightarrow N_2 + H_2O$

反硝化菌在自然界以各种形式广泛存在，如 *Paracoccus denitrificans*（自养，氧化氢气 H$_2$）、*Thiobacillus denitrificans*［自养，氧化硫化物（S^{2-}）或者硫代硫酸盐（S$_2$O$_3^{2-}$）］、*Pseudomonas stutzeri*（异养，氧化有机碳）。反硝化菌主要为原核

生物,大量存在于在 α-、β-和 γ-变形菌纲中。已知的反硝化菌的属有 *Achromobacter*、*Acinetobacter*、*Agrobacterium*、*Bacillus*、*Chromobacterium*、*Flavobacterium*、*Spirillum*、*Vibrio*、*Halobacterium*、*Methanomonas*、*Pseudomonas* 等。尽管已经发现了自养反硝化菌,但上述反硝化过程主要由异养反硝化菌来完成。

在 CNMM 中,土壤氮素反硝化反应主要受到土壤有机碳含量、底物浓度、水分状态和温度的影响(Del Grosso et al., 2000;Parton et al., 1996, 2001),其单位时间步长内的反硝化速率(r_{denit},kg N·hm^{-2}·ts^{-1})可以应用下面的公式来描述:

$$r_{denit} = \begin{cases} 0 & wfps < wfps_{denit} \\ r_{denit_{max}} \cdot f_{W_{denit}} \cdot f_{T_{denit}} \cdot f_{NO_{3nit}} & wfps \geqslant wfps_{denit} \end{cases} \quad (6.21)$$

$$f_{W_{denit}} = \max\left[0, \left(\frac{wfps - wfps_{denit}}{0.38}\right)^{1.74}\right] \quad (6.22)$$

$$f_{T_{denit}} = \begin{cases} \exp\left[\left(\frac{T_{soil} - 11}{10}\right) \cdot \log(89) - 0.9 \cdot \log(2.1)\right] & T_{soil} < 11 \\ \exp\left[\left(\frac{T_{soil} - 20}{10}\right) \cdot \log(2.1)\right] & T_{soil} \geqslant 11 \end{cases} \quad (6.23)$$

$$f_{NO_{3denit}} = \frac{C_{NO_3}}{22 + C_{NO_3}} \quad (6.24)$$

式中,$wfps_{denit}$ 为土壤反硝化反应发生的临界 $wfps$(一般取值为 0.65~0.85);$r_{denit_{max}}$ 为某层土壤潜在反硝化势(kg N·hm^{-2}·ts^{-1});$f_{W_{denit}}$ 为土壤氮素反硝化反应的水分影响系数(0.001~1.0);$f_{T_{denit}}$ 为土壤氮素反硝化反应的温度影响系数;$f_{NO_{3denit}}$ 为土壤氮素反硝化反应的土壤 NO_3^- 浓度影响系数;C_{NO_3} 为土壤 NO_3^- 浓度(mg N·kg^{-1} soil)。

在反硝化过程中释放的 N_2O 和 N_2 通量($r_{denit\_N_2O}$ 和 $r_{denit\_N_2}$,kg N·hm^{-2}·ts^{-1})可以分别应用如下公式计算:

$$r_{denit\_N_2O} = \begin{cases} r_{denit} \cdot fr_{denit\_sat} & wfps \geqslant 1 \\ r_{denit} \cdot fr_{denit\_unsat} \cdot \sqrt{f_{depth}} & wfps < 1 \end{cases} \quad (6.25)$$

$$r_{denit\_N_2} = r_{denit} - r_{denit\_N_2O}$$

式中,fr_{denit_sat} 和 fr_{denit_unsat} 为在饱和/非饱和条件下土壤反硝化反应的 N_2O 排放系数(0~1),缺省值分别为 0.01 和 0.3,可以根据实际田间条件率定。

另外,由于反硝化反应引起的土壤 pH 的增加变化(ΔpH_{denit})可以用以下的公式描述:

$$\Delta pH_{\text{denit}} = pH_{\text{response}} \cdot \frac{1}{14} \cdot \frac{r_{\text{denit}}}{10\ 000 \cdot (\theta \cdot dg)} \tag{6.26}$$

6.8 氨 挥 发

在 CNMM 中，根据 Freeney 等（1985）及 Sherlock 和 Goh（1985）的结果，土壤中的水相氨气（NH_{3aq}, kg N·hm^{-2}）浓度可由以下公式计算：

$$NH_{3aq} = \frac{NH_4^+ + NH_3}{1 + 10^{0.09018 + \frac{2729.92}{T_{\text{soil}} + 273.15} - pH}} \tag{6.27}$$

式中，NH_3 为土壤中氨气的浓度（kg N·hm^{-2}）；pH 为土壤 pH。

土壤 NH_3 气体挥发通量（r_{NH_3}, kg N·hm^{-2}·h^{-1}）可由以下公式计算：

$$r_{NH_3} = CR_{NH_3} \cdot NH_{3aq} \cdot f_{T_{NH_3}} \cdot \exp(-50 \cdot depth) \tag{6.28}$$

$$f_{T_{NH_3}} = 0.25 \cdot \exp(0.0693 \cdot T_{\text{soil}}) \tag{6.29}$$

式中，CR_{NH_3} 为 NH_3 挥发的一级反应动力学常数（h^{-1}），缺省值为 0.015 h^{-1}；$f_{T_{NH_3}}$ 为土壤氨气挥发的土壤温度影响系数。

另外，由于氨气挥发引起的土壤 pH 的减少变化（ΔpH_{vol}）可以用以下的公式描述：

$$\Delta pH_{\text{vol}} = -pH_{\text{response}} \cdot \frac{1}{14} \cdot \frac{r_{NH_3}}{10\ 000 \cdot (\theta \cdot dg)} \tag{6.30}$$

土壤 NH_3 气体挥发是在单位时间步长内按 1 h 循环计算的，这个过程主要是由土壤 pH>7.5 这个隐藏条件决定的。

6.9 土壤铵离子吸附

在 CNMM 中，土壤对铵离子的吸附量（$S_{NH_4^+}$, mg N·kg^{-1} soil）可以应用 Freundlich 方程来描述：

$$S_{NH_4^+} = K_{F\_NH_4^+} \cdot C_{NH_4^+}^{b_F} \tag{6.31}$$

$$K_{F\_NH_4^+} = 0.0295 \cdot \exp(SOC) - 6.15 \cdot \log(Sand) + 17.1 \tag{6.32}$$

式中，$K_{F\_NH_4^+}$ 为土壤铵吸附的 Freundlich 方程容量系数（L N·kg^{-1} soil）；b_F 为土壤铵吸附的 Freundlich 方程强度系数（无量纲，0.5～0.8，一般土壤取 0.5）。

在给定的土壤 NH$_4^+$ 含量和土壤水分条件下，平衡时土壤中吸附态和水溶态的 NH$_4^+$ 浓度可以应用 Secant、Bisection、Newton-Raphson、Brent 等方法非线性迭代求解。CNMM 应用第一种方法。

6.10 氮淋溶损失

土壤氮素是生态系统中最为活跃的一种生源要素，其中尤以 NH_4^+ 和 NO_3^- 为活性氮素。尿素、NH_4^+、NO_3^-、DON 都可在流域环境系统中迁移。CNMM 应用如下一个线性库容转移方程来描述氮素在土壤中的垂直或侧向移动：

$$r_{N_{Move}} = \frac{N_{in}}{k_{N_{Move}}} + (N - \frac{N_{in}}{k_{N_{Move}}}) \exp(-k_{N_{Move}}) \tag{6.33}$$

$$k_{N_{Move}} = \frac{(SW_{max})^{\frac{2}{3}} \sqrt{Flux_{sw}}}{R_N \cdot dg \cdot \exp(-4.0 \cdot Clay)} \tag{6.34}$$

式中，$r_{N_{Move}}$ 为某一氮素可移动组分在土壤中的垂直或侧向移动通量（kg N·hm^{-2}·ts^{-1}）；N_{in} 为可移动氮素组分（尿素、NH_4^+、NO_3^-或 DON）的输入项（kg N·hm^{-2}·ts^{-1}）；$k_{N_{Move}}$ 为可移动氮素组分的移动系数（ts^{-1}）；SW_{max} 为某层土壤的最大可移动水容量（m）；$Flux_{sw}$ 为土壤水的垂直或侧向流量（m·ts^{-1}）；R_N 为土壤可移动氮素的迁移阻抗系数（无量纲）；dg 为土壤的厚度（m）；$Clay$ 为土壤的黏粒含量（0～1）。由方程（6.33）可知，R_N 值越大，可移动氮素移动越慢，尿素、NH_4^+、NO_3^-、DON 的 R_N 缺省值分别为 1、5、0.5、2。

土壤氮素随地表径流的迁移可以直接应用一个线性方程来描述：

$$r_{N_{Runoff}} = N_0 \cdot \frac{Runoff}{Runoff + \theta_0 \cdot dg_0} \cdot N\_Coeff\_Out\_Runoff \tag{6.35}$$

式中，$r_{N_{Runoff}}$ 为土壤氮素地表径流迁移通量（kg N·hm^{-2}·ts^{-1}）；N_0 为地表土壤氮素组分（尿素、NH_4^+、NO_3^-或 DON）含量（kg N·hm^{-2}）；$Runoff$ 为地表径流量（m·h^{-1}）；θ_0 和 dg_0 分别为地表的土壤含水量（m^3·m^{-3}）和土层厚度（m）；$N\_Coeff\_Out\_Runoff$ 为土壤氮素的地表径流迁移系数。尿素、NH_4^+、NO_3^-、DON 的地表径流迁移系数缺省值分别为 0.25、0.02、0.5、0.025。

参 考 文 献

Bremner J M. 1997. Sources of nitrous oxide in soils. Nutrient Cycling Agroecosystems, 49: 7-16.

Cleveland C C, Townsend A R, Schimel D S, et al. 1999. Global patterns of terrestrial biological nitrogen (N$_2$) fixation in natural ecosystems. Global Biogeochemical Cycles, 13: 623-645.

Del Grosso S J, Parton W J, Mosier A R, Ojima D S, Kulmala A E, Phongpan S. 2000. General model for N$_2$O and N$_2$ gas emissions from soils due to dentrification. Glob Biogeo Chem Cycles, 14(4): 1045-1060.

Firestone M K, Davidson E A. 1989. Exchange of Trace Gases between Terrestrial Ecosystems and the Atmosphere. In: Andreae M O, Schimel D S Editors. New York: John Wiley and Sons: 7-21.

Fowler D, Coyle M, Skiba U, et al. 2013. The global nitrogen cycle in the twenty-first century. Philosophical Transactions of the Royal Society B, 368, 20130164.

Freney J R, Leuning R, Simpson J R, et al. 1985. Estimating ammonia volatilization from flooded rice fields by simplified techniques. Soil Sci Soc Am J, 49: 1049-1054.

Galloway J N, Dentener F J, Capone D G, et al. 2004. Nitrogen cycles: past, present, and future. Biogeochemistry, 70: 153-226.

Goodroad L L, Keeney D R. 1984. Nitrous oxide production in aerobic soils under varying pH, temperature and water content. Soil Biology & Biochemistry, 16: 39-43.

Hutson J L, Wagenet R J. 1991. Simulating nitrogen dynamics in soils using a deterministic model. Soil Use Management, 7: 74-78.

Li Y, Chen D, White R, et al. 2007. A spatially referenced Water and Nitrogen Management Model (WNMM) for (irrigated) intensive cropping systems in the North China Plain. Ecological Modelling, 203: 395-423.

Oleson K W, Lawrence D M, Bonau G B, et al. 2013. Technical description of version 4.5 of the Community Land model (CLM). NCAR Technical Note NCAR/TN-503+STR, National Center for Atmospheric Research, Boulder, CO, 420.

Parton W J, Holland E A, Del Grosso S J, et al. 2001. Generalized model for NO_x and N_2O emissions from soils. J Geophys Res, 106(D15): 17403-17419.

Parton W J, Mosier A R, Ojima D S, et al. 1996. Generalized model for N_2 and N_2O production from nitrification and denitrification. Global Biogeochemical Cycles, 10(3): 401-412.

Parton W J, Stewart J W B, Cole C V. 1988. Dynamics of C, N, P and S in grassland soils: a model. Biogeochemistry, 5 : 109-131.

Sherlock R R, Goh K M. 1985. Dynamics of ammonia volatilization from simulated urine patches and aqueous urea applied to pastures. 2. Theoretical derivation of a simplified model. Fertilizers Research, 6: 3-22.

Tye A M, Young S D, Grout N M J, et al. 2005. The fate of N-15 added to high Arctic tundra to mimic increased inputs of atmospheric nitrogen released from a melting snowpack. Global Change Biology, 11(10): 1640-1654.

Vallano D M, Sparks J P. 2007. Quantifying foliar uptake of gaseous nitrogen dioxide using enriched foliar $\delta^{15}N$ values. New Phytologist, 177: 946-955.

Vanclooster M, Viaene P, Christiaens K, et al. 1996. WAVE, A Mathematical Model for Simulating Water and Agrochemicals in the Soil and the Vadose Environment. Reference and User's Manual, Release 2.1. Institute for Land and Water Management, K.U. Leuven, Belgium.

Vitousek P M, Mooney H A, Lubchenco J, et al. 1997. Human domination of earth's ecosystems. Science, 277(5325): 494-499.

Watts D G, Hanks R J. 1978. A soil–water–nitrogen model for irrigated corn on sandy soils. Soil Sci Soc Am J, 42: 492-499.

7. 磷 循 环

7.1 引 言

磷是生物不可缺少的重要元素，生物体内的磷素浓度很低，但这并不影响它在生物生长和生殖过程中发挥极其关键的作用。生物的代谢过程都需要磷的参与，磷是核酸、细胞膜和骨骼的主要成分，高能磷酸在腺苷二磷酸（ADP）和腺苷三磷酸（ATP）之间可逆地转移，它是细胞内一切生化作用的能量来源。除磷化氢外，磷几乎不存在任何气体形式的化合物，所以磷是典型的沉积型循环物质。沉积型循环物质主要有两种存在相：岩石相和溶解盐相。磷素循环的起点源于岩石的风化，终于水中的沉积。由于风化侵蚀作用和人类的开采，磷素被释放出来，由于降水成为可溶性磷酸盐，经由植物、草食动物和肉食动物而在生物之间流动，待生物死亡后被分解，又使其回到环境中。溶解性磷酸盐也可随着水流进入江河湖海，并沉积在海底。其中一部分长期留在海里，另一些可形成新的地壳，在风化后再次进入循环。在陆地生态系统中，含磷有机物被细菌分解为磷酸盐，其中一部分又被植物再吸收，另一些则转化为不能被植物利用的化合物。同时，陆地的一部分磷由径流进入湖泊和海洋。在淡水和海洋生态系统中，磷酸盐能够迅速地被浮游植物所吸收，而后又转移到浮游动物和其他动物体内，浮游动物每天排出的磷与其生物量所含有的磷相等，所以使磷循环得以继续进行。浮游动物所排出的磷又有一部分是无机磷酸盐，可以为植物所利用，水体中其他的有机磷酸盐可被细菌利用，细菌又被其他的一些小动物所食用。一部分磷沉积在海洋中，沉积的磷随着海水的上涌被带到光合作用带，并被植物所吸收。因动植物残体的下沉，常使得水表层的磷被耗尽而深水中的磷积累过多。磷是可溶性的，但由于磷没有挥发性，所以，除了鸟类对海鱼的捕捞，磷没有再次回到陆地的有效途径。在深海处的磷沉积，只有在发生海陆变迁，由海底变为陆地后，才有可能因风化而再次释放出磷，否则就将永远脱离循环。正是由于这个原因，使陆地的磷损失越来越大。因此，磷素循环为不完全循环，现存量越来越少，特别是随着工业的发展而大量开采磷矿加速了这种损失。

改变土地利用类型和土地管理措施都会引起流域磷素循环的变化，主要表现在流域内水质的改变和流域磷素的输出荷载。近几十年来，一系列基于流域的磷素循环模型开发出来模拟磷素从土壤到水体的迁移过程，主要包括 SWAT（Neitsch et al., 2011）、HSPF（Bicknell et al., 1997）、ANSWERS-2000、AnnAGNPS、WEND-P、

GWLF 等，它们主要为美国环境保护署在 20 世纪 90 年代资助研究的环境模型，其中 SWAT 和 HSPF 应用比较广泛（USEPA，1992，1997）。

7.2　磷循环框架

在 CNMM 中，与碳、氮相似，土壤磷的形态主要分为有机组分和无机组分（见图 2.9），其中以无机磷为主体，约占土壤总磷的 60%以上。

土壤有机磷的形态主要为：快速/慢速分解新鲜有机磷（FOM-P）、活/死亡微生物磷（BIOM-P）、可溶性有机磷（DOP）、活性/惰性腐殖质磷（HUM-P）和黑炭磷（CHAR-P）。土壤有机磷的主要来源为植物凋落物/作物秸秆残留（贡献 FOM-P）、植物根际分泌物和人为环境废弃物输入等（贡献 BIOM-P 和 DOP）。土壤有机磷的系统输出途径主要为 DOP 淋溶、所有有机磷的土壤径流流失损失（CNMM 不模拟）和矿化。各土壤有机磷之间的交换通量由土壤有机碳组分的交换通量和 C/P 比计算而得到，FOM-P、BIOM-P、DOP 和 HUM-P 都可以通过微生物活动矿化输出无机态速效磷。FOM 的 C/P 比是变化的，由 FOM 物料的含碳量和含磷量决定；BIOM 的 C/P 比是固定的，为 40；HUM 的 C/P 比由初始土壤有机碳含量与土壤有机磷含量决定，其缺省值为 80～150。

土壤无机磷组分主要包括有效磷（Labile-P）、活性磷（Active-P）和稳态磷（Stable-P），这个分类与 SWAT 模型（Neitsch et al.，2011）的一致。有效磷的主要形态为 $H_2PO_4^-$、HPO_4^{2-} 和 PO_4^{3-}，来源于土壤有机磷的矿化、环境污水的无机磷成分、施肥、大气干沉降和灌溉（CNMM 不模拟）等，并削减于土壤微生物同化固定、植物吸收、淋溶、水土径流流失（CNMM 不模拟）等途径。土壤无机磷在土壤中的行为主要表现为吸附-解析和沉积等过程，以吸附为主。因此，磷素在流域生态系统的移动性比较弱。

7.3　土壤无机磷组分之间的交换

土壤有效磷组分和活性磷组分之间的交换可以用以下方程描述：

$$r_{\text{Labile\_Active}} = K_{\text{Labile\_Active}} \cdot \left(P_{\text{Labile}} - P_{\text{Active}} \cdot \frac{PAI}{1-PAI} \right) \tag{7.1}$$

式中，$r_{\text{Labile\_Active}}$ 是土壤有效磷和活性磷之间的交换通量（kg P·hm^{-2}·ts^{-1}）；P_{Labile} 是土壤有效磷的含量（kg·P hm^{-2}）；P_{Active} 是土壤活性磷的含量（kg P·hm^{-2}）；$k_{\text{Labile\_Active}}$ 是土壤有效磷和活性磷之间交换的一级反应动力学常数（ts^{-1}）；PAI 是土壤的磷素有效性系数（定义见 Neitsch et al.，2011），存在空间尺度变异性。当

$P_{\text{Labile}} > P_{\text{Active}} \cdot \dfrac{PAI}{1-PAI}$ 时，Labile-P 向 Active-P 作正向移动，$k_{\text{Labile\_Active}}=2.5\times10^{-2}$ h^{-1}；

反之，Active-P 向 Labile-P 作负向移动，$k_{\text{Labile\_Active}}=2.5\times10^{-3}\ \text{h}^{-1}$；换言之，土壤无机磷的吸附过程要比解析过程快得多。

CNMM 假设土壤活性磷组分和稳态磷组分之间存在一个由磷素慢吸附主导的慢平衡系统；在平衡状态，土壤稳态磷组分库的大小为土壤活性磷组分库的 4 倍；在非平衡状态，土壤活性磷组分和土壤稳态磷组分之间的交换通量可用以下方程来描述：

$$r_{\text{Active\_Stable}}=k_{\text{Active\_Stable}}\cdot(4.0\cdot P_{\text{Active}}-P_{\text{Stable}}) \tag{7.2}$$

式中，$r_{\text{Active\_Stable}}$ 是土壤活性磷和稳态磷之间的交换通量（kg P·hm^{-2}·ts^{-1}）；P_{Stable} 是土壤稳态磷的含量（kg P·hm^{-2}）；$k_{\text{Active\_Stable}}$ 是土壤活性磷和稳态磷之间交换的一级反应动力学常数（h^{-1}）。当 $4.0\times P_{\text{Active}}>P_{\text{Stable}}$ 时，Active-P 向 Stable-P 作正向移动，$k_{\text{Labile\_Active}}=2.5\times10^{-5}\ \text{h}^{-1}$；反之，Active-P 向 Labile-P 作负向移动，$k_{\text{Labile\_Active}}=2.5\times10^{-6}\ \text{h}^{-1}$。

7.4　土壤磷素淋溶与迁移

土壤 DOP 和 Labile-P 为唯一可在流域环境系统中迁移的两个磷素组分。CNMM 应用如下一个线性库容转移方程来描述磷素在土壤中的垂直或侧向移动：

$$r_{P_{\text{Move}}}=\frac{P_{\text{in}}}{k_{P_{\text{Move}}}}+\left(P_{\text{Labile}}-\frac{P_{\text{in}}}{k_{P_{\text{Move}}}}\right)\cdot\exp(-k_{P_{\text{Move}}}) \tag{7.3}$$

$$k_{P_{\text{Move}}}=\frac{(SW_{\max})^{\frac{2}{3}}\sqrt{Flux_{\text{SW}}}}{R_{P}\cdot dg\cdot\exp(-4.0\cdot Clay)} \tag{7.4}$$

式中，$r_{P_{\text{Move}}}$ 为磷素组分在土壤中的垂直或侧向移动通量（kg P·hm^{-2}·ts^{-1}）；P_{in} 为磷素组分（DOP 或 Labile-P）的外源输入项（kg P·hm^{-2}·ts^{-1}）；$k_{P_{\text{Move}}}$ 为磷素组分的移动系数（ts^{-1}）；$SW_{\max}$ 为土壤的可移动水最大容量（m）；$Flux_{\text{SW}}$ 为土壤的垂直或侧向流量（m·ts^{-1}）；R_{P} 为土壤磷素的迁移阻抗系数（等于 2，无单位）；dg 为土壤的厚度（m）；$Clay$ 为土壤的黏粒含量（0～1）。由方程（5.4）可知，R_{p} 值越大，磷素移动越慢。

土壤磷素随地表径流的迁移可以直接应用一个线性方程来描述：

$$r_{P_{\text{Runoff}}}=P_{0}\cdot\frac{Runoff}{Runof+\theta_{0}\cdot dg_{0}}\cdot P\_Coeff\_Out\_Runoff \tag{7.5}$$

式中，$r_{P_{\text{Runoff}}}$ 为土壤磷素地表径流迁移通量（kg P·hm^{-2}·ts^{-1}）；P_{0} 为地表土壤磷素组分（DOP 或 Labile-P）含量（kg P·hm^{-2}）；$Runoff$ 为地表径流量（m·ts^{-1}）；θ_{0} 和 dg_{0} 分别为地表的土壤含水量（m^{3}·m^{-3}）和土层厚度（m）；$P\_Coeff\_Out\_Runoff$ 为土壤磷素的地表径流迁移系数；DOP 和 Labile-P 的缺省值分别为 0.025 和 0.001。

7.5 土壤磷素的植物吸收

在 CNMM 中，只有 Labile-P 可以被植物吸收，途径主要为植物根系吸水（对流）和根区扩散。CNMM 采用一个广义的基于植物根系分布的需求-供给磷吸收模型：

$$\Delta P_{\text{uptake}} = \min(P_{\text{soil}}, \ \Delta P_{\text{demand}} \cdot \beta_{\text{root}}) \tag{7.6}$$

$$\Delta P_{\text{demand}} = AccNPP \cdot C_{P_{\text{opt}}} - P_{\text{uptake}} \tag{7.7}$$

式中，ΔP_{uptake} 为植物实际磷吸收通量（kg P·hm^{-2}·ts^{-1}）；ΔP_{demand} 为植物潜在需磷通量（kg P·hm^{-2}·ts^{-1}）；P_{soil} 为植物有效的土壤含磷量（kg P·hm^{-2}）；$C_{P_{\text{opt}}}$ 为植物潜在含磷浓度（g P·g^{-1}）；β_{root} 为植物根系分布函数（0～1）；$AccNPP$ 为植物累积净光合生产量（kg·hm^{-2}）；P_{uptake} 为当前植物磷素吸收总量（kg P·hm^{-2}）。

植物中的实际磷素浓度（$C_{P_{\text{act}}}$，g P·g^{-1}）按下面公式计算：

$$C_{P_{\text{act}}} = \frac{P_{\text{uptake}} + \Delta P_{\text{uptake}}}{B + \Delta B} \tag{7.8}$$

式中，B 和 ΔB 分别为当前植物生物量（kg·hm^{-2}）和生物量增量（kg hm^{-2}·ts^{-1}）。

于是，植物的磷素胁迫指数（$Stress\_P$，0～1）为

$$Stress\_P = \exp\left[-\exp\left(-5.0 \cdot \frac{C_{P_{\text{act}}} - 0.6 \cdot C_{P_{\text{opt}}}}{0.9 \cdot C_{P_{\text{opt}}} - 0.6 \cdot C_{P_{\text{opt}}}} \right) \right] \tag{7.9}$$

参 考 文 献

Bicknell B R, Imhoff J C, Kittle J L, et al. 1997. Hydrological Simulation Program Fortran: User's manual for version 11. U.S. Environmental Protection Agency, National Exposure Research Laboratory, Athens, GA, EPA/600/R-97/080, 755.

Neitsch S L, Arnold J G, Kiniry J R, et al. 2011. Soil and Water Assessment Tool Theoretical Documentation Version 2009. Texas Water Resources Institute, 647.

U.S. Environmental Protection Agency. 1992. Compendium of watershed-scale models for TMDL development. EPA 841-R-92-002, Office of Water, Washington, D.C.

U.S. Environmental Protection Agency. 1997. Compendium of tools for watershed assessment and TMDL development. EPA 841-B-97-006, Office of Water, Washington, D.C.

8. 植 物 生 长

8.1 引　　言

CNMM 模型对植物生长的模拟主要采用 WNMM（Li et al.，2007）的作物生长模块，包括计算生育期指数、光合作用和光合产物分配、维持呼吸、生物量、根系生长、叶面积指数、产量累积、水分吸收和蒸腾、养分吸收等。输入变量主要包括：植物类型，植物生物参数（正常成熟有效积温、基本和最优生长温度、最大叶面积指数、特征叶面积系数、最大叶片气孔导度、最大株高、最大根深、潜在和极端收获指数、苗期-开花期-成熟期的理想植株氮磷浓度等），气象数据（气温和光合有效辐射）。为了模拟气候变化和 CO_2 浓度变化对生态系统功能（如光合作用和叶片气孔导度）的影响，CNMM 整合应用了陆地生物圈模型 BIOME3 的光合作用模拟模块（Haxeltine and Prentice，1996）。BIOME3 是一个基于植物功能类型的、能模拟生态生理特征、资源有效性和竞争的生物地理-生物地球化学耦合模型。在 BIOME3 中，生态生理限制因子决定着一个地区能够存在哪些植物功能类型，通过耦合水和碳氮通量来计算每个植物功能类型的净初级生产力（NPP）和叶面积指数（LAI）；冠层导度为最大光合作用速率和水分胁迫的函数，通过冠层的双向碳和水通量耦合，结合氮素胁迫函数，模拟光合作用和气孔导度对环境因子（包括大气 CO_2 浓度）的响应（见图 2.6）。该模型正成为气候和 CO_2 浓度对生态系统结构和功能影响整合分析的有效工具。CNMM 采用了最新的 BIOME3 版本。由于 BIOME3 模型是版权保护的开源计算机软件，CNMM 主要应用公开发表的 Haxeltine 和 Prentice（1996）文章中的公式和对照 BIOME3 源程序重新构建了 CNMM 的光合作用模拟模块，以替代 WNMM 的原始 NPP 计算方法。因此，重新构建的 CNMM 植物生长模块能模拟主要大田作物（玉米、小麦、水稻、油菜、土豆、大豆、花生等）、园艺作物（茶树、青菜、花菜、芹菜、番茄、辣椒等）、草地（一年生和多年生）和林地（针叶林和阔叶林）的生长。

8.2　模 型 描 述

CNMM 植物生长模块包括生育期、光合作用、干物质积累、叶面积指数、植株氮磷浓度、氮磷胁迫指数、根系生长（深度、密度和重量比例）、株高、产量分配等。

8.2.1 生育期过程

在单位模拟时间步长内，积温（heat unit，HU）由公式（8.1）计算：

$$HU = \max\left[\frac{st}{12}\left(\frac{T_{\max} - T_{\min}}{2} - T_b\right), 0\right] \tag{8.1}$$

式中，st 为单位模拟时间步长（h）；$T_{\max}$ 和 $T_{\min}$ 分别为最高和最低气温（℃）；T_b 为植物生长的基本温度（℃）。于是，当气温低于 T_b 时，积温不增加，即植物不生长。HU 只在白天计算。

生育期指数（development stage，DVS）由公式（8.2）计算：

$$DVS = \frac{\sum_{i=1}^{n} HU_i}{PHU} \tag{8.2}$$

式中，PHU 为植物完成一个完整生长期所需的总积温（℃·d），n 为自植物生长开始的当前累积 HU 计算次数，下标 i 为 HU 计算次数。于是，$DVS=0$ 代表播种或栽插或发芽，$DVS=0.5$ 为开花期开始，$DVS=1$ 表明植物成熟，一个完整生长期结束。在 CNMM 中，植物叶面积指数变化、潜在植株氮磷浓度和干物质在根系-植株-果实中的分配都受到 DVS 的影响。

8.2.2 光合作用和生物量累积

光合作用由植被吸收光合有效辐射、温度、大气 CO_2 浓度、日长和冠层导度来计算。光合有效辐射分量（$fPAR$）是植被吸收的光合有效辐射（$APAR$）在光合有效辐射（PAR）中所占的比重，它与叶面积指数关系模型可用公式（8.3）表示：

$$fPAR = 1 - \exp(-ek \cdot LAI) \tag{8.3}$$

$$APAR = fPAR \cdot PAR \tag{8.4}$$

式中，ek 为冠层消光系数，与植被种类和太阳高度角有关，一般为 0.5~0.9。净光合有效辐射（PAR，$mol \cdot m^{-2} \cdot st^{-1}$）用公式（8.5）表示：

$$PAR = \frac{0.5}{e^*} \cdot R_n \tag{8.5}$$

式中，R_n 为太阳净辐射（$mol \cdot m^{-2} \cdot st^{-1}$）；$e^*$ 为大气辐射透过率，取值 0.95。

光合作用对光响应的模型利用非直角双曲线模型来研究植物的光合特性。非直角双曲线模型是基于叶片光合作用随光强变化呈非直角双曲线型变化而模拟叶片光合速率，其优点是模型仅需要 3 个参数即光饱和点的光合速率、初始量子效率和光响应曲线凸度即可模拟叶片光合速率。非直角双曲线模型包含的参数比较丰富，对光响应取向的模拟效果较好，因而其应用也较为广泛，其模型表达式为

$$A_{nd} = \left(\frac{\left[J_E + J_C - [(J_E - J_C)^2 - 4 J_E \cdot J_C]^{\frac{1}{2}} \right]}{2 \odot} - R_d \right) \cdot \frac{10}{0.45} \tag{8.6}$$

式中，A_{nd} 为净光合速率（kg DM·hm^{-2}·st^{-1}）；R_d 为暗呼吸速率（g C·d^{-1}·m^{-2}）；J_E 为光合作用对光合有效辐射的响应；J_C 为 Rubisco 限速酶对光合速率的响应。$\odot$ 为非直角双曲线的曲角，取值范围在 $0 \leq \odot \leq 1$，在 CNMM 中其取值 0.7。其中：

8.2.2.1 C$_3$ 植物

$$J_E = C1_{C_3} \cdot APAR \tag{8.7}$$

$$C1_{C_3} = \varnothing_c \cdot \varnothing_{TC_3} \cdot C_{mass} \cdot \alpha_a \cdot \alpha_{C_3} \cdot \frac{p_i - \Gamma_*}{p_i + \Gamma_*} \tag{8.8}$$

$$J_C = C2_{C_3} \cdot V_m \tag{8.9}$$

$$C2_{C_3} = \frac{p_i - \Gamma_*}{p_i + K_c (1 + \frac{[O_2]}{K_0})} \tag{8.10}$$

$$p_i = \lambda \cdot p_a \tag{8.11}$$

$$\Gamma_* = \frac{[O_2]}{2\tau} \tag{8.12}$$

$$\phi_{TC_3} = \{1 + \exp[0.2(10 - T_{air})]\}^{-1} \tag{8.13}$$

$$R_d = b_{C_3} \cdot V_m \tag{8.14}$$

$$V_m = \frac{1}{b_{C_3}} \cdot \frac{C1_{C_3}}{C2_{C_3}} \cdot [(2 \odot -1) \cdot s - (2 \odot s - C2_{C_3}) \cdot \sigma] \cdot APAR \tag{8.15}$$

$$\sigma = \left[1 - \frac{C2_{C_3} - s}{C2_{C_3} - \odot \cdot s} \right]^{\frac{1}{2}} \tag{8.16}$$

$$s = \frac{24}{st} \cdot b_{C_3} \tag{8.17}$$

式中，λ 和 b_{C_3} 为方程参数；α_{C_3} 为 C$_3$ 植物初始量子效率；p_i 为植物内部 CO$_2$ 分压（kPa）；p_a 为大气 CO$_2$ 分压（kPa）；$\varnothing_c$ 为与光合作用有关的针叶树参数；T_{air} 为气温（℃）；Γ_* 为光补偿点；K_c、K_0 和 τ 为动力学参数；st 为时间步长（h）。

8.2.2.2 C$_4$ 植物

$$C1_{C_4} = \varnothing_{p_i} \cdot \varnothing_{TC_4} \cdot C_{mass} \cdot \alpha_a \cdot \alpha_{C_4} \tag{8.18}$$

$$C2_{C_4} = 1 \tag{8.19}$$

$$\varnothing_{p_i} = \frac{\lambda}{\lambda_{mC_4}} \tag{8.20}$$

$$\varnothing_{TC_4} = \{1 + \exp[0.3 \cdot (13 - T_c)]\}^{-1} \cdot \{1 + \exp[0.3 \cdot (T_c - 36)]\}^{-1} \tag{8.21}$$

式中，α_{C_4} 为 C_4 植物光合作用内在量子效率；$\varnothing_{TC_4}$ 表示 C_4 植物对极端温度的响应。

BIOME3 模型光合作用的计算参数和常数见表 8.1。

表 8.1　光合作用模型中的参数和常数值

符号	值	单位	Q_{10}	备注
K_C	30	Pa	2.1	CO_2 米氏常数
K_σ	30	kPa	1.2	O_2 米氏常数
τ	2600	—	0.57	CO_2/O_2 特异性比值
α_{C_3}	0.08	—	—	C_3 量子效率
b_{C_3}	0.15	—	—	C_3 植物 R_d/V_m 比值
λ 和 λ_{mC_3}	0.7	—	—	C_3 植物细胞内、外 CO_2 浓度比值（c_i/c_a）
α_{C_4}	0.53	—	—	C_4 量子效率
b_{C_4}	0.35	—	—	C_4 植物 R_d/V_m 比值
λ_{mC_4}	0.4	—	—	C_4 植物细胞内、外 CO_2 浓度比值（c_i/c_a）
α_a	0.5	—	—	PAR 利用效率衰减系数
C_a	340	—	—	空气中 CO_2 的摩尔分数
P	100	kPa	—	大气压
$[O_2]$	20.9	kPa	—	空气氧分压
p_a	0.038	kPa	—	空气 CO_2 分压
C_{mass}	12	g·mol^{-1}	—	C 的摩尔质量
k	0.5	—	—	消光系数
$\odot$	0.7	—	—	联合限制参数

经植物生长的水和氮磷胁迫因子的修正，实际光合作用率的计算见如下公式（8.22）

$$\Delta B - A_{nd} \cdot REG \tag{8.22}$$

$$REG = \min(W_{stress}, N_{stress}, P_{stress}) \tag{8.23}$$

$$W_{stress} = \frac{E_{ap}}{E_p} \tag{8.24}$$

$$N_{stress} = \exp\left[-\exp\left(-5 \cdot \frac{CNB_a - 0.6 \cdot CNB_p}{0.9 \cdot CNB_p - 0.6 \cdot CNB_p}\right)\right] \tag{8.25}$$

$$CNB_p = (bN_4 - bN_3) \cdot \left[1 - \frac{DVS}{DVS + \exp(bN1 - bN2 \cdot DVS)} \right] + bN_3 \qquad (8.26)$$

$$P_{stress} = \exp\left[-\exp\left(-5 \cdot \frac{CPB_a - 0.6 \cdot CPB_p}{0.9 \cdot CPB_p - 0.6 \cdot CPB_p} \right) \right] \qquad (8.27)$$

$$CNB_p = (bP_4 - bP_3) \cdot \left[1 - \frac{DVS}{DVS + \exp(bP_1 - bP_2 \cdot DVS)} \right] + bP_3 \qquad (8.28)$$

式中，CNB_a 和 CPB_a 分别为实际的植物植株中氮、磷浓度（$0\sim1$）；bN_4 和 bN_3 分别为理想条件下植物苗期和成熟期植株中的氮的浓度（$0\sim1$）；bN_1 和 bN_2 为理想植物植株氮浓度曲线的两个参数；bP_4 和 bP_3 分别为理想条件下植物苗期和成熟期植株中的磷的浓度（$0\sim1$），bP_1 和 bP_2 为理想植物植株磷浓度曲线的两个参数；

当前植物累积生物量为前期生物量和实际光合作用率的和［公式（8.29）］。

$$B_i = B_{i-1} + \Delta B \qquad (8.29)$$

8.2.3 根系生长

植物的根系深度（L_r, m）从苗期开始快速生长到其最大深度（RD_{max}, m）。一般而言，植物根系的最大深度由植物的生理特征决定，并受到环境因素的影响，如温度、湿度和营养。L_r 是 DVS 的函数，由公式（8.30）计算而得。

$$L_r = \begin{cases} 2.5DVS \cdot RD_{max}, & L_r < RD_{max} \\ RD_{max}, & L_r \geqslant RD_{max} \end{cases} \qquad (8.30)$$

植物的根系密度函数可以用根系质量密度分布（$RWDF$, kg·m^{-3}）或根系长度密度分布（$RLDF$, m·m^{-3}）来表述。通常，$RLDF$ 应用比较广泛，它与植物蒸腾和养分吸收关系紧密。在 CNMM 中，$RLDF$ 可以用一个指数衰减方程［公式（8.31）］来描述，其中 x 为土壤深度（m），$ep1$ 为土壤表面的最大 $RLDF$，$ep2$ 为 $RLDF$ 的土壤深度衰减速率。

$$RLDF = \begin{cases} ep1 \cdot \exp\left[-ep2 \left(\frac{x}{0.5} \right)^2 \right], & x \leqslant L_r \\ 0, & x > L_r \end{cases} \qquad (8.31)$$

植物地下部分占总生物量的比例（f_r, $0\sim1$）一般从苗期的 $0.3\sim0.5$ 递减到成熟期的 $0.05\sim0.20$。CNMM 应用一个比较简单的线性方程［公式（8.32）］模拟 f_r 与 DVS 的变化过程。依据 f_r，植物的地下部分生物量（B_{ag}, kg·hm^{-2}）由公式（8.33）计算而得：

$$f_r = 0.4 - 0.2 \cdot DVS \qquad (8.32)$$

$$B_{ag} = (1 - f_r) \cdot B \qquad (8.33)$$

8.2.4 植株高度

植株高度（h_c, m）是应用彭曼公式计算潜在和实际植物蒸腾的一个重要参数。h_c 与植物生育期 DVS 有关，可用公式（8.34）计算而得：

$$h_c = H_{max} \left[\frac{DVS}{DVS + \exp(sc1 - sc2 \cdot DVS)} \right]^{\frac{1}{2}} \tag{8.34}$$

式中，H_{max} 为最大植株高度（m）；$sc1$ 和 $sc2$ 为两个理想植物叶面积变化曲线的形状参数，由已知的理想植物叶面积变化曲线的两个关键拐点（叶面积指数开始爬升和叶面积指数饱和）确定。

8.2.5 叶面积指数

对于一年生或落叶植物，开始时，LAI 很小，然后在营养生长期指数增加，LAI 是 DVS 和潜在最大 LAI（LAI_{max}）的函数；当 LAI 达到一个实际最大值后，在生殖生长期逐步减少，至为 0，此时植物成熟。对于多年生植物，LAI 计算主要是针对新叶。具体的植物 LAI 计算见公式（8.35）～公式（8.39）：

$$f = \frac{DVS}{DVS + \exp(sc1 - sc2 \cdot DVS)} \tag{8.35}$$

$$ff = f - laimaxfr \tag{8.36}$$

$$laimaxfr = f \tag{8.37}$$

$$\Delta LAI = ff \cdot LAI_{max} \cdot \{1 - \exp[5 \cdot (LAI - LAI_{max})]\} \cdot REG^2 \tag{8.38}$$

$$LAI_i = \begin{cases} LAI_{i-1} + \Delta LAI, & DVS < DLAI \\ LAI_{i-1} \cdot \dfrac{1 - DVS}{1 - DLAI}, & DVS \geqslant DLAI \end{cases} \tag{8.39}$$

式中，$DLAI$ 为 LAI 开始减少时的生育期指数，一般在 0.8 左右。

8.2.6 呼吸、凋落和根分泌物损失

植物的呼吸（ΔR）、凋落（ΔLF）和根际分泌物（ΔEXD）损失由公式（8.40）～公式（8.42）计算而得：

$$\Delta R = B \cdot k_R \cdot Q10_R \frac{T_{air} - 20}{10} \tag{8.40}$$

$$\Delta LF = B_{ag} \cdot k_{LF} \cdot DVS \tag{8.41}$$

$$\Delta EXD = \Delta B \cdot k_{EXD} \tag{8.42}$$

式中，k_R、k_{LF}、k_{EXD} 分别为植物的呼吸、凋落和根际分泌损失常数，一般缺省分

别为 0.01～0.02 d^{-1}、0.005～0.01 d^{-1} 和 5%～10%。$Q10_R$ 为植物呼吸的温度相应常数，缺省值为 2.0。呼吸损失以 CO_2 的形态进入大气；凋落损失直接以植物残体的形态进入土壤；根际分泌物损失以 DOM 的形态进入土壤溶液。同时，B、B_{ag}、ΔB 都需要在相应时间尺度上更新。

8.2.7 产量分配

作物可收获的产量分配由收获指数（HI，0～1）和地上部分生物量相乘而得到。作物的 HI 是 DVS 的函数，可用公式（8.43）计算：

$$HI = HI_{max} \cdot \frac{100 \cdot DVS}{100 \cdot DVS + \exp(11.1 - 10 \cdot DVS)} \tag{8.43}$$

式中，HI_{max} 为作物潜在收获指数。

一般作物的产量形成在开花期的前后较短的时间窗口内（即 0.3<DVS<0.9）对水胁迫很敏感，尤其在 DVS=0.6 时最为强烈。于是，最终的作物产量（Y, kg·hm^{-2}）由公式（8.44）～公式（8.45）计算而得：

$$HI_{adj} = (HI - WSYF) \cdot \frac{wur}{wur + \exp(6.13 - 0.0883 \cdot wur)} + WSYF \tag{8.44}$$

$$Y = B_{ag} \cdot HI_{adj} \tag{8.45}$$

式中，$WSYF$ 为极端水胁迫条件的作物收获指数；wur 为在 0.3<DVS<0.9 区间内的 $W_{stress} \cdot 100$。

参 考 文 献

Haxeltine H, Prentice I C. 1996. BIOME3: An equilibrium terrestrial biosphere model based on eco-physiological constraints, resource of availability, and competition among plant functional types. Global Biogeochemical Cycles, 4(10): 693-709.

Li Y, Chen D, White R, et al. 2007. A Spatially Referenced Water and Nitrogen Management Model (WNMM) for (irrigated) intensive cropping systems in the North China Plain. Ecological Modelling, 203: 395-423.

9. 水 体 水 质

9.1 引　言

CNMM 模型中的水体水质模块以 QUAL2E 模型（Brown and Barnwell，1987）为基础。决定河流水体水质的一个重要指标是溶解氧含量。而水体中溶解氧的含量取决于大气复氧、光合作用、动植物的呼吸作用、底生生物的需氧量、生物化学需氧量、硝化作用、盐浓度和温度等。CNMM 模型主要考虑水体碳、氮、磷循环、藻类生长、底生生物需氧量、碳素氧的吸收、大气复氧等过程及其对溶解氧的影响（见图 2.11）。以下分别介绍各组分自身及相互之间的数学关系。

9.2 藻　类

藻类在白天通过光合作用提高河流水体中的溶解氧含量，而在夜间通过呼吸作用降低河流水体中的溶解氧含量。藻类的生长和死亡参与水体的养分循环。

9.2.1 叶绿素 a

叶绿素 a 与浮游藻类生物量直接相关：

$$chla = \alpha_0 \cdot Alg \tag{9.1}$$

式中，$chla$ 为叶绿素 a 的浓度（$\mu g\ chla \cdot L^{-1}$）；α_0 为藻类生物量中叶绿素 a 所占的比例 [$\mu g\ chla \cdot (mg\ A)^{-1}$]；$Alg$ 为藻类生物量浓度（$mg\ A \cdot L^{-1}$）。

9.2.2 藻类生长速率

藻类/叶绿素 a 的生长与分解是生长速率、呼吸速率、分解速率和水体中现存藻类生物量的函数。在单位时间步长内藻类生物量的变化通量可由下式计算：

$$r_{Alg} = \mu \cdot Alg - \rho \cdot Alg - \frac{\sigma_1}{d} \cdot Alg \tag{9.2}$$

式中，r_{Alg} 为藻类生物量的变化通量（$mg\ A \cdot L^{-1}$）；μ 为藻类生长速率常数（ts^{-1}），由 $1.047^{T_{water}-20}$ 修正；ρ 为藻类呼吸速率（ts^{-1}），由 $1.047^{T_{water}-20}$ 修正；σ_1 为藻类分解速率（ts^{-1}），由 $1.024^{T_{water}-20}$ 修正；d 为水流的平均深度（m），Alg 为藻类生物

量起始浓度（mg A·L⁻¹）。

当地藻类生长速率

当地藻类生长速率是所需养分、光和温度的函数。CNMM 首先计算温度在 20℃时的生长速率，然后以此为基础对不同温度下的生长速率进行校正。用户可以有三种选择来计算养分和光对藻类生长速率的影响：乘法规则、养分限制规则、调和平均值规则。

乘法规则将影响藻类生长的光照因子、氮素因子和磷素因子相乘以决定当地藻类生长速率：

$$\mu_{20} = \mu_{\max} \cdot f_{\text{light}} \cdot f_{\text{N}} \cdot f_{\text{P}} \tag{9.3}$$

式中，μ_{20} 为当地藻类在 20℃时的生长速率（ts⁻¹）；$\mu_{\max}$ 为当地藻类的最大生长速率（ts⁻¹）；f_{light} 为影响藻类生长的光照因子；f_{N} 为影响藻类生长的氮素因子；f_{P} 为影响藻类生长的磷素因子。当地藻类的最大生长速率由用户自定义。

养分限制规则通过光照和氮磷对当地藻类的生长速率的限制作用来计算当地藻类的生长速率。虽然养分和光照对当地藻类的生长速率的影响是可乘的，但是养分之间的影响却不是可乘的，它们只能两者选其一，并由限制藻类生长速率的较小因子决定，即遵循利比希最小因子定律：

$$\mu_{20} = \mu_{\max} \cdot f_{\text{light}} \cdot \min\left(f_{\text{N}}, f_{\text{P}}\right) \tag{9.4}$$

式中，μ_{20} 为当地藻类在 20℃时的生长速率（ts⁻¹）；$\mu_{\max}$ 为当地藻类的最大生长速率（ts⁻¹）。当地藻类的最大生长速率由用户自定义。

调和平均值规则在数学上认为养分中的氮和磷两个影响因子的效果是一样的，是前两种规则的一个折中方法。这个规则认为光照和养分对藻类生长速率的影响是可乘的，而养分之间的影响可以由调和平均值来计算：

$$\mu_{20} = \mu_{\max} \cdot f_{\text{light}} \cdot \frac{2}{\left(\dfrac{1}{f_{\text{N}}} + \dfrac{1}{f_{\text{P}}}\right)} \tag{9.5}$$

式中，μ_{20} 为当地藻类在 20℃时的生长速率（ts⁻¹）；$\mu_{\max}$ 为当地藻类的最大生长速率（ts⁻¹）。当地藻类的最大生长速率由用户自定义。

光照因子 f_{light}、氮素因子 f_{N}、磷素因子 f_{p} 将在以下小节中介绍。

1）光照因子 f_{light}

大量研究表明光合作用速率在达到最高值或者是饱和值之前随着光照强度的增加而增加。光照因子由莫诺德半饱和方法计算：

$$f_{\text{light\_z}} = \frac{I_{\text{phosyn\_z}}}{K_{\text{light}} + I_{\text{phosyn\_z}}} \tag{9.6}$$

式中，f_{light_z} 为水深 z 的影响藻类生长的光照因子；I_{phosyn_z} 为水深 z 时的有效光照强度（MJ·m^{-2}·h^{-1}）；K_L 为半饱和系数（MJ·m^{-2}·h^{-1}），是达到最大生长速率的 50% 时的光照强度，由用户自定义。有效光照是波长为 400～700 nm 时的辐射。

在整个水柱中都会发生光合作用。随着水深的变化光照强度的变化由比尔定律计算：

$$I_{phosyn,z} = I_{phosyn,h} \exp(-k_1 \cdot z) \tag{9.7}$$

式中，$I_{phosyn,z}$ 为水深 z 时的有效光照强度（MJ·m^{-2}·h^{-1}）；$I_{phosyn,h}$ 为在一天中特定时间内到达地表或水面的有效太阳辐射（MJ·m^{-2}·h^{-1}）；k_1 为消光系数（m^{-1}）；z 为水深（m）。将式（9.7）代入式（9.6）中并对水深 z 积分可得

$$f_{light} = \left(\frac{1}{k_1 \cdot d} \right) \cdot \log \left[\frac{K_{light} + I_{phosyn}}{K_{light} + I_{phosyn} \exp(-k_{light} \cdot d)} \right] \tag{9.8}$$

式中，f_{light} 为整个水柱中影响藻类生长的光照因子；K_{light} 为半饱和系数（MJ·m^{-2}·ts^{-1}）；I_{phosyn} 为在一天中特定时间内到达地表或水面的有效太阳辐射（MJ·m^{-2}·ts^{-1}）；k_1 为消光系数（m^{-1}）；d 为水深（m）。

式（9.8）用来计算时间步长为小时的光照因子 f_{light}。其中，在一天中特定时间内到达地表或水面的有效光合太阳辐射 $I_{phosyn,h}$ 由下式计算：

$$I_{phosyn,h} = I_h \cdot fr_{phosyn} \tag{9.9}$$

式中，I_h 为在一天中特定时间内到达地表或水面的太阳辐射（MJ·m^{-2}·h^{-1}）；fr_{phosyn} 为太阳辐射中有效光合部分所占的比例，由用户自定义。

对于时间步长为天的模拟，光照因子的平均值由下式计算：

$$f_{light} = 0.92 \cdot fr_{DL} \cdot \left(\frac{1}{k_1 \cdot d} \right) \cdot \log \left[\frac{K_{light} + \overline{I}_{phosyn,h}}{K_{light} + \overline{I}_{phosyn,h} \exp(-k_1 \cdot d)} \right] \tag{9.10}$$

式中，fr_{DL} 为昼夜时间的比例；$\overline{I}_{phosyn,h}$ 为昼夜平均有效光合光照强度（MJ·m^{-2}·h^{-1}）；其他变量如前所定义。昼夜时间的比例有下式计算：

$$fr_{DL} = \frac{T_{DL}}{24} \tag{9.11}$$

式中，T_{DL} 为一天中白昼的长度（h）。$\overline{I}_{phosyn,h}$ 由下式计算：

$$\overline{I}_{phosyn,h} = \frac{fr_{phosyn} \cdot H_{day}}{T_{DL}} \tag{9.12}$$

式中，fr_{phosyn} 为太阳辐射中有效光合部分所占的比例；H_{day} 为一天中到达水面的

太阳辐射（MJ·m^{-2}）；T_{DL} 为一天中白昼的长度（h）。

消光系数 k_1 由下式计算：

$$k_1 = k_{1,0} + k_{1,1} \cdot \alpha_0 \cdot Alg + k_{1,2} \cdot (\alpha_0 \cdot Alg)^{\frac{2}{3}} \tag{9.13}$$

式中，$k_{1,0}$ 为消光系数中的非藻类部分（m^{-1}）；$k_{1,1}$ 为藻类自遮阴线性系数［m^{-1}(μg chla·L^{-1})$^{-2/3}$］；$k_{1,2}$ 为藻类自遮阴非线性系数，［m^{-1}(μg chla·L^{-1})$^{-2/3}$］；α_0 为藻类生物量中叶绿素 a 所占的比例［μg chla(mg A)$^{-1}$］；Alg 为藻类生物量浓度（mg A·L^{-1}）。

式（9.13）模拟了藻类自遮阴与光照衰减之间的关系。当 $k_{1,1} = k_{1,2} = 0$ 时，没有藻类自遮阴。当 $k_{1,1} \neq 0$、$k_{1,2} = 0$ 时，模型只模拟线性藻类自遮阴。当 $k_{1,1}$ 和 $k_{1,2}$ 都不为 0 时，模型模拟了线性和非线性自遮阴。

2）养分因子 f_N

氮素因子由莫诺德表达式计算，藻类将铵态氮和硝态氮作为无机氮源：

$$f_N = \frac{C_{NO_3^-} + C_{NH_4^+}}{C_{NO_3^-} + C_{NH_4^+} + K_N} \tag{9.14}$$

式中，f_N 为影响藻类生长的氮素因子；$C_{NO_3^-}$ 为河流中硝态氮的浓度（mg N·L^{-1}）；$C_{NH_4^+}$ 为河流中铵态氮的浓度（mg N·L^{-1}）；K_N 为氮的 Michaelis-Menten 半饱和常数（mg N·L^{-1}）。

磷素因子也由莫诺德表达式计算：

$$f_P = \frac{C_{LabileP}}{C_{LabileP} + K_P} \tag{9.15}$$

式中，f_P 为影响藻类生长的磷素因子；$C_{LabileP}$ 为河流中溶解态磷的含量（mg P·L^{-1}）；K_P 为磷的 Michaelis-Menten 半饱和常数（mg P·L^{-1}）。

氮和磷的 Michaelis-Menten 半饱和常数是指当藻类生长率达到最大值的 50% 时的氮和磷浓度，可由用户自己设定，一般可将 K_N 设为 0.01～0.30 mg N·L^{-1}，将 K_P 设为 0.001～0.005 mg P·L^{-1}。

9.3 氮 素

在有氧水体中，有机氮逐步转化为铵态氮、亚硝态氮和硝态氮。CNMM 模型可以模拟包含这四个组分的氮循环过程，下面对其微分方程进行介绍。

9.3.1 有机氮

单位时间步长内水体内 DON 的变化通量（r_{wDON}，mg N·L^{-1}·ts^{-1}）可以用如下公式描述：

$$r_{wDON} = \alpha_1 \cdot \rho \cdot Alg - \beta_3 \cdot DON - \sigma_4 \cdot DON \tag{9.16}$$

式中，DON 为有机氮浓度（mg N·L^{-1}）；β_3 为有机氮水解为铵态氮的速率常数，与温度有关，以 $1.047^{T_{water}-20}$ 为因子进行修正（ts^{-1}）；α_1 为藻类生物量中氮的比例 $[$mg N(mg·A)$^{-1}]$；ρ 为藻类呼吸速率（ts^{-1}）；Alg 为藻类生物量浓度（mg A·L^{-1}）；σ_4 为有机氮沉降速率系数，与温度有关，以 $1.024^{T_{water}-20}$ 为因子进行修正（ts^{-1}）。

9.3.2 铵态氮

单位时间步长内水体中 NH$_4^+$ 的变化通量（$r_{wNH_4^+}$，mg N·L^{-1}）可以用如下公式描述：

$$r_{wNH_4^+} = \beta_3 \cdot DON - \beta_1 \cdot NH_4^+ + \frac{\sigma_3}{d} - F_1 \cdot \alpha_1 \cdot \mu \cdot Alg \tag{9.17}$$

$$F_1 = \frac{P_N \cdot NH_4^+}{P_N \cdot NH_4^+ + (1-P_N) \cdot NO_3^-} \tag{9.18}$$

式中，NH$_4^+$ 为铵态氮浓度（mg N·L^{-1}）；NO$_3^-$ 为硝态氮浓度（mg N·L^{-1}）；β_1 为铵态氮的生物氧化速率常数，与温度有关，以 $1.083^{T_{water}-20}$ 为因子进行修正（ts^{-1}）；β_3 为有机氮水解速率（ts^{-1}）；α_1 为藻类生物量中氮的比例 $[$mg N·(mg·A)$^{-1}]$；σ_3 为底生生物提供铵态氮的速率，与温度有关，以 $1.074^{T_{water}-20}$ 为因子进行修正（mg N·m^{-2}·ts^{-1}）；d 为水流的平均深度（m）；F_1 为藻类氮中从铵态氮库吸收的比例；μ 为当地藻类的具体生长速率（ts^{-1}）；Alg 为藻类生物量浓度（mg A·L^{-1}）；P_N 为铵态氮的优先因子（0~1）。

9.3.3 亚硝酸盐氮

$$r_{wNO_2^-} = \beta_1 NH_4^+ - \beta_2 NO_2^- \tag{9.19}$$

式中，NH$_4^+$ 为铵态氮浓度（mg N·L^{-1}）；NO$_2^-$ 为亚硝态氮浓度（mg N·L^{-1}）；β_1 为铵态氮的氧化速率常数，与温度相关，以 $1.083^{T_{water}-20}$ 为因子进行修正（ts^{-1}）；β_2 为亚硝酸盐氮的氧化速率常数，与温度相关，以 $1.047^{T_{water}-20}$ 为因子进行修正（ts^{-1}）。

9.3.4 硝态氮

$$r_{\text{wNO}_3^-} = \beta_2 \cdot \text{NO}_2^- - (1-F) \cdot \alpha_1 \cdot \mu \cdot A \qquad (9.20)$$

式中，F 为藻类氮中从铵态氮库吸收的比例；α_1 为藻类生物量中氮的比例 $[\text{mg N} \cdot (\text{mg A})^{-1}]$；$\mu$ 为当地藻类的具体生长速率（d^{-1}）。

低溶解氧条件下硝化作用会受到抑制：

$$f_{\text{DO}} = 1.0 - \exp(-k_{\text{nit\_DO}} \cdot DO) \qquad (9.21)$$

式中，f_{DO} 为硝化反应速率修正因子；$k_{\text{nit\_DO}}$ 为一级硝化抑制系数（$\text{mg} \cdot \text{L}^{-1}$）；$DO$ 为溶解氧浓度（$\text{mg} \cdot \text{L}^{-1}$）。

9.4 磷 素

磷循环在许多方面都跟氮循环类似。水体中藻类死亡后，其中的有机态磷进入水体，然后转化为溶解无机态磷，并被藻类吸收重新进入磷循环。下面对水体中的有机磷和溶解态磷相互转化的微分方程进行介绍。

9.4.1 有机磷

$$r_{\text{wDOP}} = \alpha_2 \cdot \rho \cdot A - \beta_4 \cdot DOP - \sigma_5 \cdot DOP \qquad (9.22)$$

式中，DOP 为有机磷的浓度（$\text{mg P} \cdot \text{L}^{-1}$）；$\alpha_2$ 为藻类中磷的含量 $[\text{mg P} \cdot (\text{mg A})^{-1}]$；$\rho$ 为藻类呼吸速率（ts^{-1}）；A 为藻类生物量浓度（$\text{mg A} \cdot \text{L}^{-1}$）；$\beta_4$ 为有机磷分解速率，与温度相关，以 $1.047^{T_{\text{water}}-20}$ 为因子进行修正（ts^{-1}）；σ_5 为有机磷沉降速率，与温度相关，以 $1.024^{T_{\text{water}}-20}$ 为因子进行修正（ts^{-1}）。

9.4.2 溶解态磷

$$r_{\text{wLabileP}} = \beta_4 \cdot DOP + \frac{\sigma_2}{d} - \alpha_2 \cdot \mu \cdot A \qquad (9.23)$$

式中，σ_2 为底生生物提供溶解态磷的速率，与温度相关，以 $1.074^{T_{\text{water}}-20}$ 为因子进行修正（$\text{mg P} \cdot \text{m}^{-2} \cdot \text{ts}^{-1}$）；$d$ 为河流平均深度（m）；μ 为藻类生长速率（ts^{-1}）；A 为藻类生物量浓度（$\text{m A} \cdot \text{L}^{-1}$）。

9.5 碳基生化需氧量

CNMM 模型在模拟河流水体中的碳质生化需氧量的脱氧作用时采用一级动

力学反应方程，并考虑了沉降作用：

$$r_{cBOD} = -K_1 \cdot cBOD - K_3 \cdot cBOD \tag{9.24}$$

式中，$cBOD$ 为碳基生化需氧量的浓度（$=2.67 \cdot DOC$，$mg\ O_2 \cdot L^{-1}$）；K_1 为脱氧速率系数，与温度相关，以 $1.047^{T_{water}-20}$ 为因子进行修正（ts^{-1}）；K_3 为碳基生化需氧量的沉降速率，与温度相关，以 $1.024^{T_{water}-20}$ 为因子进行修正（ts^{-1}）。

9.6 溶 解 氧

河流水体中氧的平衡取决于河流自身的复氧能力，而这种复氧能力取决于河流系统中氧的源与汇之间的对流和扩散过程。在这个过程中，氧主要来源于光合作用和水流中本身携带的氧，而氧的汇主要是碳素的生物化学氧化作用和含氮有机物、底生生物所耗氧，以及藻类呼吸所耗氧。溶解氧的变化可由下式表示，其中每一项表示的是氧的源或者汇：

$$r_{DO} = K_2 \cdot (DO_{sat}^l - DO) + (\alpha_3 \cdot \mu - \alpha_4 \cdot \rho) \cdot A - K_1 \cdot cBOD$$
$$- \frac{K_4}{d} - \alpha_5 \cdot \beta_1 \cdot NH_4^+ - \alpha_6 \cdot \beta_2 \cdot NO_2^- \tag{9.25}$$

式中，DO 为溶解氧浓度（$mg \cdot L^{-1}$）；DO_{sat}^l 为在当地气温和气压条件下溶解氧饱和浓度（$mg \cdot L^{-1}$）；α_3 为单位藻类光合作用产生氧气的速率 $[mg\ O_2 \cdot (mg\ A)^{-1}]$；$\alpha_4$ 为单位藻类呼吸作用消耗氧气的速率 $[mg\ O_2 \cdot (mg\ A)^{-1}]$；$\alpha_5$ 为铵态氮氧化消耗氧气的速率 $[mg\ O_2 \cdot mg^{-1}\ N]$；$\alpha_6$ 为亚硝酸盐氮氧化消耗氧气的速率 $[mg\ O_2 \cdot mg^{-1}\ N]$；$\mu$ 为藻类生长速率，与温度相关，以 $1.047^{T_{water}-20}$ 为因子进行修正（ts^{-1}）；ρ 为藻类呼吸速率，与温度相关，以 $1.047^{T_{water}-20}$ 为因子进行修正（ts^{-1}）；A 为藻类生物量浓度（$mg\ A \cdot L^{-1}$）；L 为最终碳质生化需氧量的浓度（$mg \cdot L^{-1}$）；d 为河流平均深度（m）；K_1 为碳质生化需氧量脱氧速率，与温度相关，以 $1.047^{T_{water}-20}$ 为因子进行修正（ts^{-1}）；K_2 为还原速率，与温度相关，以 $1.024^{T_{water}-20}$ 为因子进行修正（ts^{-1}）；K_4 为泥沙需氧率，与温度相关，以 $1.060^{T_{water}-20}$ 为因子进行修正（$g\ O_2 \cdot m^{-2} \cdot d^{-1}$）；$\beta_1$ 为铵态氮氧化速率系数，与温度相关，以 $1.083^{T_{water}-20}$ 为因子进行修正（ts^{-1}）；β_2 为亚硝酸盐氧化速率系数，与温度相关，以 $1.047^{T_{water}-20}$ 为因子进行修正（ts^{-1}）。

9.6.1 溶解氧饱和浓度

水体中溶解氧的溶解度随着温度的升高、溶解固体含量的升高和气压的降低而降低。CNMM 模型采用一个预测方程来模拟溶解氧的饱和浓度：

$$DO_{sat}^{s} = \exp[-139.34410 + (1.575701 \times 10^{5} / T) - (6.642308 \times 10^{7} / T^{2})$$
$$+ (1.243800 \times 10^{10} / T^{3}) - (8.621949 \times 10^{11} / T^{4})] \tag{9.26}$$

式中，DO_{sat}^{s} 为 1 个标准大气压下的平衡氧浓度（mg·L^{-1}）；T 为温度（°K）=℃+ 273.15，范围为 0.0~40.0℃

对于非标准气压条件下，平衡氧浓度为

$$DO_{sat}^{l} = DO_{sat}^{s} \cdot P \cdot \frac{(1 - P_{wv} / P) \cdot (1 - \phi \cdot P)}{(1 - P_{wv}) \cdot (1 - \phi)} \tag{9.27}$$

$$P_{wv} = \exp\left[11.8571 - 3840.70 / T - 216961 / T^{2}\right] \tag{9.28}$$

$$\phi = 0.000975 - 1.426 \times 10^{-5} \cdot T + 6.436 \times 10^{-8} \cdot T^{2} \tag{9.29}$$

式中，DO_{sat}^{l} 为非标准大气压下平衡氧浓度（mg O$_2$·L^{-1}）；DO_{sat}^{s} 为 1 个标准大气压下平衡氧浓度（mg O$_2$·L^{-1}）；P 为大气压力（atm），范围为 0.000~2.000 atm；P_{wv} 为水气分压（atm）。

9.6.2 菲克扩散复氧

复氧是大气中的氧气向水体扩散的过程，并随紊流溶解于水体中。CNMM 模型采用 Churchill 等（1962）所得出的关系来计算菲克扩散中的复氧速率：

$$\kappa_{2} = 5.03 \cdot v_{c} \cdot d^{-1.673} \tag{9.30}$$

式中，κ_{2} 为温度为 20℃时的复氧速率，在其他温度下以 $1.024^{T_{water}-20}$ 为因子进行修正（ts^{-1}）；v_{c} 为水体平均流速（m·s^{-1}）；d 为水深（m）。

9.6.3 水坝紊流中的复氧

当水流经大坝、堰堤或其他物体时发生的复氧可由如下公式描述：

$$r_{Ox} = D_{a} \cdot (1 - \frac{1}{rea}) \tag{9.31}$$

式中，r_{Ox} 为溶解氧浓度的变化量（mg O$_2$·L^{-1}）；D_{a} 为水坝上游的氧亏值（mg O$_2$·L^{-1}）；rea 为复氧系数。

水坝上游的氧亏值 D_{a} 可由下式计算：

$$D_{a} = DO_{sat}^{l} - DO \tag{9.32}$$

复氧系数 rea 采用 Butts 和 Evans（1983）所示方法来计算：

$$rea = 1 + 0.38 \cdot coef_{a} \cdot coef_{b} \cdot h_{fall}(1 - 0.11 \cdot h_{fall}) \cdot (1 + 0.046 \cdot \overline{T}_{water}) \tag{9.33}$$

式中，rea 为复氧系数；$coef_{a}$ 为与水质有关的经验常数（清洁水体：1.80，轻度污染水体：1.60，中度污染水体：1.00，重度污染水体：0.65）；$coef_b$ 为水坝紊流复氧过程的经验常数（宽平堰：0.70，平坡面的薄壁堰：1.05，垂直面的薄壁堰：0.80，淹没出流闸坝：0.05）；h_{fall} 为水体经过水坝前后的高度差（m）；$\bar{T}_{water}$ 为水体平均温度（℃）。

参 考 文 献

Brown L C, Barnwell Jr T O. 1987. The enhanced water quality models QUAL2E and QUAL2E-UNCAS documentation and user manual. EPA document EPA/600/3-87/007. USEPA, Athens, GA.

Butts T A, Evans R L. 1983. Small channel dam aeration characteristics. Journal, Environmental Engineering Division, ASAE, 109: 555-573.

Churchill M A, Elmore H L, Buckingham R A. 1962. The prediction of stream reaeration rates. International Journal of Air and Water Pollution, 6: 467-504.

10. 水生植物生态湿地污水净化系统

10.1 引　言

人工湿地作为一种生态型污水处理技术，其基本原理是在湿地基质上种植特定种类的水生植物，从而构建一个植物-基质-微生物为一体的湿地生态系统。当污水通过此系统时，其氮、磷污染物经吸附、滞留、过滤、沉淀、氧化还原、微生物分解及植物吸收等作用，从而达到净化水质的目的（见图2.13）。与自然界湿地系统相比，人工湿地生态系统无论在污染负荷量的承载上，还是在可控制性、对污水的处理能力上，都有很大程度的提升。

作为人工生态湿地系统中的初级生产者，水生植物不仅能够通过光合作用将光能转化为有机能，同时能够向周围水体环境释放氧气，发挥多种生态功能。其利用某些水生植物具有超量吸收营养的特性，能够有效降低水体营养盐水平，种植优选水生植物已成为富营养化水体修复和治理的一种有效方法（Liu et al., 2016; Zhang et al., 2016）。水生植物能够向水体输送氧气，促进水力传导，为微生物的生长营造栖息地，也为氮磷的间接去除提供了条件。

水生植物按其生活方式与形态特征大致可分成挺水型、浮叶型、漂浮型、沉水型四类。挺水植物一般具有适应性强、净化率高的特点，是被公认的湿地修复首选植物；浮叶植物具有高生产能力、高营养价值、易储存和收获等特性，使其在湿地水质的改善方面具有很大潜质和优势；漂浮植物可以阻止水下光合作用，影响大气和水体间的氧气交换，进而抑制水中藻类生长；沉水植物光合作用产生的氧气完全释放在水体中，对富营养化水体的自净作用至关重要，沉水植物优势种群不同生长季节交叉演替，对水质有持续的改善作用（刘燕，2013；刘弋潞和何宗健，2006）。不同水生植物在氮磷吸收转化中的作用不尽相同，去除途径和去除效率差异较大，其生理生态的响应也各有区别。研究水生植物对氮、磷的吸收转化，可以为提高氮磷吸收转化效率提供参考，有利于促进其在水体污染治理中的应用。

10.2　水生植物对氮、磷的吸收和转化

10.2.1　水生植物对污水氮、磷的吸收特征

水生植物对去除水体中过量氮、磷营养化物质方面具有很好的效果。水罂粟、

黄花、水龙、大聚藻、香菇草、水芹、大藻凤眼莲、美人蕉、黄菖蒲和鸢尾等10种水生植物对污染水体氮、磷的去除率分别为36.3%～91.8%和23.2%～94.0%；10种水生植物吸收氮磷量分别占水体氮、磷去除量的46.3%～77.0%和54.3%～92.7%（金树权等，2010）。水生植物对氮、磷的吸收转化，不仅与植物种类有关，同时与水体水质、气候环境等诸多因素有关。例如，在不同氮、磷污染负荷条件下，芦苇、睡莲和菖蒲对氮、磷的吸收转化效率不同；在低氮、磷浓度下，睡莲表现出较好的去除效果；在高氮磷浓度中，芦苇优势则较大；而在中氮磷浓度下，菖蒲和芦苇吸收能力相当，均强于睡莲（暴丽媛，2011）。向律成等（2009）也得出狐尾藻和黄花、水龙对氮、磷的积累量基本趋势与生物量相似，野外实验结果表明两种试验植物的生物量增长趋势符合"S"型生长曲线，对氮、磷的积累和变化与生物量变化趋势一致。

10.2.2 水生植物在水体氮、磷污染净化中的作用

植物生长过程中可在根系形成微氧化环境，不仅可以通过其呈网络状的根系直接吸收农田排水中的铵根（NH_4^+）、硝酸根（NO_3^-）和磷酸根（PO_4^{3-}）离子，而且更重要的是，水生植物可通过其生命活动改变根系周围的微环境，从而影响污染物的转化过程和去除速率（曹向东等，2000）。

湿地系统中植物在污水净化方面所起的作用可以归结为：①植物对氮磷的直接吸收作用，氮、磷是植物生长所必需的生命元素，水生植物在生长过程中，需要吸收大量的氮、磷、二氧化碳和有机物等营养物质来合成植物自身的结构组成物质，尤其是以离子形态存在的铵态氮及磷酸盐等，可以直接被植物吸收和利用（Vymazal，2007）；②植物生长改变水体流态，植物根系的生长有利于均匀布水，延长系统实际水力停留时间，流速越小越有利于湿地发挥净化功能（Iamchaturapatr et al.，2007）；③植物根系的巨大表面积会附着大量微生物，同时，植物可通过茎叶向下输送氧气，创造利于各种微生物生长的微环境，在根系附近形成有利硝化作用的好氧微区，同时远离根系周围的厌氧区富含枯枝碎屑，其中含有大量可利用的碳源，这又提供了反硝化条件，使得硝化-反硝化作用及微生物对磷的降解作用顺利进行，成为氮磷去除的主要途径（成水平等，2003）。

10.2.3 水生植物对氮、磷吸收转化的动力学研究

研究水生植物对氮、磷吸收转化速率，可以为描述植物根系的氮、磷吸收特性，以及评价不同植物种类对环境养分状况的适应性、鉴定并筛选吸收高效的水生植物品种提供条件。

20世纪50年代初，Espetin（1953）首先将酶促反应动力学方程用于植物对

离子吸收的研究，即如下米氏方程：

$$V = V_{\max} \cdot \frac{C_{\mathrm{s}}}{K_{\mathrm{m}} + C_{\mathrm{s}}} \qquad (10.1)$$

式中，V 为反应速率；$V_{\max}$ 为最大反应速率；K_{m} 为米氏常数，即当酶反应速率达到最大反应速率一半时的底物浓度；C_{s} 为底物浓度。米氏方程表明了底物浓度与酶反应速度间的定量关系。当底物浓度较低时，反应速度与底物浓度呈正比关系，表现为一级反应；随着底物浓度的增加，反应速度不再按正比升高，反应表现为混合级反应；底物浓度继续增加，曲线为零级反应。

水生植物根系对离子态氮、磷营养盐吸收时，吸收动力学参数最大吸收速率（$V_{\max}$）和表观米氏常数（K_{m}）常用来表征根系吸收离子的效率，而且可用于衡量不同植物基因型之间的营养效率差异。不同类型的水生植物，以及同种植物不同品种之间，对无机氮磷吸收的亲和力常数 K_{m} 和最大吸收速率 $V_{\max}$ 都存在着较大的差异。不同植物或同种植物对不同底物的 K_{m} 一般不同，而且在相同情况下，K_{m} 会受到环境条件的影响，如温度、pH、光照和溶氧等因素的影响，K_{m} 作为动力学的特征常数，它的倒数（$1/K_{\mathrm{m}}$）也被常用于表征植物对底物的亲和力，因此 K_{m} 越大，亲和力越小；K_{m} 越小，则亲和力越大。$V_{\max}/K_{\mathrm{m}}$ 的比值 a 是亲和力的另一种表现方式，将吸收速率同底物浓度有效结合起来（Johnson and Barber，2003）。$V_{\max}$ 是植物对底物的最大吸收速率，也会受到环境条件的影响。K_{m} 和 $V_{\max}$ 通过对米氏方程的线性转换取倒数作图求得，常用的线性转换包括 Lineweaver-Burk 方程、Hanes 方程和 Eadie-Hofstee 方程（单丹和罗安程，2008；张松，2012；蔡树美，2011）。

10.2.4　水生植物自身对污染水体的生理生态响应

利用水生植物对氮、磷的吸收转化对富营养化湖泊河流进行治理，已成为一项重要的污染水体修复技术。水生植物对水体的净化修复作用，不仅受水体水质的影响，而且与水生植物的生长状况、根系发达程度、光合效率和根系泌氧等生理生态特性密不可分。研究水生植物对氮、磷吸收转化的生理生态响应，不仅可以对水体生态问题给予生理机制上的解释，同时也为水生植物在水体净化修复中的配置和筛选提供依据，促进水生植物在水体污染修复中的应用。

植物庞大的根系是植物与污染物直接作用的区域，其与污染物间的物理、化学和生物作用主要发生在根区，包括从污水中直接吸收营养物质并加以利用、吸附和富集重金属或一些有毒物质，同时为微生物提供较大的附着面积（Stottmeister et al.，2003）。同时，根生物量越大的植物，根系所释放的总泌氧量越大，越有利于好氧微生物的作用，以及促进植物根系对可溶解态氮、磷的吸收（刘志宽等，2010）。

植物的光合作用是植物生长繁殖和净化污水的能量来源。光合效率越高的植物，其通过光合作用将氧传输至水下根部，有利于植物根系向更深的缺氧区域深入；而根系分布范围越大，越有利于硝态氮和可降解有机物的好氧及厌氧的生物降解作用同时进行（李丽，2011）。

10.3　水生植物在污水净化中的应用

10.3.1　人工湿地

人工湿地是一种利用基质、植物及微生物的协同作用，通过物理、化学和生物作用实现污水净化的生态系统。湿地成熟后，基质表面和植物根系中生长了大量的微生物，污水流经时，悬浮物被基质及植物根系阻挡截留，有机污染物通过生物膜的吸附及同化、异化作用而得以去除。湿地床层中因植物根系对氧的传递释放，使其周围的微环境中依次呈现出好氧、缺氧和厌氧状态，保证了污水中的氮、磷不仅能被植物及微生物作为营养成分直接吸收，还可以通过硝化、反硝化作用及微生物对磷的过量积累作用从废水中去除，最后通过湿地植物的定期收割使污染物质最终从系统中去除（虞启义和全晓泉，2011）。人工湿地作为一种生态处理污水的方法，因其投资省、处理效果好、运行维护方便而被广泛应用于处理生活污水、工业废水、矿山及石油开采废水、农业点源污染和面源污染、水体富营养化问题的治理。岳春雷等（2004）采用复合垂直流人工湿地对低浓度养殖废水循环净化功能的研究表明，人工湿地的建立不仅使得水质得到改善，在恢复景观水体的观赏功能方面也发挥了重要作用；王小晓等（2013）则研究了潜流人工湿地技术在农村生活污水处理中的应用，结果显示，人工湿地对污水中 NH_4^+-N、总氮（TN）、总磷（TP）和化学需氧量（COD）的去除率分别达到了 60.0%、57.2%、71.5%和79.1%。

在人工湿地的构建和运行中，水力学条件至关重要，因为这直接关系到污水在系统中的流速、流态、停留时间，以及与作物生长关系密切的水面线控制等重要问题。其中，水力停留时间不仅是湿地流态模型、湿地工艺设计、湿地生化动力学等研究的基本参数，而且直接影响湿地的污染物净化效果。根据人工湿地的几何尺寸、填料的孔隙率及进水流量可以计算出污水在湿地内的水力停留时间：

$$t_n = \frac{\phi_v \cdot V}{Q} \tag{10.2}$$

式中，t_n 为理论水力停留时间（h）；V 为人工湿地有效体积，包括基质实体及其开口、闭口孔隙（m^3）；Q 为系统进水流量（$m^3 \cdot h^{-1}$）；ϕ_v 为填料孔隙率。

对污染物的去除，比较典型的湿地去污模型包括衰减模型、一级动力学模型、零级动力学模型、Monod 模型和对流-弥散（CDE）模型。其中，一级动力学模型由于参数少、求解及计算过程都很简单，目前仍是描述人工湿污染物去除情况最合适的方程，广泛应用于计算生化需氧量（BOD）、营养物、细菌及金属离子的去除率。一级动力学模型的推导以污染物的降解反应动力学为基础，主要考虑水力负荷与污染物去除效果之间的关系，基于体积和面积的一级动力学模型通常的表达方式为

$$C_e = C_0 \cdot \exp\left(-\frac{k_v}{q}\right) \tag{10.3}$$

$$C_e = C_0 \cdot \exp\left(-\frac{k_a}{q}\right) \tag{10.4}$$

式中，C_0 为进水浓度（mg·L^{-1}）；C_e 为出水浓度（mg·L^{-1}）；k_v 为体积去除速率常数（h^{-1}）；k_a 为面积去除速率常数（h^{-1}）；q 为水力负荷（m^3·m^{-2}·h^{-1}）。

通常假设模型中的一些参数如速率常数等为常量，例如，体积速率常数 k_v 多用于潜流型人工湿地来确定湿地所需的体积，k_a 多用于表流人工湿地来确定湿地所需的面积。孔庆玲（2012）采用该一级动力学模型模拟潜流人工湿地的污染物去除率与水力负荷、出水浓度与水力停留时间的线性关系，研究结果表明，TN、氨氮去除率与水力负荷均呈直线线性关系，相关系数良好，出水口 TN、氨氮浓度与实际水力停留时间之间呈指数关系，相关性较好，符合一级反应动力学模型。水力停留时间增加，适当引导、改变污染水体流态，能够有效提高 TN、氨氮去除效果。

10.3.2 生态浮床

生态浮床是一种水环境治理与水生态修复相兼顾的技术，主要运用无土栽培技术，把水生植物移栽到基质或载体上，通过植物深入水中的强大根系吸收、吸附、截留水体中的氮磷等营养物质，并以收获植物体的形式将其搬离水体，从而达到净化水的目的。其净化机理可分为两个阶段：首先，水生植物的根系将水中的悬浮物和藻类去除；其次，微生物对截留的污染物进行降解，降解后的有机物和营养物又成为植物生长的营养来源，通过水生植物、水生动物、微生物三个方面的相互作用，实现物理过滤和生物措施相结合来净化污水。卜发平等（2010）利用生态浮床净化微污染源水，其中美人蕉和菖蒲浮床对 TN 的平均去除率分别为 42.5%和 36.2%，对 TP 的平均去除率为 48.1%和 44.2%，对 COD 的平均去除率为 42.3%和 36.3%，可见，生态浮床的除污效果较好，可用于微污染源水的净化（徐秀玲，2012）。

10.3.3 生态塘

生态塘又称氧化塘或稳定塘，是一种依靠自然生物净化能力的污水生物处理

技术，主要利用库、塘等水生生态系统对污水的净化作用，进行污水原位处理或修复。通过向池塘内投放对氮磷及重金属有富集作用的水生植物，如绿狐尾藻、水葫芦、香蒲、芦苇等，然后定期收割，以达到去除水中氮磷及重金属的目的。生态塘具有建设费用低、污水循环利用、处理能耗低、运行维护简便、污泥产生量低等优点（暴丽媛，2011）。以种植水生植物为主要措施的生态塘，不仅能很好地完成污水净化，还能收获一定的湿地植物产品，产生经济效益，具有良好的推广优势。卢少勇等（2004）利用稳定塘-植物床系统处理农田排灌水，系统运行表明，稳定塘-植物床复合系统可成功地控制农业面源污染，系统抗冲击负荷能力强，在水力负荷高、进水量波动大的情况下，能达设计目标。赵学敏等（2010）采用由预处理塘、好氧塘、水生植物塘和养殖塘串联组成的改良型生物稳定塘系统对滇池流域受污染河流进行净化，在经过工程措施处理后，水质完全从中污染型转变为轻污染型（李丽，2011）。

10.3.4 生态沟渠

排水沟渠作为流域氮磷污染排放与受纳水体（江河湖泊等）之间的过渡带，具有湿地和河流的双重作用，既是农田径流的"汇"，又是受纳水体的"源"，在截留和转化农业面源污染物中起关键作用。沟渠中的植物生物量与氮、磷去除率有正相关关系。胡颖（2005）对自然条件下的小流域内不同尺度的河流和沟渠对氮、磷的去除效果的研究结果表明，在同一沟段中，植物量相差较大时，其去除率有显著差异，植物量越多，去除率越高。生态沟渠则一般是由排水沟渠及其内部种植的净水植物组成，工程构建主要包括工程和植物两部分，通过沟渠拦截径流和泥沙、植物吸收和底泥吸附等生态拦截作用，有效减少氮磷等营养物质向下游水体的迁移转化。同时，沟渠植物具有一定的经济价值，且景观效果良好。生态沟渠对氮磷的吸收转化能力通常用氮磷去除率及拦截量来表示，去除率（η）及拦截量（φ）的计算如下所示：

$$\eta = \frac{C_0 - C_e}{C_0} \cdot 100\% \qquad (10.5)$$

$$\varphi = (C_0 - C_e) \cdot Q \qquad (10.6)$$

式中，C_0 和 C_1 分别为生态沟渠进水口和出水口的氮磷(主要包括 NH_4^+-N、NO_3^--N、TN、TP 等）浓度（$mg \cdot L^{-1}$）；Q 为生态沟渠通过的水体流量（m^3）。

生态沟渠对地表径流水体氮磷污染有较好的拦截作用。我国亚热带水稻种植区构建的生态沟渠（长 200 m，宽 2 m）对水体氮素污染物拦截效果表明，生态沟渠的建立对 TN、NH_4^+-N、NO_3^--N 的去除率分别为 75.8%、77.9%、63.7%，能够有效降低氮素对下游水体的污染（Chen et al., 2015; 王迪等，2016）。张树楠等

（2015）研究表明，种植水生美人蕉、黑三棱等 5 种水生植物的生态沟渠能够有效去除水体中 64.3%、69.7%的氮和磷。姜翠玲（2004）对沟渠湿地净化农业面源污染物的研究结果表明，沟渠湿地中种植的芦苇、茭草收割以后，每年可去除 463～515 kg N·hm^{-2} 的氮和 227～149 kg P·hm^{-2} 的磷，相当于当地 213～312 hm^2 农田流失的氮肥、113～310 hm^2 农田流失的磷肥。

10.4 小　　结

综上所述，水生植物在污染水体氮磷的吸收转化中至关重要，对氮磷的吸收不仅是植物本身生理生态的需要，更重要的是，水生植物与其周围环境的相互作用，使其在污水尤其是富营养化水体治理中得到广泛应用。但是，不同类型的水生植物，其生长状况、对环境的适应能力、对污染物的去除效果差别很大，要想彻底净化污水，应该针对不同地区、不同污水，采用不同的水生植物，更要注意不同水生植物的合理搭配，促进植物间的优势互补，丰富景观层次，同时保持对营养元素及有机物有较好的净化效果，有效发挥它们的生态功能。另外，水生植物在不同季节对氮磷吸收转化的贡献不同：在生长季节，水生植物可以大量吸收农田中排出的氮磷等营养元素；但在秋冬季节，植物地上部分死亡后，有机残体开始分解，营养物质将重新释放出来，加重水体的污染。由此可见，完善水生植物的后续管理，避免二次污染，显得尤其重要，还需要进一步研究。

CNMM 模型主要应用公式（10.1）、公式（10.3）、公式（10.4）构建水生植物生态湿地污水净化系统模块。

参 考 文 献

暴丽媛. 2011. 东北地区几种水生植物对氮磷吸收性能的研究. 吉林: 吉林农业大学硕士学位论文.

卜发平, 罗固源, 许晓毅, 等. 2010. 美人蕉和菖蒲生态浮床净化微污染源水的比较. 中国给水排水, 26(3): 14-17.

蔡树美. 2011. 不同条件下浮萍磷吸收效率及其作用机理. 扬州: 扬州大学博士学位论文.

曹向东, 王宝贞, 蓝云兰, 等. 2000. 强化塘-人工湿地复合生态塘系统中氮和磷的去除规律. 环境科学研究, 2(13): 15-19.

成水平, 吴振斌, 夏宜, 等. 2003. 水生植物的气体交换与输导代谢. 水生生物学报, 27(4): 413-417.

胡颖. 2005. 河流和沟渠对氮磷的自然净化效果的试验研究. 南京: 河海大学硕士学位论文.

姜翠玲. 2004. 沟渠湿地对农业非点源污染物的截留和去除效应. 南京: 河海大学博士学位论文.

金树权, 周金波, 朱晓丽, 等. 2010. 10 种水生植物的氮 磷吸收和水质净化能力比较研究. 农业环境科学学报, 29(8): 1571-1575.

孔庆玲. 2012. 人工湿地水力条件优化设计. 长沙: 中南林业科技大学硕士学位论文.

李丽. 2011. 11 种湿地植物在污染水体中的生长特性及对水质净化作用研究. 广州: 暨南大学硕

士学位论文.

刘燕. 2013. 太湖常见水生植物及群落对水体净化能力研究. 南京: 南京林业大学博士学位论文.

刘弋潞, 何宗健. 2006. 水生植物净化富营养化水质的机理探讨和研究进展. 江西化工, 1: 27-31.

刘志宽, 牛快快, 马青兰, 等. 2010. 8 种湿地植物根部泌氧速率的研究. 贵州农业科学, 38(4): 47-50.

卢少勇, 张彭义, 余刚, 等. 2004. 农田排灌水的稳定塘-植物床复合系统处理. 中国环境科学, 24(5): 605-609.

单丹, 罗安程. 2008. 不同水生植物对磷的吸收特性. 浙江农业学, 20(2): 135-138.

王迪, 李红芳, 刘锋, 等. 2016. 亚热带农区生态沟渠对农业径流中氮素迁移拦截效应研究. 环境科学, 37: 1717-1723.

王小晓, 鲍建军, 龚珞军, 等. 2013. 潜流人工湿地处理农村生活污水动力学研究. 环境科学与技术, 36(3): 111-115.

向律成, 郝虎林, 杨肖娥, 等. 2009. 多年生漂浮植物对富营养化水体的响应及净化效果研究. 水土保持学报, 23(5): 152-156.

徐秀玲. 2012. 水生植物对水体氮磷的吸收特性及其在生态沟渠中的应用. 上海: 上海交通大学硕士学位论文.

虞启义, 全晓泉. 2011. 人工湿地处理农村污水的探讨. 山西建筑, 37(32): 187-189.

岳春雷, 常杰, 葛莹, 等. 2004. 复合垂直流人工湿地对低浓度养殖废水循环净化功能研究. 科技通报, 20(1): 15-17.

张树楠, 肖润林, 刘锋, 等. 2015. 生态沟渠对氮、磷污染物的拦截效应. 环境科学, 36(12): 192-198.

张松. 2012. 苦草氮磷吸收动力学. 武汉: 华中农业大学硕士学位论文.

赵学敏, 虢清伟, 周广杰, 等. 2010. 改良型生物稳定塘对滇池流域受污染河流净化效果. 湖泊科学, 22(1): 35-43.

Chen L, Liu F, Wang Y, et al. 2015. Nitrogen removal in an ecological ditch receiving agricultural drainage in subtropical central China. Ecological Engineering, 82: 487-492.

Epstein E. 1953. Mechanism of ion absorption by roots. Nature, 171: 83-84.

Iamchaturapatr J, Yi S W, Rhee J S. 2007. Nutrient removals by 21 aquatic plants for vertical free surface-flow (VFS) constructed wetland. Ecological Engineering, 29: 287-293.

Johnson Z, Barber R T. 2003. The low-light reduction in the quantum yield of photosynthesis: potential errors and biases when calculating the maximum quantum yield. Photosynthesis Research, 75(1): 85-95.

Liu F, Zhang S N, Wang Y, et al. 2016. Nitrogen removal and mass balance in newly-formed Myriophyllum aquaticum mesocosm during a single 28-day incubation with swine wastewater treatment. Journal of Environmental Management, 166: 596-604.

Stottmeister U, Wießner A, Kuschk P, et al. 2003. Effects of plants and microorganisms in constructed wetlands for wastewater treatment. Biotechnology Advances, 22: 93-117.

Vymazal J. 2007. Removal of nutrients in various types of constructed wetlands. Science of Total Environment, 380: 48-65.

Zhang S N, Liu F, Xiao R L, et al. 2016. Nitrogen removal in Myriophyllum aquaticum wetland microcosms for swine wastewater treatment: ^{15}N-labelled nitrogen mass balance analysis. Journal of the Science of Food and Agriculture, DOI: 10.1002/jsfa.7752.

11. 废弃物处理

11.1 引 言

流域内废弃物主要包括三类：首先是畜禽养殖场排出的粪、尿、垫圈材料、清圈废水、堆肥产物、沼渣、沼液；其次是居民化粪池排出的粪尿等固液废弃物；另外还有农作物种植过程中产生的秸秆、菜叶等。从全球范围来看，畜禽粪便中含有的总氮和总磷已经超过了氮、磷肥料使用量（Bouwman et al.，2009），全球畜牧业生产驱动了整个农业系统的营养物质循环（Galloway et al.，2010）。2010年，中国畜禽粪便产生量为 19 亿吨，形成污染的畜禽粪便量为 2.27 亿吨（仇焕广等，2013），畜禽养殖业的化学需氧量、氨氮排放量分别达到 1148 万吨、65 万吨，占全国排放总量的比例分别为 45%、25%，占农业源的比例分别为 95%、79%（全国畜禽养殖污染防治"十二五"规划），畜禽养殖业已成为我国农业污染源之首（李茹茹和靖新艳，2014；杨帆和董燕，2015）。

11.2 废弃物产生与处理模型

在过去的几十年里，主要是通过现场观测来定量化描述养殖场温室气体排放与氨挥发，实地观测为进一步研究打下了很好的基础，但是由于成本较高，并没有大规模展开。于是，在很长一段时间内，都是用排放系数法来估算畜禽养殖过程中产生的废弃物。然而，排放系数法无法定量评价不同管理措施条件下畜禽圈舍、粪便储存，以及有机肥施用到农田过程中的氮素流失。畜禽养殖系统氮素迁移转化以及与农田的相互关系非常复杂，废弃物排放的数量与质量变化幅度也很大，影响这一过程的环境因素繁多，机理模型模拟是主要的研究方法。

11.2.1 废弃物处理模型综述

目前国际上可以同时模拟农田与畜禽养殖系统氮素迁移转化的模型主要有Manure-DNDC、IFSM、LIVSIM、DairyMod、CORPEN、CNMM，各模型的特点如表 11.1 所示。Manure-DNDC 模型可以模拟农场动物生产系统、粪便等废弃物的处理过程，以及畜禽粪便施入农田后的氮素循环与流失，可以通过建立地理信息系统数据库进行区域尺度模拟（Li et al.，2012；Gao et al.，2014；高懋芳等，2012）。CNMM 模型基于 WNMM 模型发展而来，扩充了分布式水文过程及畜禽养殖过程模拟。IFSM 模型主要用于模拟美国奶牛场温室气体排放、氨挥发、氮淋溶等（Belflower et al.，2012）。LIVSIM 和 DairyMod 模型主要用来模拟奶牛场氮素流失过程与流失风险，CORPEN 模型可以评价养猪场氮流失。国内基于模型的农牧业生产系统氮素流失模拟研究相对较少，大多基于养分平衡原理进行评价（张怀志等，2014）。

表 11.1　主要畜禽养殖与农田综合系统模拟模型

模型	特点	动物	核心开发单位	文献来源
Manure-DNDC	农田与畜禽养殖系统碳氮生物地球化学过程	牛、猪、禽、羊	美国新罕布什尔大学	Li et al.，2012
IFSM	作物、肉牛或者奶牛的相互关系	肉牛、奶牛	美国农业部	Rotz et al.，2014
LIVSIM	奶牛生长、产奶量	奶牛	荷兰瓦赫宁根大学	Rufino et al.，2009
DairyMod	不同投入与生产强度下农场系统的氮素流动，主要针对放牧草地	奶牛	澳大利亚墨尔本大学	Smith and Western，2013
CORPEN	评价猪场粪便管理各个阶段氮含量与氮流失	猪	越南动物科学研究所	Vu et al.，2012
MANNER-NPK	决策支持工具，定量化描述畜禽粪便及其他有机物料中可以被作物利用的营养物质	牛、猪、禽	英国	Nicholson et al.，2013
CNMM	流域生态系统碳氮磷循环	牛、猪、禽、羊、居民	中国科学院亚热带农业生态研究所	本书

11.2.2　Manure-DNDC 模型框架

生物地球化学模型通过追踪生态系统中化学元素迁移转化的基本原理来确定生命与无机环境之间的关系。在生物地球化学领域的量、场、群、流四个基本概念中，生物地球化学场起到核心作用，把多种因素与过程集成到一个生态系统中。生物地球化学场是控制生态系统元素运动的集合体，影响因素主要包括重力、辐射、温度、湿度、Eh、pH 及营养物质浓度梯度。这些因素组成一个多维空间，一方面确定一系列生物化学或地球化学过程；另一方面，在几个核心驱动力的影响下发生时空变化，这些因素包括气候、土壤、植被、管理方式等。

在 Manure-DNDC 模型中，有两个桥梁来连接畜禽养殖场的三个基本内容，即农场设施、环境因子、生物地球化学反应。第一个桥梁基于主要驱动力（如气候、土壤、农场设施、管理方式等）来预测环境因子（如温度、湿度、Eh、pH、营养物质浓度）；第二个桥梁把生物地球化学反应与环境因子相连接，这些反应确定了 C、N 或 P 循环，包括农场尺度温室气体排放与 NH_3 挥发。模型框架中，主要驱动力、环境因子、生物地球化学反应及气体排放在机理上是整合到一起的（图11.1），主要驱动力中一个因素的变化，会同时改变相关农场组成部分一个或多个环境因子，环境因子的变化也会同时影响几个生物地球化学反应，并最终影响农场温室气体排放或 NH_3 挥发。

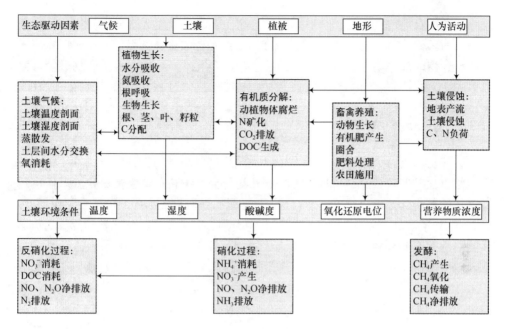

图 11.1 Manure-DNDC 模型框架

11.2.3 CNMM 废弃物处理模块框架

CNMM 的废弃物处理模块基本采用了 MANURE-DNDC 的模拟框架，结合了部分 ASM3 模型（Gujer et al., 1999）的硝化-反硝化模块，主要包括三部分，分别是 C、N、P 输入；处理方法；C、N、P 输出（见图 2.12）。其中，输入部分包括养殖猪、牛、羊、禽排出的新鲜废弃物及居民区化粪池排出的废物；处理方法有堆肥(compost)、厌氧发酵（anaerobic digester）和生态湿地或氧化塘（lagoon），也包括直接排放部分；输出则分为农田水系与农田外系统。模拟的生物地球化学过程分为无机和有机两部分，无机过程包括硝化、反硝化、微生物固定、流失；有机过程包括转化、腐殖化、矿化、流失等。模型模拟的气体排放主要有 CO_2、CH_4、NH_3、N_2O、NO、N_2。

11.3　废弃物产生与处理过程

11.3.1　废弃物生命周期分析

畜禽养殖场一般包括三个主要组成部分，即圈舍、粪便储存/处理设施，以及消纳废弃物的田地，其中圈舍可能是室内棚舍，也可能是室外围栏。粪便储存/处理设施包括氧化塘、堆肥和厌氧发酵。对大多数农场来说，畜禽粪便、垫圈材料、清圈废水等（以下简称废弃物）在养殖场所排出，然后转移到储存或处理设施，最后施入农田。如果田间农作物收获的产品用来饲养自己农场的动物，那么营养循环在农场范围内是闭合的。当废弃物在农场各个组成部分之间移动时，经历不同的环境因素，包括温度、湿度、Eh、pH 和营养物质浓度等，这些环境因素驱动废弃物内部生物地球化学反应的发生，也连续不断地改变着废弃物数量与化学组成。畜禽养殖与粪便处理各过程的生物地球化学反应会产生温室气体和 NH_3。

11.3.2 动物废弃物产生

废弃物的生命周期开始于动物排泄，排泄量取决于动物饲养方式、年龄、体重、健康状况、数量及饲料种类。根据动物种类、饲料量、粗蛋白含量来描述新鲜动物排泄物的数量与营养物质含量。新鲜动物粪便需要描述的特征主要包括 C、N、P 和水分含量，这些参数都是根据动物类别、数量及饲料状况来计算。动物饲料的 C 含量是饲料干物质含量的固定比例（40%），N 含量基于粗蛋白含量计算（每 6.25 kg 粗蛋白含 1 kg N）。粪便 C 含量是总摄入 C 量与动物呼吸排放 C、动物增长重量与产奶量的差值。粪便 N 含量是总摄入 N 量与肉、奶中的 N 量差值，模型中假定奶牛饲料中粗蛋白含量的 25%成为牛奶。

11.3.3 圈舍设施中的废弃物

动物排泄以后，废弃物生命周期随后开始圈舍过程。圈舍特征描述包括地板面积、地表类型（如硬水泥地或板条地板）、是否有顶棚，以及通风状况，根据是否有顶棚和通风状况来区分室内圈舍与室外围栏养殖场所。棚舍有顶棚，所以内部温度和湿度会与外面的气象条件有所差别。板条地板通常在底部建有排污沟，固体和液体排泄物可以同时通过排污沟排出，也可以用来进行干湿分离。室外围栏可以是硬地板，也可以是裸露地表，不同地表状况会影响 N、P 淋溶量。室内圈舍与室外围栏内的动物排泄物按照一定的频率进行清圈。当废弃物从养殖场所运出后，一定比例的液体与固体排泄物进入堆肥场、发酵池或厌氧沼气设施和生态湿地。

残留在圈舍的废弃物会在一定的环境条件下发生矿化、水解、硝化、反硝化、氨挥发、发酵，以及其他生物地球化学反应，通过这些过程，废弃物的数量与营养物质含量发生变化。模型追踪废弃物在圈舍的质量与数量变化，并把发生变化以后剩余的废弃物转移到下一步的处理设施中，继续生命周期循环。通过模拟生物地球化学反应，可以计算动物养殖场所的 CO_2、CH_4、N_2O、NO、N_2 和 NH_3 排放。

11.3.4 废弃物储存/管理

从畜禽圈舍排出的废弃物可能进入堆肥厂、发酵池或厌氧沼气设施。在储存或处理过程中，废弃物在环境因子的控制下，发生一系列生物地球化学变化，这一过程进一步改变废弃物的数量与营养物质构成。三个不同的储存/处理设施在参数设置上有差别，因此会有不同的环境控制条件，以此来影响废弃物的转化途径。

堆肥根据肥堆密度、储存时间、通风性及添加物来描述。堆肥过程中，固体废弃物以一定的速率分解，分解速率由废弃物营养物质含量和堆肥体的通气条件决定。分解过程中，废弃物中最易分解的有机 C 首先转化成 CO_2，同时，相对应的有机 N 转化为无机 N。这一过程会产生热量，提高堆肥体的温度。堆肥过程中，N_2O 可能会经过硝化或反硝化过程而产生。如果堆肥体的一部分湿度非常大，那么可能会通过发酵作用产生 CH_4，然而，堆肥体表面的高氧化还原电位可能会氧化大部分堆肥产生的 CH_4。通过硝化作用和氨挥发，NH_3 气体会在堆肥过程中产生并排放。通过模拟堆肥过程中所有的生物地球反应，可以追踪畜禽废弃物的数量与质量变化。

氧化塘或粪污池接收液体废弃物以储存和处理，可以根据容量、表面积、是否覆盖、储存时间来定量化描述。当流质畜禽废弃物储存在氧化塘中时，氧化分解过程会受到抑制，而尿素水解、NH_4^+/NH_3 转化、发酵反应会增强，产生较多的 CH_4 和 NH_3。在厌氧条件下，通过硝化作用产生硝态氮通常会受到抑制，这会降低氧化塘的反硝化速率。然而，如果进入氧化塘的废弃物含有较高浓度的硝态氮，反硝化速率会大大提高，将硝态氮转化成含氮气体（包括 NO、N_2O、N_2 等）。利用风速影响过程模拟氧化塘产生与排放的气体。如果氧化塘内流质废弃物固体含量较高，随着水分的流失，在表面可以生成一层外壳，这会改变氧化塘内 Eh 和温度，因此影响一系列生物地球化学过程，包括硝化、反硝化、NH_3 挥发和发酵。

厌氧发酵池是工程设施，可以控制温度、储存时间、pH、原料数量与质量，以促进厌氧消化。厌氧发酵池作为一个厌氧反应器，有持续的原料供应流。进入反应池内的废弃物数量与频率根据上一步畜禽养殖场所的清圈周期来确定。发酵池中厌氧分解过程主要是水解作用，可以把大部分有机质（从碳水化合物到木质素）转化成 DOC 或者有机酸，有机酸可以作为甲烷菌生长的原料。这一过程对温度比较敏感，假定微生物催化剂是在最优状态，因此温度和废弃物化学组成是氧化塘发酵过程的主要控制因素。厌氧发酵过程中，废弃物中的有机 C 转化成 DOC、CO_2 或者 CH_4，有机 N 转化成 NH_4^+。由于硝化作用会受到限制，NH_4^+ 会在流质废弃物中一直存在。通过模拟水解与发酵过程，模型可以计算 CH_4 产生量，同时改变废弃物处理过程中的物质组成。

生态湿地或氧化塘是工程措施，为废弃物处理的最后一个环节。由于无覆盖物，这是一个好氧的消化环境。废弃物中的有机 C 转化成 DOC、CO_2 或者 CH_4，有机氮矿化为 NH_4^+。由于存在硝化作用，NO_3^- 会在流质废弃物中一直存在。通过模拟分解与发酵过程，模型计算 CH_4 产生量，反硝化作用产生 NO、N_2O 和 N_2 等气体，系统也有一定的 NH_3 挥发，同时改变废弃物处理过程中的物质组成。

11.3.5 废弃物施入农田

废弃物施入农田具有双重作用：首先，可以成为作物生长的肥料；其次，有效地处理废弃物，减少污染。农田中施入废弃物会增加气体排放，以及营养物质径流和淋溶损失，从而引起一系列环境问题。施入废弃物对环境的影响取决于处理后的废弃物组成、气候条件、土壤属性及农作物管理方式。施入废弃物的可能是耕地，也可能是草地。如果是施入耕地，则根据总面积、作物类型、轮作方式、作物管理措施（包括犁地、施化肥量、有机肥施用方法、灌溉等）来定义参数。利用已有的作物数据库，模型模拟作物生长，以此确定水分、N、P 需求量，进一步计算从土壤中吸收的水分、N、P 量。基于模拟的温度、水分和养分胁迫，模型估算作物生物量，以及在籽粒、茎、叶、根中的分配。作物收获以后，秸秆全部或部分回到土壤中，从而影响土壤 C、N、P 动态。

废弃物施入农田的频率与上一步中清圈频率一致，这些参数可以通过修改畜禽养殖与粪便管理方式来改变。废弃物储存/处理场所与田间的信息交换时间步长为天。当畜禽养殖废弃物从储存或处理场所转移时，这些物质被描述为包含植物残体、微生物、腐殖质、DOC、尿素、NH_4^+、NO_3^-、NH_3 等的一系列化学组分。废弃物当作有机肥施入农田后，上述这些成分会加入到土壤中相对应各个库中，发生常规的土壤生物地球化学反应（如分解、水解、硝化、反硝化、氨挥发、发酵等）。

如果在接受同一种畜禽养殖废弃物的农田中同时种植多种农作物，那么每种作物使用的有机肥比例需要由用户来定义。废弃物有机肥的使用方法有两种，即表面施用和注射。如果模拟的作物或饲草用来喂养同一个农场的动物，废弃物的生命周期就会在农场内闭合，以此提供了农场尺度评估饲养效率、肥料利用效率，以及粪便处理效率的基础。

如果施入废弃物有机肥的是放牧草地，除了定义主要牧草种类，还要定义放牧管理方式。基于用户定义的动物种类、数量、放牧时间，模型计算每天的采食量和排泄量。新鲜废弃物累积在表面，并汇入表层土壤营养物质组成中。模型把新鲜排泄物分成三部分，分别是尿、没有消化的植物残体和腐殖质，然后将这些物质都加入土壤有机质相对应的库中。

Manure-DNDC 模型为用户提供了可选的农场设施，用来组建虚拟农场。基于这些虚拟农场，不但可以估算温室气体与 NH_3 排放量，而且可以测试不同管理方式对减轻排放的贡献。

CNMM 并不模拟这一部分，但废弃物在处理后可以以有机肥的形式进入市场，再通过交易进入农业生态系统。

11.4　废弃物生物地球化学过程

从生物地球化学的角度来看，废弃物是包含各种微量元素的有机质综合体，当新鲜的动物粪便暴露在氧化环境中之后，它们将马上发生一系列生物地球化学变化，包括分解、水解、氨挥发、硝化、反硝化、发酵等，在这一过程中，会产

生 CO_2、N_2O、CH_4、NH_3 等气体。

11.4.1 分解

新鲜的动物排泄物主要包括粪便、尿两部分，其中粪便含有多种有机质，如没有完全消化的食物、活的微生物、碳水化合物、蛋白质、脂肪酸、纤维素、半纤维素及木质素等。在目前的科学研究中，很难做到具体区分粪便中每种化合物的数量并分别进行表征，一般根据分解速率把全部有机质划分到不同的库中。在模型中，有机质分为 4 个库，分别是未完全分解的植物残体、微生物、活性腐殖质及惰性有机质。每一个库又包括几个子库，如植物残体库包括极易分解、易分解及难分解的植物残体子库；活性腐殖质库包括碳水化合物、蛋白质、脂肪及其他容易分解的成分；惰性腐殖质主要是难分解的成分。模型定义不同子库中有机质的 C/N 比和分解速率，在环境因子的控制下，综合各个库的分解速率来计算有机质分解量及碳氮平衡。总的来说，C/N 比越高的有机质，分解速率越慢。畜禽养殖废弃物生物地球化学过程模拟沿用了 MANURE-DNDC 模型对有机质的划分及分解速率定义方法（表 11.2），根据新鲜粪便的碳氮含量，分成植物残体、微生物及腐殖质子库。新鲜尿液主要包括尿素、水分及其他一些水溶性氮组分，不同动物排出的尿液量、氮含量及水含量有一定差别（表 11.3）。如果有木屑、稻草或者其他有机物质作为垫圈材料，则动物排出的废弃物为粪、尿和垫圈材料的混合体。

$$HumadsN = \frac{rcnrr \cdot FecesN - FecesC}{rcnrr - rcnh} \tag{11.1}$$

$$LitterN = FecesN - HumadsN \tag{11.2}$$

$$LitterC = rcnrr \cdot LitterN \tag{11.3}$$

$$HumadsC = rcnh \cdot HumadsN \tag{11.4}$$

式中，$FecesC$ 为粪便 C 含量；$FecesN$ 为粪便 N 含量；$rcnrr$ 为不易分解腐殖质 C/N 比；$rcnh$ 为腐殖质 C/N 比；$HumadsC$ 为腐殖质 C 含量；$HumadsN$ 为腐殖质 N 含量；$LitterC$ 为植物残体 C 含量；$LitterN$ 为植物残体 N 含量。

表 11.2 各废弃物有机质子库默认 C/N 比值以及分解速率

子库名称	C/N 比	分解速率/d^{-1}
极易分解残体	2.35	0.074
易分解残体	20	0.074
难分解残体	100	0.02
易分解的微生物	8	0.33
不易分解的微生物	8	0.04
易分解腐殖质	10	0.16
不易分解腐殖质	10	0.006
极难分解腐殖质	10	0.0001

表 11.3　新鲜动物排泄物默认水分含量、C/N 比及氮含量

动物	尿排泄量 / （kg·head⁻¹·d⁻¹）	粪便水分含量/ （g·g⁻¹）	尿液氮占总排泄氮比例/ （g·g⁻¹）	粪便 C/N 比	尿液 C/N 比
奶牛	10.0	0.80	0.50	25.0	1.25
肉牛	10.0	0.80	0.50	25.0	1.25
猪	3.3	0.82	0.79	20.0	4.24
羊	1.0	0.68	0.25	3.1	—
禽	0.0	0.80	0.00	7.9	—

分解是微生物参与的引起废弃物有机质矿化的过程，当粪尿从动物体内排出以后，从肠道内的还原环境突然进入外界的氧化环境，粪尿中的有机质随即开始分解过程，有机质中存在的微生物利用碳作为能量产生 CO_2。不同类型有机质分解速率差异较大，极易分解的有机质会首先发生反应，其次是易分解有机质，最后剩下的是惰性有机质，同时计算各个子库的有机质分解速率，废弃物中的植物残体被转化成微生物、活性腐殖质，最后是惰性腐殖质。在分解过程中，遵循一级动力学原理，每个子库（$wastesC$）的分解保持相对独立，C/N 比与分解速率根据表 11.2 来定值。

$$r_{wastesC} = CNR \cdot \mu \cdot \left[f_1 \cdot k_1 + (1-f_1) \cdot k_r \right] \cdot wastesC \qquad (11.5)$$

式中，$r_{wastesC}$ 为分解的废弃物有机碳（kg C ·kg⁻¹ 废弃物·d⁻¹）；t 为时间（d）；f_1 为碳库中易分解有机碳组分；$(1-f_1)$ 为不易分解有机碳组分；k_1 为易分解部分分解速率（d⁻¹）；k_r 为不易分解部分分解速率（d⁻¹）；μ 为温度和湿度控制因素；$CNR = 0.2 + \dfrac{7.2}{CP/NP}$ 为 C∶N 比控制因素；CP 为每天植物残体分解产生 C 的潜力（不考虑 C/N 比控制因素）（kg C·hm⁻²）；NP 为每天残体分解产生 N 的潜力加土壤中自由 NH_4^+ 和 NO_3^-（kg N·hm⁻²）。

作为一个以微生物为中介的过程，分解速率受温度与湿度控制，如果温、湿度偏离了最佳范围，分解速率就会下降。由于氧化分解需要氧作为电子接收器，因此，增强通气性会提高分解速率。然而，分解也可以在厌氧条件下发生，这时水解作用可以降解碳水化合物、蛋白质、纤维素，甚至木质素，尤其是在温度较高或催化微生物存在时，畜禽粪便在厌氧分解池中降解就是利用厌氧分解的实例。在分解过程中，废弃物中与有机碳同时存在的有机氮被矿化为 NH_4^+，NH_4^+在整个畜禽养殖以及废弃物处理过程中都普遍存在。以上有机质分解过程同时存在于圈舍、粪便固体储存与堆肥场、氧化塘、厌氧消化池，以及废弃物有机肥施入农田之后。

11.4.2　水解

尿素水解过程可以把尿素分解成 NH_4^+，这一化学反应发生在所有畜禽养殖及

废弃物处理场所，一个水分子被分解成氢离子和氢氧离子，同时与尿素发生反应，一个分子的尿素转化为两个分子的 NH_4^+，并释放一个氢氧基。

$$CO(NH_2)_2 + 3H_2O = 2NH_4^+ + HCO_3^- + OH^- \qquad (11.6)$$

尿素水解过程需要脲酶作为催化剂，脲酶的活性受温度、湿度、可供给的有机碳组分影响。粪便中脲酶的活性是温度、湿度及 DOC 含量的线性方程，尿素水解速率是脲酶活性与尿素含量的一阶方程。尿素水解对废弃物生物地球化学过程的重要性不止在于化学成分的转变，而且影响环境 pH，尿素水解会因释放氢氧基而升高 pH，进而影响一系列生物地球化学反应，尤其是氨挥发。尿素水解可以发生在任何相关营养物质存在并且环境适宜的场所。由于这一过程发生速率很快，因此畜禽圈舍经常会监测到高浓度氨挥发。

$$r_{urea} = UREA \cdot k_u \cdot DOC \cdot wfps \cdot T_{wastes} \qquad (11.7)$$

式中，r_{urea} 为尿素水解转化为 NH_4^+ 的通量（kg N·hm^{-2}·d^{-1}）；$UREA$ 为尿素浓度（kg N·hm^2）；DOC 为可溶性有机碳含量（kg C·hm^{-2}）；$wfps$ 为废弃物孔隙含水量；T_{wastes} 为空气温度（℃）；k_u 为尿素水解系数（0.9 hm^2·kg^{-1}·℃$^{-1}$）。

11.4.3 氨挥发

当 NH_4^+ 通过粪便有机质分解或尿素水解产生以后，废弃物液体中溶解的 NH_4^+ 与溶解 NH_3 会很快达到平衡，这一反应是可逆的，取决于溶液中 NH_4^+、NH_3、H^+ 的浓度。为了确定反应方向与反应速率，分别选用 NH_4^+/NH_3、H^+/OH^- 两个分解常数来计算化学反应速率，这两个比值是温度的函数。

$$NH_4^+ = NH_3 + H^+ \qquad (11.8)$$

$$K_a = [NH_4^+] \cdot [OH^-] / [aNH_3] \qquad (11.9)$$

$$[H^+] = 10^{-pH} \qquad (11.10)$$

$$H_2O = H^+ + OH^- \qquad (11.11)$$

$$K_w = [H^+] \cdot [OH^-] \qquad (11.12)$$

$$K_a = (1.416 + 0.01357 \cdot T_{wastes}) \times 10^{-5} \qquad (11.13)$$

$$K_w = 10^{0.08946 + 0.03605 \cdot T_{wastes}} \times 10^{-15} \qquad (11.14)$$

式中，K_a 为平衡常数；K_w 为水解常数；$[NH_4^+]$、$[OH^-]$ 和 $[aNH_3]$ 分别是粪便溶液中这三种离子的浓度（mol·L^{-1}）；pH 为粪便的 pH；T_{wastes} 为粪便温度。

一旦 NH_3 在废弃物液体中产生，就可以根据液体与空气界面的 NH_3 浓度梯度扩散到空气中。利用一个二层膜理论预测 NH_3 从废弃物液体到空气中的扩散。亨利定律与 NH_3 转移系数用来支撑二层膜理论。

$$F_l = K_l \cdot \left([NH_3]_{bl} - [NH_3]_{il} \right) \qquad (11.15)$$

式中，F_l 为液相氨扩散速率（kg N·m^{-2}·h^{-1}）；K_l 为液体界面的氨转移系数；$[NH_3]_{bl}$

为溶液中的氨浓度（kg N·m^{-3}）；[NH$_3$]$_{il}$ 为液体界面的氨浓度（kg N·m^{-3}）。

$$F_g = K_g \cdot \left([\text{NH}_3]_{ig} - [\text{NH}_3]_{ag} \right) \tag{11.16}$$

式中，F_g 为氨从水气界面到大气的扩散速率（kg N·m^{-2}·h^{-1}）；K_g 为氨在大气边界层的转移系数；[NH$_3$]$_{ig}$ 为水气界面氨的浓度（kg N·m^{-3}）；[NH$_3$]$_{ag}$ 为空气中氨的浓度（kg N·m^{-3}）。

$$[\text{NH}_3]_{ig} = K_h \cdot [\text{NH}_3]_{il} \tag{11.17}$$

式中，[NH$_3$]$_{ig}$ 为水气界面气相氨的浓度（kg N·m^{-3}）；[NH$_3$]$_{il}$ 为水气界面液相氨的浓度（kg N·m^{-3}）；K_h 为 Henry 系数。

11.4.4 硝化作用

在好氧条件下，NH$_4^+$ 可以在铵氧化微生物的作用下被氧化成 NO$_2^-$，进一步氧化成 NO$_3^-$，这一过程称为硝化作用。

$$\text{NH}_4^+ + \text{O}_2 \longrightarrow \text{NO}_2^- + 4\text{H}^+ + 2\text{e}^- \tag{11.18}$$

$$\text{NO}_2^- + \text{H}_2\text{O} \longrightarrow \text{NO}_3^- + 2\text{H}^+ + 2\text{e}^- \tag{11.19}$$

$$G_{\text{nit}} = 0.0166 \cdot \left(\frac{DOC}{1+DOC} + \frac{Ft}{1+Ft} \right) \tag{11.20}$$

$$D_{\text{nit}} = 0.008 \cdot Nitrifier \cdot \frac{1}{(1+DOC) \cdot (1+Ft)} \tag{11.21}$$

$$r_{\text{nit}} = k_{35} \cdot \text{NH}_4^+ \cdot Nitrifier \cdot f_T \cdot f_W \tag{11.22}$$

式中，G_{nit} 为每天硝化菌生长速率；D_{nit} 为每天硝化菌死亡速率；DOC 为可溶性有机碳浓度（kg C·hm^{-2}）；Ft 为温度系数；$Nitrifier$ 为硝化菌数量（kg C·hm^{-2}）；r_{nit} 为 NH$_4^+$ 转化为 NO$_3^-$ 的通量（kg N·hm^{-2}·d^{-1}）；NH$_4^+$ 为有效的 NH$_4^+$ 浓度（kg N·hm^{-2}）；k_{35} 为在 35℃时的硝化速率（25 mg·kg^{-1}manure·d^{-1}）；f_T 为湿度控制因子；f_W 为温度控制因子。

作为微生物控制的过程，硝化作用速率受 Michaelis-Menten 方程控制，硝化菌的活性依赖于 DOC 和 NH$_4^+$ 的浓度。硝化菌的生长与死亡速率是 DOC 与温度的方程。反应速率同时受其他环境因素影响，包括湿度、Eh 及 pH。pH 可以通过改变废弃物系统中尿素水解与 NH$_3$ 挥发的速率来影响硝化速率。在这一过程中，可以产生副产品 NO 或者 N$_2$O，产生速率与硝化速率成正比。在 CNMM 模型中，硝化反应产生的 N$_2$O 占硝化速率的比例根据温度与湿度来确定。

11.4.5 反硝化作用

反硝化作用是一系列以微生物作为媒介的反应，可以把 NO$_3^-$ 还原成 NO$_2^-$、NO、

N_2O，最终还原为 N_2。作为还原反应，反硝化系列反应只能在厌氧条件下发生。

$$NO_3^- + 2e^- \longrightarrow NO_2^- + e^- \longrightarrow NO + e^- \longrightarrow N_2O + 2e^- \longrightarrow N_2 \quad (11.23)$$

基于实验室培养分析发现，反硝化系列反应每一步的速率取决于相对应的含氮氧化物的浓度（如 NO_3^-、NO_2^-、NO 或 N_2O），所有的反应竞争获取可供给的 C（如 DOC）。利用这些关系来构建反硝化算法。当环境溶解氧（DO）低于 $0.2\ \text{mg·L}^{-1}$ 或 Eh 低于 100 mV 时，反硝化反应开始，这意味着粪便中厌氧微型空间开始形成，反硝化菌通过消耗相应的含氮氧化物生长，生长速率与各自的生物量成正比。

$$\Delta B_{\text{denit}} = B \cdot f_{\text{T}} \cdot \left(\mu_{NO_3^-} \cdot f_{\text{pH}_{NO_3^-}} + \mu_{NO_2^-} \cdot f_{\text{pH}_{NO_2^-}} + \mu_{N_2O} \cdot f_{\text{pH}_{N_2O}} \right) \quad (11.24)$$

$$\mu_{N_xO_y} = \mu_{N_xO_y\_\text{max}} \cdot \frac{DOC}{K_{\text{DOC}} + DOC} \cdot \frac{N_xO_y}{K_{N_xO_y} + N_xO_y} \quad (11.25)$$

式中，ΔB_{denit} 为反硝化菌潜在生长速率（$\text{kg C·hm}^{-2}\text{·d}^{-1}$）；$B$ 为某反硝化菌生物量（kg C·hm^{-2}）；$\mu_{N_xO_y}$ 为 NO_3^-、NO_2^- 或 N_2O 反硝化菌的生长速率；$\mu_{N_xO_y\_\text{max}}$ 为 NO_3^-、NO_2^- 或 N_2O 反硝化菌的最大生长速率；DOC 为可溶性碳的浓度（kg C·hm^{-2}）；N_xO_y 为 NO_3^-、NO_2^- 或 N_2O 的浓度（kg N·hm^{-2}）；K_{DOC} 为 Monod 模型中溶解碳半饱和浓度值（kg C·hm^{-2}）；$K_{N_xO_y}$ 为 Monod 模型中 NO_3^-、NO_2^- 或 N_2O 的半饱和浓度值（kg N·hm^{-2}）。

$$f_{\text{T}} = 2^{\frac{T-22.5}{10}}，\ 当 T < 60℃ 时 \quad (11.26)$$

$$f_{\text{T}} = 0.0，\ 当 T \geqslant 60℃ 时 \quad (11.27)$$

$$f_{\text{pH}_{NO_3}} = 7.14 \cdot \frac{pH - 3.8}{22.8} \quad (11.28)$$

$$f_{\text{pH}_{NO_2}} = 1.0 \quad (11.29)$$

$$f_{\text{pH}_{N_2O}} = 7.22 \cdot \frac{pH - 4.4}{18.8} \quad (11.30)$$

式中，T 为废弃物温度（℃）；pH 为废弃物的 pH。

反硝化菌的生长速率（G_{denit}）根据双重营养依赖的 Michaelis-Menten 公式来计算，假定反硝化菌生长速率独立于含氮氧化物基底浓度，但同时竞争公用的 DOC 资源：

$$G_{\text{denit}} = \left(\frac{u_{\text{denit}}}{Y_c} + M_c \right) \cdot B(t) \quad (11.31)$$

式中，u_{denit} 为反硝化菌相对生长速率；Y_c 为依托可溶性碳的最大生长量（kg C·kg^{-1} C）；M_c 为反硝化菌的碳维持系数（kg C·d·kg^{-1} C）；$B(t)$ 为在 t 时的反硝化菌生物量（kg C·hm^{-2}）。

反硝化菌的死亡速率（D_{denit}）是反硝化菌生物量的固定比例，死亡以后的反硝化菌加入惰性腐殖质库，不再参与动态反应过程：

$$D_{\text{denit}} = M_{\text{c}} \cdot Y_{\text{c}} \cdot B(t) \tag{11.32}$$

基于观测研究结果，CNMM 模型考虑了废弃物 pH 及温度对反硝化的影响。DOC 是反硝化菌用来完成细胞合成与吸收能量的基本原料，DOC 消耗速率取决于反硝化菌的生物量、相对生长速率，以及反硝化菌群体的维持系数，维持系数必须乘以水溶液中每种电子接收器的数量：

$$\frac{d\left(\mathrm{N}_x\mathrm{O}_y\right)}{dt} = \left(\frac{u_{\mathrm{N}_x\mathrm{O}_y}}{Y_{\mathrm{N}_x\mathrm{O}_y}} + M_{\mathrm{N}_x\mathrm{O}_y} \cdot \frac{\mathrm{N}_x\mathrm{O}_y}{N}\right) \cdot B(t) \cdot f_{\mathrm{pH}_{\mathrm{N}_x\mathrm{O}_y}} \cdot f_{\mathrm{T}} \tag{11.33}$$

式中，$Y_{\mathrm{N}_x\mathrm{O}_y}$ 为 NO_3^-、NO_2^-、NO、N_2O 反硝化菌的最大生长量（kg C·kg^{-1} N）；N 为 NO_3^-、NO_2^-、NO、N_2O 总氮量（kg N·hm^{-2}）；$M_{\mathrm{N}_x\mathrm{O}_y}$ 为 NO_3^-、NO_2^-、NO、N_2O 反硝化菌的氮维持系数（kg N·d·kg^{-1} N）。

基于反硝化菌生长速率及菌群中的 C/N 比，反硝化过程同化的氮素可以用下式来计算（kg N·hm^{-2}·d^{-1}）：

$$\frac{dN_{\text{asm}}}{dt} = G_{\text{denit}} \cdot \frac{1}{CNR_{\text{denit}}} \tag{11.34}$$

式中，CNR_{denit} 为反硝化菌 C/N 比（3.45），基于反硝化菌的化学组成为 $C_6H_{10.8}N_{1.5}O_{2.9}$。反硝化过程中产生的 CO_2 依据消耗的总碳量与反硝化菌用来生成自身细胞组成部分的碳的差值计算。

11.4.6 发酵

如果粪便在厌氧条件下时间比较长，如几天或者几周，那么氧、硝酸盐、四价锰、三价铁及硫酸盐等都将消耗殆尽，这时，粪便中的氧化还原电位 Eh 会很低（通常 < −200 mV），这会刺激另外一组细菌在厌氧条件下快速生长。这些厌氧菌通过把有机高分子（如碳水化合物、蛋白质、脂肪）分解成更小的分子（如糖、氨基酸、脂肪酸等）来获取能量。糖和氨基酸可以被酸化菌用来生成 CO_2、H_2 及有机酸。最终，甲烷菌通过利用 DOC 或 CO_2 中的 C 作为电子接收器而生成 CH_4。

$$\text{DOC或者}CO_2 + 4H^+ + 4e^- = CH_4 \tag{11.35}$$

甲烷产生是同时受生理化学以及生物因素控制的生物化学过程，甲烷菌的活动对环境 Eh、pH 及温度都敏感，这三个因素加上 DOC 和 CO_2 的浓度是定量化描述 CH_4 产生量的关键驱动因素。

$$pCH_4 = \left(1.5 \cdot DOC + 0.9 \cdot CO_2\right) \cdot f_{\text{Eh\_CH}_4} \cdot f_{\text{N\_CH}_4} \cdot f_{\text{T\_CH}_4} \cdot f_{\text{pH\_CH}_4} \tag{11.36}$$

$$f_{T\_CH_4} = \frac{T \cdot \exp\left(\dfrac{T-30}{50}\right)}{30} + 0.1 \qquad T \leqslant 30 \qquad (11.37)$$

$$f_{T\_CH_4} = \frac{30 \cdot \exp\left(\dfrac{30-T}{50}\right)}{T} + 0.1 \qquad T > 30 \qquad (11.38)$$

$$f_{pH\_CH_4} = \frac{7}{pH^2} \cdot \exp(pH-7) \qquad pH \leqslant 7 \qquad (11.39)$$

$$f_{pH\_CH_4} = \exp\left[0.7 \cdot (7-pH)\right] \qquad pH > 7 \qquad (11.40)$$

$$f_{Eh\_CH_4} = -0.0042 \cdot \left(\frac{Eh}{100}\right)^4 + 0.0706 \cdot \left(\frac{Eh}{100}\right)^3$$
$$-1.557 \cdot \left(\frac{Eh}{100}\right)^2 - 2.362 \cdot \frac{Eh}{100} + 10.36 \qquad (11.41)$$

$$f_{N\_CH_4} = 1.5 \cdot \left[1 - \exp\left(-\frac{2}{NO_3}\right)\right] \cdot \exp\left(\frac{NH_4}{1000}\right) \qquad (11.42)$$

式中，pCH_4 为 CH_4 产生速率（kg CH_4-C·hm^{-2}·d^{-1}）；Eh 为废弃物氧化还原电位（mV）；DOC 为废弃物可溶性有机碳浓度（kg C·hm^{-2}）；CO_2 为 CO_2 浓度（kg C·hm^{-2}）；T 为废弃物温度（℃）；pH 为废弃物的 pH。

当氧化还原电位相对较高（> −100 mV）时，CH_4 在厌氧条件下的产生比较容易受外界因素影响，当在厌氧微空间中生成的 CH_4 扩散到好氧微空间时，CH_4 会被氧化。

$$CH_4 + 2O_2 = CO_2 + 2H_2O \qquad (11.43)$$

CH_4 氧化速率根据 CH_4 浓度与废弃物 Eh 来计算：

$$oCH_4 = 0.6 \cdot CH_4 \cdot \left(0.1 + \frac{T}{30}\right)^2 \cdot \exp\left(\frac{Eh+150}{150}\right) \qquad (11.44)$$

式中，oCH_4 为 CH_4 氧化速率（kg CH_4-C·hm^{-2}·d^{-1}）；CH_4 为 CH_4 浓度（kg CH_4-C·hm^{-2}）；Eh 为废弃物氧化还原电位（mV）。

CH_4 扩散量依据 CH_4 浓度梯度、温度及空气填充孔隙度来计算。由于 CH_4 生成依赖于低 Eh 和 C 源，因此，改变任意这两个环境因素都会明显影响粪便中 CH_4 产生量：

$$Diff\_CH_4 = (inCH_4 - outCH_4) \cdot T \cdot POR_{air} \qquad (11.45)$$

式中，$Diff\_CH_4$ 为废弃物的 CH_4 扩散排放通量（kg CH_4-C·hm^{-2}·d^{-1}）；$inCH_4$、$outCH_4$ 分别是粪便内部与外部的 CH_4 浓度；POR_{air} 为废弃物的空气孔隙度（0~1）。

11.4.7 动物肠道气体排放

反刍动物肠道发酵产生的 CH_4 是畜禽养殖系统温室气体排放的重要组成部分，目前的 CNMM 模型没有动物营养模块，因此使用基于 IPCC 方法的经验公式预测动物肠道 CH_4 排放量（奶牛和肉牛的 CH_4 转移系数设定为 17.1%和总能量需求的 6.5%）：

$$EntericCH_4 = GE \cdot \frac{Y_m}{55.65} \cdot \frac{11}{16}$$

$$GE = FeedProtein \cdot 17.0 \cdot 0.6 \tag{11.46}$$

式中，$EntericCH_4$ 为牛肠道每天的 CH_4 产生量（kg C·head^{-1}·d^{-1}）；GE 为动物需要的总能量（MJ·head^{-1}·d^{-1}）；$FeedProtein$ 为食物中的粗蛋白含量（kg protein·head^{-1}·d^{-1}）；Y_m 为 CH_4 转移系数（总能量的比例），为 0.171（奶牛）或 0.065（肉牛）。

模型利用箱法测量结果计算肠道排放的 N_2O 量，排放量为每天摄入 N 的线性函数：

$$EntericN_2O = 0.002 \cdot \frac{FeedN}{0.2253} \tag{11.47}$$

式中，$EntericN_2O$ 为牛肠道每天的 N_2O 产生量（kg N·head^{-1}·d^{-1}）；$FeedN$ 为每天饲喂动物 N 量（kg N·head^{-1}·d^{-1}）。

11.5 环境影响因子及计量学关系

所有的生物地球化学反应，不管是在哪里发生，都受化学热力学和化学动力学基本原理约束，前者决定反应是否会发生，后者决定反应速率及什么时候发生反应。通过一组环境营力或因子（包括温度、湿度、pH、Eh 及营养物质浓度梯度）的集群效应，控制生物地球化学反应。这些环境因素构成一个多维空间，根据每个因素的时空变化来确定生态系统中的生物地球化学反应是否发生及发生速率。在 CNMM 模型中，每个农场组成部分的环境因素变化都是基于气象/土壤条件、农场设施参数及管理方式来计算。每日的气象数据（如气温、降水、风速等）与土壤属性（如容重、质地、SOC 含量、pH），以及农场设施参数用来追踪农场每个组成部分的环境因素变化，时间步长为小时或天。

11.5.1 温度

温度直接与粒子动能相联系，因此控制几乎所有化学反应。输入与输出能量的平衡决定温度在任何系统中的变化。CNMM 模型追踪温度在农场每一个组成部分中的变化。

11.5.1.1　圈舍

模型模拟三种圈舍，包括棚舍、室外围栏及牧草地。棚舍的温度根据周围环境空气温度计算，同时进行通风性校正。室外围栏及牧草地的土壤温度设定为与空气温度一致，从输入的每天气象数据中获得。

$$T_{\text{house}} = T_{\text{air}} - 0.001 \cdot VR \cdot (T_{\text{air}} - 15) \tag{11.48}$$

式中，T_{house} 为室内温度（℃）；T_{air} 为空气温度（℃）；VR 为通风率（$\text{m}^3 \cdot \text{s}^{-1}$）。

11.5.1.2　堆肥体

在整个堆肥周期中，温度一直在变化。当新鲜的畜禽粪便及可能会有的添加物加入到最初的堆肥体中时，由于废弃物中易分解有机质氧化释放热量，温度会迅速升高。温度升高加速分解过程，最终消耗掉易分解有机质，然后堆肥体产生热量会逐渐降低而降温。模型计算堆肥产生的热量，以及由温度梯度驱动的堆肥体与空气界面的热量传输，温度变化基于热量平衡及堆肥体的热容量：

$$dT_{\text{compost}} = \frac{\left(H_{\text{gain}} - H_{\text{loss}}\right) \cdot 10^6}{M_{\text{compost}} \cdot SHC_{\text{compost}}} \tag{11.49}$$

$$H_{\text{gain}} = a \cdot SHV_{\text{C}} \cdot CO_{2\text{compost}} \tag{11.50}$$

$$H_{\text{loss}} = \frac{b \cdot \left(T_{\text{compost}} - T_{\text{air}}\right)}{M_{\text{compost}}} \tag{11.51}$$

式中，dT_{compost} 为堆肥体温度变化（$℃ \cdot \text{d}^{-1}$）；H_{gain} 为有机碳氧化产生热量（MJ）；H_{loss} 为堆肥体传输热量到空气引起的热量损失（MJ）；$CO_{2\text{compost}}$ 为堆肥体每天产生的排放 CO_2（$\text{kg C} \cdot \text{d}^{-1}$）；$M_{\text{compost}}$ 为堆肥体的废弃物重量（kg）；SHC_{compost} 为废弃物的热容量（$800 \sim 1480 \ \text{J} \cdot \text{kg}^{-1} \cdot \text{K}^{-1}$）；$SHV_{\text{C}}$ 为有机碳氧化所产生的热量（$20 \ \text{MJ} \cdot \text{kg}^{-1} \text{C}$）；$a$ 为常量系数；b 为堆肥体顶部覆盖常量系数。

11.5.1.3　氧化塘

氧化塘的温度变化受空气温度、风速、氧化塘几何形状及覆盖等因素影响，由于水的热容量及水深的影响，氧化塘的温度变化滞后于空气温度变化。模型利用一个简化的热量传输方程来计算氧化塘每天的温度变化：

$$dT_{\text{lagoon}} = \frac{H_{\text{lagoon}} \cdot 10^6}{M_{\text{lagoon}} \cdot SHC_{\text{water}}} \tag{11.52}$$

$$H_{\text{lagoon}} = k_{\text{lagoon}} \cdot \left(T_{\text{lagoon}} - T_{\text{air}}\right) \cdot S_{\text{lagoon}} \cdot F_{\text{cover}} \tag{11.53}$$

式中，dT_{lagoon} 为氧化塘温度变化（$℃ \cdot \text{d}^{-1}$）；H_{lagoon} 为氧化塘与空气界面热通量（$\text{MJ} \cdot \text{d}^{-1}$）；$T_{\text{lagoon}}$ 为氧化塘温度（℃）；T_{air} 为空气温度（℃）；M_{lagoon} 为流质废弃物

重量（kg）；SHC_{water} 为水的热容量（4187 J·kg^{-1}·K^{-1}）；S_{lagoon} 为氧化塘表面积（m^2）；F_{cover} 为氧化塘覆盖系数（0～1）；k_{lagoon} 为常量系数。

11.5.1.4 厌氧发酵

厌氧发酵器的温度根据其自身特征来确定，在 CNMM 模型中，基于最佳温度范围，厌氧发酵器分为三类，如低温型（<20℃）、常温型（30～40℃）、高温型（50～60℃）。模型把厌氧发酵器作为一个持续的反应器，根据用户设置确定水分停留时间，在整个过程中假定温度不发生变化。

11.5.1.5 田间土壤

模型基于热量传输算法计算土壤温度剖面，算法中，计算每一层的土壤温度、土壤热容量、土壤热传导，以此确定每天的土壤温度剖面。

11.5.2 湿度

湿度在废弃物生物地球化学中起到双重作用。首先，大多数生物化学或地球化学反应只能在液体状态时发生；其次，几乎所有的微生物生存都需要依赖于水分。模型基于水分输入与输出平衡来计算农场每个组成部分内废弃物水分含量。

11.5.2.1 圈舍

畜禽圈舍地板上累积粪便的水分含量是动态的，主要由地板水分的输入与输出来驱动。输入通量包括动物排泄的粪尿、水冲粪与降水，输出通量包括蒸发、土壤渗透或清圈。在模型中，如果固体与液体粪便在地板上混合，废弃物的水分含量是粪、尿的总水分含量。如果有干湿分离设施，模型认为80%的尿和20%的粪到了地板下部的排污沟，其余的留在地板上。不过，这些默认的参数可以由用户来重新定义。排污沟中流质废弃物的水分是饱和的。模型基于 Penman-Monteith 公式计算每天的潜在蒸散量，通过调整舍内气象条件来计算圈舍潜在蒸散量。例如，圈舍内有通风设备，风速会基于通风率进行调整；对室外的围栏或放牧草地，风速来自每日的气象数据。根据前人研究成果，模型假定当废弃物水势从–0.033 MPa 降到–1.5 MPa 时，废弃物实际水分蒸发量从潜在蒸发量线性下降到 0。模型以天为步长更新废弃物水分含量。

11.5.2.2 堆肥体、厌氧发酵、氧化塘

堆肥体的起始水分含量是废弃物水分加上堆肥形成过程中加入的水分，堆肥体湿度变化由堆肥期间的蒸发与降水驱动。模型基于堆肥体温度、密度及水分含量，利用经验公式估算每天蒸发量。

$$EV_{compost} = a \cdot \exp\left(0.0585 \cdot T_{compost}\right) \cdot D_{compost} \cdot W_{compost} \tag{11.54}$$

式中，$EV_{compost}$ 为堆肥体蒸发速率（kg water·d^{-1}）；$T_{compost}$ 为堆肥体温度（℃）；$D_{compost}$ 为堆肥体密度（kg·m^{-3}）；$W_{compost}$ 为堆肥体水分容量（kg water）。

而储存在厌氧发酵器、氧化塘中的废弃物则假定是饱和的。

11.5.2.3　田间土壤

CNMM 模型根据降水、地形及土壤水力特征计算土壤中水分的垂直与水平运动。当田间土壤施入人畜粪便等废弃物以后，废弃物中包含的水分加入土壤中。

11.5.3　Eh

所有氧化还原反应都依赖于化学元素之间的电子转移，包括废弃物中 CO_2、N_2O 和 CH_4 的产生过程。环境氧化还原电位用 Eh 表示，该值确定了电子转移的潜力。CNMM 模型继承了 DNDC 模型中厌氧球的概念，用来估算环境 Eh。如果废弃物中有氧气存在，Eh 值会在 650～0 mV 之间变化，这时厌氧空间所占比例相应的在 0～1 之间。当废弃物的水分饱和时，系统中的氧气被耗尽，在很强的厌氧条件下，会刺激其他类型组微生物利用其他氧化剂如 NO_3^-、Mn^{4+}、Fe^{3+}、S、甚至 C 作为电子接收器。在 CNMM 模型中，废弃物的 Eh 可依据 Nernst 公式来计算：

$$Eh = Eo + \frac{RT}{nF} \cdot \log \frac{Ox}{Re} \qquad (11.55)$$

式中，Eh 为氧化还原电位（volts）；Eo 为标准氧化还原电位（volts）；R 为气体常量；T 为温度；n 为氧化还原反应中转移的电子数；F 为法拉第常数；Ox 为氧化剂浓度（mol·L^{-1}）；Re 为还原剂浓度（mol·L^{-1}）。废弃物的氧气含量基于空气填充的孔隙度，以及自养呼吸和异氧呼吸速率来计算。对于氧化塘或厌氧发酵器中的流质废弃物，Eh 定为常量–300 mV。

11.5.4　pH

环境酸度用 pH 表示，该值决定质子（H^+）转移潜力，影响包括水解作用与水合作用的大多数生物地球化学反应。例如，尿素水解会消耗 H^+，同时提高环境 pH，这又会通过推动 NH_4^+/NH_3 平衡状态来增加 NH_3 排放。在 CNMM 模型中，废弃物的起始 pH 与粪尿一致，如奶牛、肉牛、小牛、猪、羊、禽的粪尿起始 pH 分别定义为 7.0、7.0、8.1、7.5、7.0、6.9。在废弃物储存与处理过程中，模型追踪 H^+ 的产生与消耗，以重新计算农场各组成部分内部的 pH。

11.5.5　营养物质浓度

大多数生物地球化学反应都是以微生物为中介的过程，基于 Michaelis-Menten

方程，一个描述微生物活性的动力学公式得到广泛使用，利用反应物或基质浓度、生物营养状况来计算反应速率：

$$G = G_{max} \cdot \frac{DOC}{K_{DOC} + DOC} \cdot \frac{Ox}{K_{Ox} + Ox} \tag{11.56}$$

式中，G 为生长速率；G_{max} 为最大生长速率；DOC 为可溶性有机 C 浓度；Ox 为氧化剂浓度；K_{DOC}、K_{Ox} 分别是 DOC 和氧化剂的半饱和常数。

对于产生 CO_2、N_2O、CH_4 或者 NH_3 的过程，主要的基质是 DOC、NH_4^+ 和 NO_3^-。模型通过模拟这些基质在分解、水解、硝化、反硝化、发酵等过程的产生与消耗来追踪其变化。除了生物地球化学过程外，模型还计算基质的其他来源或汇，如模型模拟通过大气沉降、施肥、植物分泌和其他来源对土壤 C、N 投入的贡献，以及通过植物吸收、淋溶引起的土壤 C、N 输出。

参 考 文 献

高懋芳, 邱建军, 李长生, 等. 2012. 应用 Manure-DNDC 模型模拟畜禽养殖氮素污染. 农业工程学报, (09): 183-189.

李茹茹, 靖新艳. 2014. 浅析畜禽养殖业污染现状及减排对策. 中国人口. 资源与环境, (S2): 250-252.

仇焕广, 廖绍攀, 井月, 等. 2013. 我国畜禽粪便污染的区域差异与发展趋势分析. 环境科学, (7): 2766-2774.

杨帆, 董燕. 2015. 东北四省(区)畜禽粪便有机肥资源及其利用探讨. 中国农技推广, (1): 40-41.

张怀志, 李全新, 兵现录, 等. 2014. 区域农田畜禽承载量预测模型构建与应用: 以赤峰市为例. 生态与农村环境学报, (5): 576-580.

Belflower J B, Bernard J K, Gaffie D K, et al. 2012. A case study of the potential environmental impacts of different dairy production systems in Georgia. Agricultural Systems, 108: 84-93.

Bouwman A F, Beusen AHW, Billen G. 2009. Human alteration of the global nitrogen and phosphorus soil balances for the period 1970-2050. Global Biogeochemical Cycles, 23, GB0A04, doi: 10.1029/2009GB003576.

Galloway J, Dentener F, Burke M B, et al. 2010. The impact of animal production systems on the nitrogen cycle. In: Steinfeld H, eds. Livestock in a changing landscape drivers, Consequences, and responses. Washington: Island Press: 83-95.

Gao M F, Qiu J J, Li CS, et al. 2014. Modeling nitrogen loading from a watershed consisting of cropland and livestock farms in China using Manure-DNDC. Agriculture Ecosystems & Environment, 185: 88-98.

Gujer W, Henze M, Mino T, et al. 1999. Activated sludge model no. 3. Water Science and Technology, 39(1): 183-193.

Li C S, Salas W, Zhang R, et al. 2012. Manure-DNDC: a biogeochemical process model for quantifying greenhouse gas and ammonia emissions from livestock manure systems. Nutrient Cycling in Agroecosystems, 93(2): 163-200.

Nicholson F A, Bhogal A, Chadwick D, et al. 2013. An enhanced software tool to support better use of manure nutrients MANNER-NPK. Soil Use and Management, 29(4): 473-484.

Rotz C A, Moutes F, Hafner SD, et al. 2014. Ammonia Emission Model for Whole Farm Evaluation of Dairy Production Systems. Journal of Environment Quality, 43(4): 1143-1158.

Rufino M C, Herrero M, Van wijk MT, et al. 2009. Lifetime productivity of dairy cows in smallholder farming systems of the Central highlands of Kenya. Animal, 3(7): 1044-1056.

Smith A P, western Aw. 2013. Predicting nitrogen dynamics in a dairy farming catchment using systems synthesis modelling. Agricultural Systems, 115: 144-154.

Vu T K V, Vu CC, Médoc JM, et al. 2012. Management model for assessment of nitrogen flow from feed to pig manure after storage in Vietnam. Environmental Technology, 33(6): 725-731.

12. 土地利用变化及其对生态水文过程的影响

12.1　引　　言

　　水是支撑社会经济可持续发展不可替代的资源，目前由于气候变化、人口增加及人类活动的复杂影响，生态水文过程发生了明显的变化，如水循环过程变化、水资源供需矛盾加剧、水安全问题日益突出等，成为限制国家和区域可持续发展的关键性问题。因此，继 IHP、WCRP、IGBP、GWSP 等国际水科学计划后，生态水文过程响应环境变化的研究成为 21 世纪水资源管理及生态环境领域的研究热点，其中 2001 年开始实施的全球水系统计划（GWSP）把全球气候变化和人类活动对区域水循环与水安全的影响作为重点研究问题之一；中国几大水系流量减少、水文极端事件增加等问题，使得 20 世纪 90 年代以来的国家重大科技攻关项目中设立了多项与气候变化和人类活动影响相关的课题。因此，气候变化和土地利用变化的水文水资源效应及其对水循环、水环境和水灾害的影响，属于全球水问题研究的核心科学内容和发展前沿，也是区域水安全评价和风险管理的重大科学需求及实践应用基础。因此本章和第 13 章分别介绍了土地利用变化与气候变化对生态水文过程的影响。

12.2　土地利用变化研究

12.2.1　土地利用变化研究方向进展

　　土地利用变化构成了全球环境变化一个最重要的方面。在由人类活动所引起的全球变化中，土地利用变化起着至关重要的作用，由于土地覆被支撑着地球生物圈与地圈的许多物质流、能量流的源和汇，所以主要的土地利用变化必然对地球系统的气候、生物地球化学循环、水文及生物多样性等产生重要影响（Turner，1989；摆万奇和柏书琴，1999；Turner and Meyer，1991；Hessburg et al.，1999；Musgrave and Musgrave，2002；Falcucci et al.，2007；McRae et al.，2008；Dupouey et al.，2002）。因此，土地利用变化研究构成了全球变化研究的重要组成部分，在当今人类所关注的全球变化、可持续发展和生物多样性保护三大主题中发挥着积极的作用（Houghton，1994；Lambin et al.，1999；Zhang et al.，2002；Pielke，2005；Fischer and Lindenmayer，2007；Li，2012）。

　　土地利用变化研究通常分为两个概念，即土地利用和土地覆盖，它们是两个截然不同的概念。土地利用是指人类对土地自然属性的利用方式和利用状况，是一种人类活动（图 12.1）；而土地覆盖只是反映了地球表层的自然状况，包括覆盖地面的自然物体和人工建筑，强调的是土地的表面形状（Forman and Godron，1986；Turner et al.，1995；Hamre et al.，2007）。

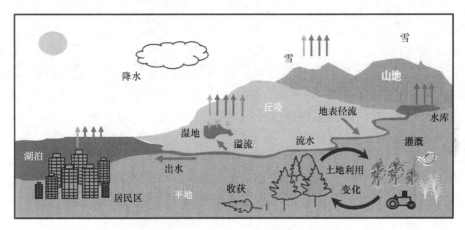

图 12.1　土地利用变化在生态系统研究中作用

　　由于土地利用变化具有高度的时间和空间异质性，因此，使用比较复杂的全球模型不一定能很好地模拟发生在国家或区域水平上土地利用变化情况。不同区域、不同的自然因素和人文因素组合，会对土地利用变化产生不同的影响（Reid et al.，2000）。因此，通过大量的反复研究，才有可能最后形成能代表不同区域类型的土地利用变化特征，能更有效地揭示土地利用本质内容，能更科学地解释政策等人类行为对土地利用变化的最终影响（Turner and Gardner，1991；Roy，1999）。此外，在区域和小流域尺度上的典型区域研究有重要的意义，它不仅可以较为细致地解释土地利用变化的本质科学问题，同时也为土地利用变化的综合分析提供丰富而准确的信息。因此，选择典型代表区域，分析土地利用变化的驱动机制，运用景观格局指数分析认识和揭示其特征、时空分布及规律，采用动态模型模拟研究土地利用变化成为近年来土地利用变化研究的焦点和重点。

　　国外在土地利用变化方面的研究起步较早，早在 1922 年，美国的 Lee 站在全球角度上对自然景观和人类活动做出了充分的表述（Lee，1922），并发表了文章《从空中看到的地球表面》。1931 年，Web 最早对土地利用变化过程与机理从经济角度进行探讨，显然，他对土地利用变化的研究比较片面，没有考虑自然因素和其他人类因素的影响。这与当时航空摄影技术主要用在拍摄地面军事目标和地形勘测等方面有很大关系。第二次世界大战后，有很多相关研究出现了更为广泛和系统的利用航空像片进行区域范围土地调查与制图研究，此后，航空像片被迅速推广到地质勘测部门及区域范围土地利用变化等方面，这一阶段的研究成果也载入了有关文献（Anderson，1961）。20 世纪 50 年代以来，人们开始探讨利用遥感资料进行大范围土地利用变化制图的可行性，包括发展适用于遥感数据特点的土地分类系统及分类方法（Marschner，1959；Anderson，1976）。20 世纪 60 年代后期，美国密歇根环境研究所对土壤、岩石和植被等进行了大量的波谱测试工作，证明了地球资源卫星在勘测、监视和管理地球资源等方面效果显著。20 世纪 70 年代以来，以气候变化为先导的全球变化研究日益蓬勃。随着研究的深入，作为全球环境变化研究的一个重要组成部分，土地利用变化越来越受到重视。众多国际组织、研究机构纷纷开展相关研究，土地利用动态变化成为当前国内外该领域的一个研究热点（张树文等，2006）。20 世纪 90 年代以来，由于认识到土地利用变化在全球变化与可持续发展研究中的重要地位，也认识到全球变化与可持续发展研究涉及自然与人文的诸多领域，需要加强自然科学与社会科学的合作，而土地利用变化过程中自然与人文过程联系最为紧密（刘英和赵荣钦，2004），具有全球影响的两大国际研究计划"国际地圈生物圈计划"（IGBP）和"全球环境变化人文计划"（IHDP）（Lambin et al.，1999）以及后续计划 GLP 的实施均积极筹划全球性、综合性的研究计划——"土地利用/土地覆被变化科学研究计划"，并将其列为全球环境变化研究的核心项目。

中国土地利用的研究起步也比较早。20 世纪 30 年代，胡焕庸和张心一应用近代科学的理论和方法来研究中国土地利用问题，先后发表了开创性著作。Buck 在我国东部农业地区进行广泛调查，并出版了《中国土地利用》专著，对旧中国土地利用的实况进行了描述（吴传钧和郭焕成，1994）。1949 年以后，20 世纪 50～60 年代进行了农业土地分等定级，重点区域的土地资源调查和简要规划；20 世纪 80 年代进行了土地资源适宜性评价、利用和规划（林超和李昌文，1980），主要是为经济建设服务，侧重分类、分区、开发、规划与管理等研究工作，建立了土地资源和土地利用的分类体系，进行了全国范围、省（区、县）级的土地利用调查，编制了多级比例尺的土地利用图。20 世纪 80 年代初到 90 年代初，国家土地管理局组织了全国土地概查工作，主要对中国土地利用的发展变化规律、特点及土地资源潜力进行了研究，并做出了全国土地利用的总体规划。1990 年出版了《1∶100 万中国土地利用图》及相关著作《中国土地利用》。此后，在国际土地利用变化研究的背景下，将土地利用变化与全球变化联系起来的综合研究也逐渐开展起来。1992 年，在中国科学院"八五"重大应用项目"国家资源环境遥感宏观调查与动态研究"中，刘纪远等首次基于遥感数据和地理信息系统，采用组合分类和构建多层地理单元技术，建成了具有土地资源分类和生态背景信息的中国资源环境数据库。在此基础上，提出了中国土地利用的极地模式、土地利用程度的精度和高程模型，为模拟和预测我国土地利用程度变化提供了理论方法和途径（刘纪远，1996；刘纪远等，2005；高志强，1998）。1997 年，周广胜、张新时等就中国陆地生态系统对全球变化响应的模式进行了深入研究，并指出未来中国进行全球变化与陆地生态系统关系研究的方向。1999 年，顾朝林等从城市地理学角度，分析了大城市边缘土地利用变化模式与动力学机制。2000 年，史培军等利用 1980年、1988 年、1994 年深圳市遥感影像，研究了 15 年来土地利用变化空间过程。傅伯杰、蔡运龙、李秀彬等探讨了环渤海地区土地利用变化与土地可持续利用问题。2001 年，杨桂山等以长江三角洲为研究区，揭示了该地区高强度土地开发特征和近 50 年耕地数量变化的基本过程及其空间差异，并探讨了主要驱动因子及其作用。2006 年，姚永慧等将网格计算法运用于空间格局分析中，以贵州景观空间格局分析为例，运用空间自相关性分析、半方差分析等空间统计分析方法对景观空间格局作进一步的深入研究。张飞等对 1989 年和 2001 年渭河水库三角绿洲的景观格局及土地利用变化进行动态分析，揭示出了土地利用变化的主要驱动力为人口、经济和政策。

目前关于土地利用变化的研究主要集中在以行政边界划分的大尺度研究中，研究方法的建立与更新也同样是满足于大尺度上的土地利用变化研究（Jelinski and Wu，1996；Ramankutty and Foley，1999；Zhang et al.，2000；Zhang et al.，2003；Deng et al.，2008；Fu et al.，2011；Jiang et al.，2011；Liu et al.，2012）。然而国内外越来越多的基于小流域尺度的面源污染研究、流域生态保护、流域土地资源规划、城镇化等研究，对小流域土地利用变化研究的需求越来越大（Liu et al.，2003；Fu et al.，2005；Liu et al.，2013）。目前存在的问题是对于小流域土地利用变化的研究较少（Elith et al.，2006；Dong et al.，2009），并且研究方法相对单一，如传统基于二维数据的景观格局分析不能系统地综合量化土地利用变化的时空动态（O'Neill，1988；Perry，2002），基于大尺度建立的土地利用变化模型不适用于小流域土地利用变化动态模拟研究等（Bender et al.，2005；Lu and Suo，2010）。这使得我们有必要把小流域土地利用变化作为研究对象，建立小流域土地利用变化模型，并把时间数据与空间数据融合起来总体分析小流域内的景观格局情况。

中国正处于城镇化快速发展时期，且未来二三十年内城镇化发展更加迅速（Seto et al.，2012）。城镇化与农业用地关系的矛盾随着城镇化的发展越来越严重。在此过程中，尽管有宏观政策作为城郊社会经济发展的引导，但同时又缺乏具体的控制性规划和要求，导致城郊区域城镇化过程对土地资源，特别是对农业用地的影响呈现出积极和消极的不同状态（欧阳婷萍等，2003；余方镇，2005）。亚热带丘陵区地貌类型以丘陵、坡地为主，并拥有比较长的农耕历史，主要的农业用地包括园地（茶园、菜地）、水田、经济林地等，如何提高该区域的土地利用效率一直是一个热点研究问题（廖进中等，2010）。随着城镇化的快速发展，城郊城镇化过程中的人口迁移，城镇化用地与传统的农业间的矛盾越来越严重（卜心国等，2008）。国内外对城镇化现象已有部分研究。Wieand（1987）通过建立多中心大都市空间利用均衡模型，对双中心城市空间布局的合理性就有效性进行了分析，认为城镇化有利于土地等生产要素的集中和有效利用。而 Braid（1988）和 William（1988）分别从人口就业、居住区开发和农村耕地结构合理化的角度分析了城镇化对土地利用变化的影响，指出城镇化加速了城镇化人口的增长，居住区的扩大和低素质人口的增加挤占了大量工业和商业用地。此外，Heilig（1995）和 Verburg（2004）等分别从以往在土地利用中被人们忽视的各种因素和对土地利用结构的定量化方面对土地的有效利用进行了分析。在国内，针对城镇化对土地资源，尤其是农业用地影响的研究，主要有两种截然不同的观点。一种观点认为，城镇化会大量地蚕食耕地，致使耕地面积持续减少（王国强，2004）；另一种观点则与此相反，认为城镇化有利于土地的集约利用，是解决我国人多地少矛盾的主要途径（余方镇，2005）。总之，国际和国内学者们的相关研究多数以城镇化用地是否有效为主，但对城镇化所影响范围内农业用地受城镇化影响发生转变的研究较少（廖进中等，2010）。虽然针对于城镇化现象已有大量研究，但在小流域尺度上研究城镇化现象尚未见报道。小流域内的农业用地受到城镇化的影响，相互之间转化明显，除了各种农业用地在城镇化聚集地转变为城镇用地外，在受到城镇化影响的外围区域，也不断发生耕地与林地、林地与茶园间的转变（Valbuena，2010）。这些转变在以经济利益为主的因素驱动下，很容易形成单一的农业用地类型，如大面积的养殖基地、茶园和菜地（Liu et al.，2012；Li et al.，2012）。这类仅在当前经济环境下形成的结构单一的农业用地格局不仅不利于当地农业的可持续发展，还带来了严重的小流域环境问题（Li et al.，2012）。当平原城镇在城镇化扩张过程中以集中连片摊大饼的方式发展时，亚热带丘陵区小流域中的城镇化怎么发展，才能做到既提高农业用地利用的有效性，又能保护好生态环境？

目前国内外大部分研究主要集中在全球、国家、区域大尺度上研究，研究的对象以城市扩展、森林变化等为主（Whitney，1994；Vogelmann，1995；Wu，2002；Zipperer，2002；Shao et al.，2005；Xie et al.，2006；Lu and Nagaraj，2008；Teixeira et al.，2009；Zhao et al.，2011；Zhou et al.，2011），基于小流域土地利用变化的研究较少，为了满足小流域尺度上的面源污染研究、流域生态保护，流域土地资源规划、城镇化等研究，有必要开展在小流域尺度上的一系列土地利用变化研究（Steiner et al.，2000）。

12.2.2 土地利用变化研究方法进展

土地利用变化研究归属于地理模拟系统，地理模拟系统主要是解决地理复杂系统时空关系问题（Wu，2002）。土地利用变化的研究可结合地理模拟系统的理论与方法，主要是引入复杂系统理论，结合景观生态学和地理学的内在规律，采用适当的方法，建立地理空间的科学模型，通过自下而上与自上而下相结合的方式进行动态模拟（图 12.2）。目前土地利用变化研究中的主要使用方法是景观指数和土地利用变化模型。景观格局指数主要是基于二维空间数据的景观格局变化量化方法（Baker and Cai，1992），这种二维的计算方法已经常用，下面主要综述土地利用变化模型的研究进展。

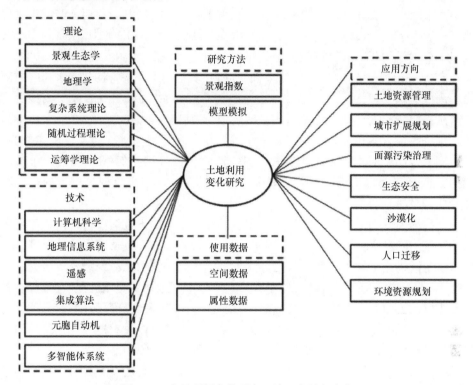

图 12.2　土地利用变化研究理论、方法与内容

　　鉴于土地利用变化的复杂性和影响因素的多样性，使用土地利用变化模型量化土地利用变化的驱动机制和探索未来土地利用变化的发展方向，始终是土地变化科学研究的重点（Verburg et al.，2006）。目前，土地利用变化模型的类型很多，不同学者从不同角度对模型进行了类型划分。例如，根据模型所研究的 LUCC 过程可将模型划分为林地模型、城市模型和农业模型等；根据模型的空间尺度可划分模型为区域模型、国家模型和全球模型等（黄秋吴和蔡运龙，2005；张华和张勃，2005）。目前，最为常用的模型划分方法是基于模型建立的理论方法来划分（Verburg et al.，2006）。例如，粗略的方法简单将模型划分为地理模型和经济模型；较细的方法将模型分为空间统计模型、系统动力学模型、元胞自动机模型、基于主体的模型（Valbuena et al.，2010）及综合模型等（何春阳等，2004）。在众多理论中建立起的具有代表性的土地利用变化模拟和预测模型主要包括：概念模型、GEOMOD 地理模型、GTR 模型、系统动力学模型、马尔可夫模型、综合土地利

用模型、土地利用变化竞争模型、CLUE-S 模型（Verburg et al.，2002，2008，2010）和元胞自动机模型等。其中，基于元胞自动机理论建立的模型使用最为广泛。

元胞自动机模型是一种基于微观个体相互作用的空间离散动态模型，元胞间的相互作用是完全基于空间的相邻关系（Batty and Xie，1994；Zheng et al.，2012）。近年来，元胞自动机已经被较多地应用于地理现象的模拟中，特别是城镇化过程模拟（Wu and Webster，1998；Li and Yeh，2002，2004）。例如，Batty 和 Xie 模拟了美国纽约州 Buffalo 地区 Amherst 镇郊区的扩张（Batty and Xie，1994）；White 和 Engelen（1993）运用约束性元胞自动机模拟了辛辛那提土地利用的变化；周成虎等（1999）通过建立基于元胞自动机的 GeoCA-Urban 模型模拟了美国密歇根州 Ann Arbor 市的城镇化发展过程。吴启焰等（2002）模拟了广州市的城市扩张；黎夏等也模拟了珠江三角洲城市群的城市发展（Li and Yeh，2000；Li et al.，2010；Liu et al.，2011）。这些研究表明，元胞自动机可以应用于城镇化的模拟研究中，尤其是在大中城市的发展模拟中，但小流域尺度上的土地利用变化需要进一步研究。

土地利用变化模型作为一种认知和学习工具，有助于人们了解、认识和解释土地系统的动态变化规律及特征（Verburg et al.，2004）。较早的描述性研究方法侧重于定性描述土地系统变化，而计算机模型建立在结构化和定量分析研究的基础之上，基于模型的分析方法有助于分析某一区域土地利用变化的主要驱动因子、探索重要的土地利用变化过程与机制、评估变化对生态和社会环境的综合影响（Li and Yeh，2000；Verburg et al.，2004）。此外，模型还可以对土地变化系统中的未知因素进行各种假设检验。需要说明的是，由于人地系统的复杂性，难以建立一个囊括一切的认知模型。根据模块性假设认为，每一认知功能有其对应的结构原则，每一个认知模型一般只反映一方面或若干方面的特征（Batty and Xie，1994）。

12.3 小流域土地利用变化研究方法

12.3.1 小流域土地利用变化研究内容概况

本研究利用亚热带丘陵区典型小流域（小流域特点是包含行政单位是乡镇级、社会经济发展条件一致、属于同一气候带）历史土地利用数据和社会经济统计数据，在时空景观格局分析的基础上，通过建立小流域土地利用变化模型（图 12.3），在不同情景模式下动态模拟小流域未来土地利用变化情况。本研究通过建立这样一种小流域土地利用变化研究体系，从而为认识和评估亚热带丘陵区小流域土地利用时空格局变化提供理论基础与科学工具，为亚热带丘陵区小流域土地利用资源规划和可持续发展管理提供科学依据。

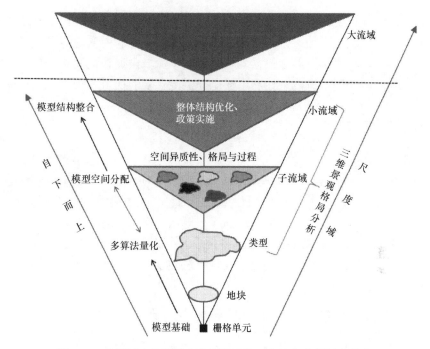

图 12.3　小流域土地利用变化研究内容、方法和空间尺度特点

12.3.1.1　小流域土地利用变化时空景观格局分析

在搜集整理亚热带丘陵区典型小流域历史土地利用数据和社会经济统计数据基础上，分别在子流域和小流域两个尺度上分析不同土地利用类型的时空景观格局变化，揭示亚热带典型小流域近几十年的地表覆盖变化过程和演化特点，为小流域土地利用变化模型建立、验证和动态模拟提供数据支持及研究方向。

12.3.1.2　小流域土地利用变化动态模拟

小流域土地利用变化研究具有研究尺度小、数据有限、影响因子复杂、多学科、多理论（如复杂系统理论、随机过程理论、运筹学等）交叉融合等特点，为了深入理解小流域土地利用变化过程和驱动机制，以及合理规划小流域土地利用资源利用，采用模型模拟研究小流域土地利用变化过程成为必然。在基于时空景观格局分析基础上，结合不同算法和景观格局研究理论，在不同尺度上建立小流域土地利用变化模型，并通过模型模拟解决亚热带丘陵区典型小流域土地利用变化复杂科学问题。

12.3.1.3　小流域土地利用变化情景分析

情景模拟分析是小流域土地利用变化模型研究重点之一，是验证基于小流域土地利用变化所提出的科学假设的必要手段，同时也是验证小流域土地利用变化模型模拟能力的重要方法之一。本研究通过时空景观格局分析，在小流域土地利用变化模型的基础上，动态分析了以下四种小流域土地利用变化情景模式：自由发展、经济与环境协调发展、气候变化影响、小流域内城镇化发展。这为全面认识亚热带丘陵区典型小流域土地利用变化提供了崭新的视角。

12.3.2 研究方法

小流域土地利用变化研究具有跨学科（景观生态学、生态学、地理学、计算机科学等）、多理论融合（等级理论、复杂性理论、随机理论、运筹学理论等）的特点，这些特点也造成了研究方法的多元化，如 3S 技术集成、经典统计学、贝叶斯统计、时空三维统计方法、景观动态模型模拟等（Gardner and O'Neill，1991；Guisan et al.，2006）。本研究根据亚热带丘陵区小流域的整体特点，选择以下三种研究方法研究小流域土地利用变化。三种方法相互影响、互为补充，形成一套完整的亚热带丘陵区小流域土地利用变化研究体系。

12.3.2.1 时空景观格局分析

小流域土地利用变化数据具有时间、空间多尺度特点，传统的二维空间景观格局指数分析方法虽然在一定程度上可以反映不同时间尺度上的景观格局变化（McGarigal and Marks，1994；McGarigal et al.，2012），但是不同空间尺度在时间尺度上的变化仅仅依靠二维空间景观指数分析是无法实现的。因此，本研究在传统景观格局指数分析的基础上，引入三维数据的分析方法——局部三元分析（Partial Triadic Analysis，PTA），把时间尺度与空间尺度结合在一块，探索小流域土地利用时空景观格局变化。

PTA 分析主要是在经典统计学中的主成分分析基础上展开的三维数据应用研究，目前使用环境是 R 软件的 ade4（Data Analysis functions to analyze Ecological and Environmental data in the framework of Euclidean Exploratory methods）软件包，主要应用于生态学的群落研究中。本研究把 PTA 分析应用到景观格局变化分析中，分析的主要内容是景观水田和景观类型不同尺度上计算的景观格局指数，其中空间尺度是子流域，时间尺度是年。PTA 计算结果将用于指导小流域土地利用变化动态模拟研究。

12.3.2.2 模型模拟

采用建立模型模拟的方法研究小流域土地利用动态变化是本研究的核心部分，鉴于亚热带丘陵区地形复杂多变、空间数据较难获取、历史社会经济数据准确度低等问题，本研究拟使用组合多种算法的方法量化小流域土地利用变化与驱动因素的关系，来降低由亚热带丘陵区自身特点所带来的干扰误差，并引入相对研究成熟的二维地理元胞自动机原理建立小流域土地利用变化动态模型。

本研究拟选择的组合算法包括广义线性模型、广义可加模型、分类树、人工神经网络、多元自适应样条回归、弹性判别分析、广义助推模型、随机森林 8 种算法。使用接受工作机特征曲线下的面积[Area Under Curve（AUC）of Receiver Operator characteristic Curves（ROC）]来评估算法的预测精度（Hanley and McNeil，1982）。组合算法主要用来量化小流域土地利用变化与驱动因子的关系，并反演预测土地利用类型存在适宜性概率值，为模型提供空间分配基础数据。为了使土地利用类型存在适宜性概率值具有地理学特性，在地理学第一定律的指导下，使用二维地理元胞自动机细微调整土地利用类型存在适宜性概率值，使该概率值具有空间相近性特点，更有利于模拟真实小流域土地利用变化情况，进而增加小流域土地利用变化模型的有效性。

12.4　小流域土地利用变化模型构建

伴随着土地利用变化研究理论的发展，以及其他学科的交融，近几年在土地利用变化的研究中引入了多种理论，如景观生态学理论、复杂系统理论、随机过程理论、运筹学等。这促使研究土地利用变化模型的方向不断发生变化，全世界范围内出现了很多优秀的土地利用变化模型。小流域土地利用变化具有以下特点：研究尺度小，数据有限，影响因子复杂等。目前很少有针对小流域变化的土地利用变化模型，因此本研究基于小流域土地利用变化建立土地利用变化模型，并使用金井河流域土地利用变化数据验证模型和做模型参数的敏感性分析。我们把该模型命名为金井土地利用变化模型（Jinjing Land use Change Model，JLCM）。

12.4.1　模型构建思路

在本研究中建立小流域土地利用变化模型的主要思路是面积与空间分配结合，首先计算出要模拟的各种土地利用类型的面积，然后空间分配。JLCM的主要创新点是采用组合算法（广义参数回归方法、广义半参数回归方法、人工智能算法、集成分析方法、非参数回归方法）量化土地利用变化与驱动因子的关系，并在不同的尺度下与元胞自动机原理结合动态模拟小流域土地利用变化（图 12.4）。

12.4.2　模型基本构成元素

针对小流域土地利用变化的特点，本研究把子流域作为模拟的重要尺度引入到整个小流域土地利用变化过程研究中。类似于三维景观分析中的空间尺度分析，把整个流域分成若干个子流域，每个子流域有自己独立的数据库，在模拟过程中

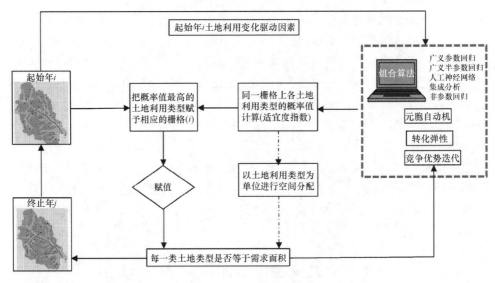

图 12.4 JLCM 流程图

子流域之间相互影响，同时受到整体流域发展特点的影响。以金井河流域为例，整个流域被分为 40 个子流域，每个子流域建立土地利用变化模型（图 12.5）。本研究是在元胞自动机原理的基础上建立土地利用变化模型。下面结合元胞自动机原理介绍模型的建立过程及基本构成元素。

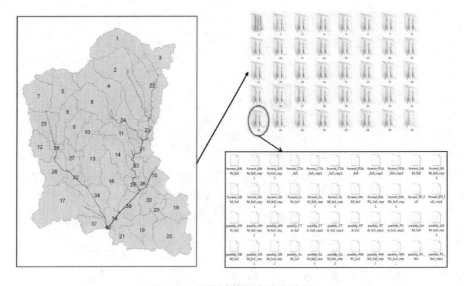

图 12.5 子流域数据库建立过程

12.4.2.1 元胞空间范围

元胞空间范围作为元胞变化的边界是建立模型的首要条件之一（Li，2011）。

在小流域土地利用变化模型中，元胞空间范围就是模型模拟的边界，从景观生态学的角度看，可以理解为模拟的最高尺度。上面也分析了，本研究基于子流域建立模型，同时模拟整体流域的土地利用变化，也就是说，JLCM 的元胞空间范围包含两个元胞空间范围：一是子流域尺度；二是整个流域尺度。

12.4.2.2 元胞单元设定

元胞单元指元胞自动机中最小模拟尺度，元胞单元设定是准备小流域土地利用变化模型空间数据的首要任务，它直接影响 JLCM 模拟精度。如图 12.6 所示，两种不同大小的元胞单元设定，一种是正方形单元格，边界为 50 m，金井河流域空间数据矩阵中包含的元胞单元总共 84 405 个；另一种是正方形单元格，边界为 5 m，那么金井河空间数据矩阵中包含的元胞单元总共 8 426 994 个。因为元胞单元在 JLCM 中属于栅格格式的数据，它的边界越小越代表真实情况，但是边界太小会增加元胞单元的数量，进而影响模拟的效率。JLCM 中使用空间数据的方式是从空间矩阵的左上角开始，依次按行的顺序读取数据，最后把空间矩阵中的空值剔除。把空间数据建立成同等行数的数据库，在数据库中每个空间数据占用一列。

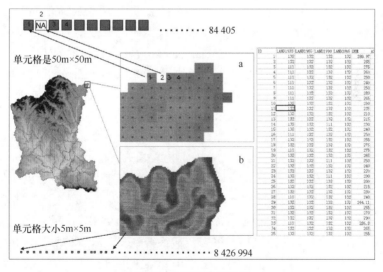

图 12.6　元胞单元设定

12.4.2.3 邻域分析

元胞自动机理论中邻域的概念在地理上体现为空间近邻关系（Li et al., 2000；Li and Yeh, 2000），在景观生态学中则是空间异质性的表现。在 JLCM 中使用 Moore（八邻）邻域定义相邻细胞的距离（r），图 12.7 分别是 $r=1$ 和 $r=2$ 的两种 Moore 邻域定义方式。把元胞自动机原理与土地利用变化结合起来正是通过邻域分析展开的，一般意义上讲主要有两种结合方式：一是通过邻域判断；二是把邻域分析融入到数学公式中。

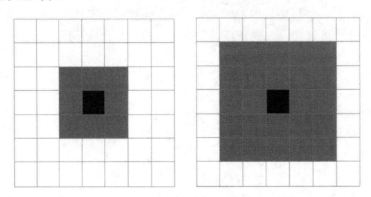

图 12.7　元胞邻域设定

12.4.2.4　转化规则

土地利用数据是典型的分类数据。目前经常使用的算法有很大的局限性。我们需要使用最新的理论及算法与传统算法结合起来，采用集成算法的思路研究土地利用变化，以及土地利用变化过程与环境因子的关系（Moisen and Frescino，2002；Cressie et al.，2009；Buisson et al.，2010）。本研究所使用的算法包括（Thuiller et al.，2009）：人工神经网络（Artificial Neural Networks，ANN）、回归树分析（Classification Tree Analysis，CTA）、广义可加性模型（Generalized Additive Models，GAM）、广义助推模型（Generalized Boosting Model，GBM）、广义线性模型（Generalized Linear Models，GLM）、多元自适应性回归样条（Multiple Adaptive Regression Splines，MARS）、弹性混合判别分析（Flexible Discriminant Analysis，FDA）、随机森林（Breiman and Cutler's Random Forest for Classification and Regression，RF）（表 12.1）。在流域与子流域尺度上把土地利用数据转化为二值数据（0，1）并结合驱动因子共同带入到不同的算法中，通过接受者操作特征（receiver operating characteristic，ROC）检验（Swets，1988；Pontius and Schneider，2001；Thuiller，2004；Zou et al.，2007），最终得到表现最好的算法，并由此算法计算出能表征土地利用类型适宜性强度的 0～1 之间的概率值（Liu et al.，2005；Morin and Thuiller，2009；Vliet et al.，2013）。此概率值被用于与元胞自动机理论结合并应用到 JLCM 中。下面介绍一下上面提到的算法并详细说明算法结果与元胞自动机结合的过程。

1）广义线性模型

广义线性模型是众多算法中应用最广泛、最早引用到土地利用变化模型研究中的算法之一（Thuiller et al.，2003；Bolker et al.，2009）。顾名思义，它是经典

表 12.1　8 种算法的描述分析

方法	名称	R 包	主要参考文献
ANN	Artificial Neural Networks	nnet	Ripley（1996）
CTA	Classification Tree Analysis	rpart	Breiman et al.（1984）
GAM	Generalized Additive Models	gam	Hastie and Tibshirani（1990）
GBM	Generalized Boosting Model	gbm	Ridgeway（1999）；Friedman（2001）
GLM	Generalized Linear Models	stats	McCullagh and Nelder（1989）
MARS	Multiple Adaptive Regression Splines	mda	Friedman（1991）
FDA	Flexible Discriminant Analysis	mda	Hastie et al.（1994）
RF	Breiman and Cutler's Random Forest for Classification and Regression	randomForest	Breiman（2001）

线性回归模型的普遍化。经典线性回归模型假设因变量为一组自变量的线性方程，且因变量为连续且满足正态分布，有固定的方差。自变量则可以是连续的、分类的或两者的组合。经典线性回归可以被概括为

$$y = \beta_0 + \sum_{j=1}^{p} \beta_j X_j + \varepsilon \tag{12.1}$$

式中，y 是连续性因变量；X_j 是自变量；ε 为假设正态分布的误差。因变量由两部分组成：系统性成分 $\beta_0 + \sum_{j=1}^{p} \beta_j X_j$；误差成分 ε。系统性成分是在任意组给定的 X_j 值之下 y 的期望值，即它是一个给定 X_j 值条件下的平均数。回归分析的目的是找到一组以拟合优度来衡量具有高度解释力的自变量，即自变量的线性组合能解释 y 的大部分变异内容。然而，随着研究内容的扩展，人们广泛地意识到经典线性回归模型的局限，尤其是在土地利用变化研究过程中，问题更为突出。线性回归模型假设因变量为连续或至少是准连续的，而且，它假设该连续变量至少是接近正态分布，并且其方差并不是其平均数的函数。内尔得和韦德伯恩（Nelder and Wedderburn，1972）提出了广义线性模型，它涉及以一组自变量的线性函数来预测因变量的条件平均数或条件平均数的某种函数。也就是说，对于每个观察变量或研究对象，其期望值或因变量的期望值的某种函数，是根据其自变量或协变量而定的。除了正态分布外，广义线性模型的误差方差是其平均数的一个函数。

广义线性模型的两个成分为连接函数与误差分布。连接函数是因变量平均数的转化，而此转化的变量为回归参数的一个线性函数。广义线性模型假设因变量的观察值 y_1，y_2，y_3，…，y_n 是相互独立的，且共享指数家族中相同形式的参数分布。在土地利用变化研究中使用广义线性模型，主要使用 Logistic 回归模型，它被用来模型化某事件的概率（如林地、水田存在适应性概率）。Logistic 回归的标准连接为 Logit，即 $\log \dfrac{\pi}{1-\pi}$，其中，π 为二元因变量的平均数或事件发生概率。

模型的拟合度的统计量可以是 AIC（Akaike Information Criterioin）或 BIC

（Bayesian information Criteria），逐步回归能够去除冗余变量，减少共线性（虽然不是总是），可以运行三种广义线性模型：

$$Y_1 = X_1 + X_2 + X_3 + (X_1 \times X_2) + (X_2 \times X_3)$$

GLM Quad：Used linear，2nd and 3rd order.

$$Y_1 = X_1 + X_{12} + X_{13} + X_{22} + X_{33}$$

GLM Poly：Use ordinary polynomial terms.

$$Y_1 = f (X_1 + X_{12} + X_{13}) + f (X_2 + X_{22} + X_{23})$$

2）广义可加模型

这里提到的"广义"都是相对于"典型"来说的，主要是针对因变量非连续变量而言（如二项分布、泊松分布、伽马分布等）。可加模型常被用来作为探察响应变量与多个预测变量之间函数形式的一种较为灵活的工具，它是多元回归模型的一般化，而广义可加模型就是广义线性模型的一般化。一般意义上说，多元线性回归模型假设响应变量与多个预测变量之间的函数关系为线性的且可加和的，而一个可加模型只设定了可加和性，并没有对变量关系的函数形式做出假设。可加模型可被表示为

$$y = \beta_0 + \sum_i f(x) + \epsilon \tag{12.2}$$

式中，$f(x)$ 是未指明的函数，需要非参数式地予以估计。"非参数"是指函数 $f(x)$ 不是用参数来定义的。然而，模型残差项 ϵ 被假设为服从正态分布。

可加模型的拟合需要一个迭代过程，即重复拟合散点图平滑线直到实现收敛，这个过程被称为向后拟合算法。广义可加模型无需像广义线性模型那样需要很容易出问题的步骤假定曲线的形状或特性参数的响应函数，比广义线性模型的能力更强。这类模型应用一类被称为"smoother"的方程，将数据分段后，结合前面提到的迭代过程，转换为平滑曲线。广义可加模型在数据形式更为复杂、难以用标准线性或非线性模型拟合，或者没有确定应该使用哪种特定形式模型的时候更为有用。在土地利用变化中的应用思想是将土地类型对某一个驱动变量作图，在简约的前提下，计算用来尽可能趋近的拟合数据的平滑曲线。该算法对于每个变量绘制一个平滑曲线，之后对结果相加。

本研究应用 3 次插值平滑算法，取决于分段，它们是自由度小于或等于 3 的多项式集合。相邻数据区段用不同的多项式进行拟合，因此可将所有的点连起来。与 GLM 类似，利用自动逐步回归选取每个种最显著的变量。

$$Y = s(X_{1,4}) + s(X_{2,4}) + s(X_{3,4})$$

用户需要选定自由度。默认情况下，自由度为 4。换言之，自由度为 4 与多项式的自由度 3 接近。

3）分类树分析

一般我们称该算法为分类与回归树，分类树是处理的因变量为分类变量，而回归树处理的因变量为连续变量。在土地利用变化研究中，土地利用类型作为分类变量使用分类树量化研究（Hamann et al.，2011）。分类树模型区别于前面提到两种算法，在使用分类树模型前没有必要必须知道模型中要加入哪些预测变量。分类树模型是一种二元递归分解方法，可以产生基于树的模型，可以模拟预测变量之间的相互作用，并且还具有层次结构特点。

分类树的统计过程是连续地把一个数据集分解到不断增加的同质子集中直至无法再继续分解（Clark and Pregibon，1992）。之所以被称为基于树的模型，是因为展示拟合结果的基本形式是使用二元树的形式。在树的建立过程中，采用一个简单的解释变量，重复地将数据分组。每次数据分组中，数据均被分为两组，每一组尽量同质。从概念层面可以将递归分解方法描述为一种减少"杂质"的量的过程（Breiman et al.，1984）。

4）人工神经网络

人工神经网络中最常用的是前馈神经网络，它与广义线性回归有必然的联系，前者为后者提供了新的灵活运用方式（Ripley，1996）。人工神经网络是受生物神经网络启发而发展起来的一种智能计算模型，其目的是通过对大脑神经系统的模拟，使设计出来的算法具有学习能力、自适应性、并行性等优点。人工神经网络是对生物神经元的简化，人工神经对输入信号的处理和输出可用下式表达（徐宗本等，2005）：

$$V_k = f(\sum_{j=1}^{n} W_{kj}V_j - \theta_k)$$ (12.3)

式中，V_k 为神经元 k 的输出信号；f 为激活函数，负责对输出信号进行计算加工；V_j 为来自 j 神经元的输出信号；W_{kj} 为权重，其大小决定对输入信号是增强还是抑制；θ_k 为神经元 k 的阈值。激活函数大致有三种，分别为阶跃函数（阈值函数）、分段线性函数和 S 函数。

前馈神经网络中最常用的是 BP 神经网络（back-propagation neural network）。除了首层和末层之外，神经网络的其他层均称为隐层；首层是输入层，末层是输出层。这种算法通过始于输出层的误差信号的反向传播来不断调整各神经元的权重，直到误差信号最小（王万良，2005）。针对土地利用变化涉及复杂的转化关系，对 N 种土地利用类型，可以有 N^2 种可能的变化，因而模型往往有众多的参数需要确定。人工神经网络特在模拟复杂的非线性系统时有很多优势，例如：神经网络对自变量本身没有很严格的要求，即允许自变量间是相关的；神经网络比一般的线性回归方法能更好地模拟复杂的曲面；神经网络能很好地从不确定或带有噪声的训练数据中进行综合，从而获取较高的模拟精度。

5）柔性判别分析

FDA 是基于混合模型的一种分类方法（经过监督的），是著名的线性判断模型的推广，用混合的正态分布获取每个等级的密度估计。FDA 可用 MDA 包运行。大多数情况下，用简单的 Gaussian 模型来模拟一个等级（如 LDA）受限制太多。FDA 是高斯模型的混合体。在最优化尺度过程中，可以用不同的分类模型提高模型的预测能力。

6）多元自适应性回归样条分析

多元自适应性回归样条分析（MARS）最早由 Friedman（1991）提出，综合了现代回归（如累加回归、样条回归、递归回归）的诸多优点，以"前向"和"后向"算法逐步筛选因子，具有很强大的自适应性特点。

与线性过程的区别是，线性过程假设各水平的自变量的系数保持不变，尤其是在时间序列模型中，不随着时间变化。然而 MARS 模型提供了不同的分析方式，它推测自变量参数在不同等级中有不同的最优值（De et al.，1993；Yang et al.，2004）。MARS 程序在处理大量右手变量（right-handsite variables）和低等互作（low-order interaction）时，会显示出非常强大的功能。转换模型的方程，即 X 变量的模型倾角突然改变，是 MARS 模型的一个特例。MARS 步骤可以在不同情况下，有清晰断点时，确定和拟合模型，这种情况在系数函数的潜在概率密度改变或变量间发生复杂的相互作用时发生。

使用 Trevor Hastie 和 Robert Tibshirani 编写的 mda 程序包，对于每个预变量及预测变量间的相互作用，MARS 自动选择所需的平滑度。可以认为，在预测未来情景时，变量选择没有被考虑，但需要确定互作的最大程度。

7）广义助推模型

本研究使用的是 boosting regression tree（Ridgeway，1999），即每个广义助推模型中都包含大量的相对简单的分类树，例如，将预测变量空间基于一定的分类法则，依照响应变量的递归划分成尽量同质的组。采用一个解释变量的简单规则递归将数据分组，从而得到回归树。每次化分组时，数据都将划分为两个互不兼容的组，每个组内尽量同质。在广义助推模型中采用 boosting 提取数据集，还有一种很常用的提取数据集方法是 bagging（boosting aggregating 装袋算法）。两种方法的区别是：bagging 训练集的选择是随机的，各轮训练集之间是相互独立的；而 boosting 训练集的选择不是独立的，各轮训练集的选择与前面各轮的学习结果有关；bagging 的各个预测函数没有权重，而 boosting 是有权重的；bagging 的各个预测函数可以并行生成，而 boosting 的各个预测函数只能顺序生成。

可以指定交叉验证的次数来最优化树的数目，从而在预测新的独立点时，将模型的预测准确性最大化，避免不必要的模型复杂性。目前没有一个在运算前确定树数目的方法，2000～5000 之间是一个好的折中方案。更为重要的是，BRT 可以获得模型中每个变量的相对重要值。可以应用置换方法，将每个预测变量随机置换，计算相应的模型预测能力的变化。

8) 随机森林

随机森林模型应用 Breiman 的随机森林算法来进行分类与回归。随机森林同上面提到的广义助推模型原理相似，都是通过对大量的分类树的计算得到的。不同的是，两种方法在建立分类树时对原始数据的提取方式不同。随机森林的计算过程是在输入向量中对一个新对象分类，将输入向量放到每棵树下。每棵树将给出其分类信息，所有树对其分类信息进行打分。随机森林将在所有的树中搜寻得分最高的打分结果。

每棵树的建立如下所示：如果给出训练集合的情形为 N，从原始数据开始，将样本的 N 个情形可替换的随机给出。这个样本就是建树的训练数据。如果有 M 个待输入变量，令 $m<<M$，使 m 应对于每个节点，在 M 中随机选取 m 个变量，对节点分组。随着森林的生长，m 值为常数。每棵树尽最大可能性生长，没有剪枝过程。

在随机森林的原始文献中，随机森林的误差取决于两个因素：

（1）森林中两棵树的相关性。随着相关性的增大，森林的误差也增大。

（2）森林中每棵树的强度。误差率低的树是更好的分类结果。每棵树的分类能力的增加降低了森林误差率。

m 的减小同时减小树的相关性，但是也减小其强度；m 的增加也同时增加两者。两者之间 m 最优的取值范围通常相当宽泛。利用 oob 误差率可以快速找到 m 值。这只是随机森林敏感的参数，是可以调整的。

随机森林的特征包括：可以有效地处理大量数据；在不去除变量的情况下，处理数以千计的输入变量；给出变量在分类中的重要性估计；森林建立过程中生成一个内部无偏的总体误差估计；对于样本量不等的数据集，可以平衡误差；提供了一种检验变量相互作用的验证方法。

上面介绍了模型核心算法的基本情况，JLCM 使用以上算法量化土地利用格局与驱动因素间的关系，本研究使用 0～1 之间的概率值（p_{ij}^t）所表示的土地利用类型适宜度来反映两者之间的关系。为了能更好地模拟土地利用变化的随机过程与空间相关性，本研究把元胞自动机原理融入空间分配过程中，过程如下：使用其他土地利用变化驱动因素计算的土地利用适应性指数，计算过程考虑到元胞自动机理论。

$$p_{ij}^t = RA \times p_{ij}^t \times \Omega_{ij}^t \qquad (12.4)$$

邻域函数通过一个 3×3 的核计算土地利用在空间上的相互影响，其公式表达为

$$\Omega_{ij}^t = \frac{\sum_{3\times3} \mathrm{con}(l_{ij}=1)}{3\times3-1} \qquad (12.5)$$

式中，Ω_{ij}^t 为邻域函数，这里表示 3×3 邻域中的土地开发密度；con()为一个条件函数：把土地利用类型转变为二项数据(0, 1)条件下。如果 l_{ij} 为 1，那么 con()返回真，否则返回假。

为了使模拟结果更接近于实际情况，将随机变量引入到 CA 模型中。为此，我们也把随机项引入到本研究的 CA 模型中。该随机项可以表达为

$$RA = 1 + (-\ln r)^a \qquad (12.6)$$

其中，r 为落在[0, 1]范围内的随机数；a 为控制随机变量大小的参数。

在每一个小栅格上比较不同土地利用类型的适宜度，选择适宜度最高的土地利用类型作为该栅格的土地利用类型，通过设置不同土地利用类型的转化弹性来完成迭代过程，迭代停止的依据是空间分配的土地利用类型面积与给定的面积相等或在一定误差范围内（本研究允许误差在 1%以内）。保护区是指不参加空间分配的空间区域，一般指在空间分配前已知的不变动区域，如自然保护区、固定建筑物等。

12.5　土地利用变化对生态水文过程的影响研究

土地利用方式是影响流域水循环的重要因子（Arnold et al.，2012）。土地利用方式的剧烈变化影响着区域蒸发、产流、入渗和汇流等一系列过程在时空尺度上的分布情况，从而改变了生态水文过程的自然规律（程国栋等，2014）。鉴于流域水文过程的复杂性和研究的不确定性，把不同情景模式下的土地利用变化数据作为流域生态水文过程模型的情景模拟条件成为预测流域水文过程时空变化、增进理解流域生态水文过程机理、综合多学科理论知识和支持流域生态管理及决策的有力工具和手段（Bicknell et al.，2001；Arnold et al.，2012）。

虽然众多学者把情景模拟与流域生态水文过程模型很好地结合到一块，揭示了宏观尺度上的土地利用方式变化对流域生态水文过程的影响（张建云等，2008）。但考虑到流域水文过程的复杂性，目前在情景模拟的时空尺度选取和设置方向还可能存在问题：①情景模拟设置的时间尺度问题。在未来流域土地利用方式变化情景下，流域能量、水、碳、氮循环过程应该是一个长期累积渐变的过程，而当前许多的流域生态水文过程情景分析模拟的时间尺度往往在十年或者更短的时间尺度内，这就会造成对未来流域生态水文过程预测的系统性偏差（Arnold et al.，

2012）。②情景模拟设置的空间尺度问题。当前流域生态水文过程情景模拟主要以宏观尺度的流域水文过程为主。实际上，流域生态水文过程情景模拟需要把宏观尺度的流域水文过程和微观尺度上的生物地球化学循环研究（如水、碳、氮循环，土壤微生物过程）。③情景模拟设置的方向。简单的流域水文预测与模拟已经不能满足各个方面的要求，分析和量化流域生态水文过程与流域生态可持续发展的关系成为必然（Vico and Porporato，2015）。流域生态水文过程已经从原先的"自然"模式占主导逐渐演化为"自然-社会"相耦合的二元模式，其中社会水循环通量的不断加大，影响了流域水循环系统原有的生态和环境服务功能，从而引发一系列生态、环境与资源问题（Kopprio et al.，2014）。

  本书把土地利用变化模型融合于流域生态系统模型中在设定参数不变的条件下，通过运行土地利用变化模型输出土地利用数据，传输到流域生态系统模型中，研究流域水文过程重要表征参数的变化规律，评价气候变化和景观格局变化对流域生态水文过程的影响，量化未来情景下亚热带流域的安全单日碳氮排放量和未来情景下流域生态系统对碳氮持留的最大安全容量，以及未来情景下亚热带不同景观格局下流域生态功能（水质净化功能）对环境变化压力的抗性与恢复能力。

参 考 文 献

摆万奇, 柏书琴. 1999. 土地利用和覆盖变化在全球变化研究中的地位与作用. 地域研究与开发, 18(4): 13-16.

摆万奇, 赵士洞. 2001. 土地利用变化驱动力系统分析.资源科学, 23(3): 39-41.

卜心国, 王仰麟, 吴建生. 2008. 深圳快速城市化中地形对景观垂直格局的影响. 地理学报, 63(1) : 75-82.

蔡运龙. 1992. 土地结构分析的方法及应用. 地理学报, 47(2): 146-155.

陈百明, 刘新卫, 杨红. 2003. LUCC 研究的最新进展评述. 地理科学进展, 22(1): 22-29.

陈爽, 姚士谋, 章以本. 1999. 中国城市化水平的综合思考. 经济地理, 4: 111-116.

程国栋, 肖洪浪, 傅博杰, 等. 2014. 黑河流域生态-水文过程集成研究进展, 29: 431-437.

段增强, Verburg P H, 张凤荣, 等. 2004. 土地利用动态模拟模型的构建及其应用——以北京市海淀区为例. 地理学报, 59 (6): 1037-1047.

高彦春, 牛铮, 王长耀. 2000. 遥感技术与其全球变化的研究. 地球信息科学, 6(2): 46-48.

高志强. 1998. 基于遥感和 GIS 的中国土地资源时空变化及保护利用对策研究. 中国科学院研究生院博士学位论文.

顾朝林. 1999. 北京土地利用/覆盖变化机制研究. 自然资源学报, 14(4): 307-312.

何春阳, 史培军, 李景刚, 等. 2004. 中国北方未来土地利用变化情景模拟. 地理学报, 59(4): 599-608.

黄庆旭, 史培军, 何春阳, 等. 2006. 中国北方未来干旱化情景下的土地利用变化模拟. 地理学报, 61(21): 1299-1310.

黄秋昊, 蔡运龙. 2005. 国内几种土地利用变化模型述评. 中国土地科学, 9(5): 25-30.

荆玉平, 张树文, 李颖. 2007. 城乡交错带景观格局及多样性空间结构特征——以长春净月开发区为例. 资源科学, 29(5): 43-50.

黎夏, 刘小平, 李少英. 2010. 智能式 GIS 与空间优化. 北京: 科学出版社.

黎夏, 叶嘉安, 刘小平, 等. 2007. 地理模拟系统: 元胞自动机与多智能体. 北京: 科学出版社.

黎夏. 2004. 珠江三角洲发展走廊 1988～1997 年土地利用的时空变化特征. 自然资源学报, 19(3): 307-315.

廖进中, 韩峰, 张文静, 等. 2010. 长株潭地区城镇化对土地利用效率的影响. 中国人口·资源与环境, 20(2): 30-36.

林超, 李昌文. 1980. 北京山区土地类型研究的初步总结. 地理学报, 35(3): 3-15.

刘春蓁. 2003. 气候变异与气候变化对水循环影响研究综述. 水文, 23(4): 1-7.

刘国华, 傅伯杰, 吴钢. 2003. 环渤海地区土壤有机碳库及其空间分布格局. 应用生态学报, 14 (9): 1489-1493.

刘纪远, 张增祥, 庄大方, 等. 2005. 20 世纪 90 年代中国土地利用变化的遥感时空信息研究. 北京: 科学出版社.

刘纪远. 1996. 中国资源环境遥感宏观调查与动态研究. 北京: 中国科学技术出版社.

刘小平, 黎夏, 艾彬. 2006. 基于多智能体的土地利用模拟与规划模型. 地理学报, 61(10): 1101-1112.

刘新亮, 秦红灵, 魏文学, 等. 2011. 长沙市蔬菜地土壤有效养分的空间变异性分析. 土壤通报, 42(4): 833-840.

刘英, 赵荣钦. 2004. 土地利用/覆盖变化研究的现状与趋势. 河北师范大学学报(自然科学版), 28(3): 310-315.

龙花楼, 李秀彬. 2001. 长江沿线样带土地利用变化时空模拟. 地理研究, 20(6): 660-668.

卢远. 2005. 吉林西部土地利用土地覆盖变化及其生态效应. 长春: 吉林大学博士学位论文.

欧阳婷萍, 朱照宇, 匡耀求. 2002. 广州的城市化与耕地保护. 城市问题, 2: 37-41.

欧阳婷萍. 2003. 城市化——解决人地矛盾的重要途径. 城市问题, 5: 10-13.

史培军, 宫鹏, 李晓兵, 等. 2000. 土地利用/土地覆盖变化研究的方法与实践. 北京: 科学出版社.

史育龙. 2000. 我国城镇化进程对土地资源影响程度的分析. 中国人口·资源与环境, 2: 45-49.

王国强. 2004. 城市化道路与土地利用. 国土资源科技管理, 6: 60-63.

王万良. 2005. 人工智能及其应用. 北京: 高等教育出版社.

王秀兰, 包玉海. 1999. 土地利用动态变化研究方法探讨. 地理科学进展, 18(1): 60-64.

魏伟, 周婕, 许峰. 2006. 大城市边缘区土地利用时空格局模拟——以武汉市洪山区为例. 长江流域资源与环境, 15(2): 174-179.

邬建国. 2007. 景观生态学——格局、过程、尺度和等级(第 2 版). 北京: 高等教育出版社.

吴传钧, 郭焕成. 1994. 中国土地利用. 北京: 科学出版社.

吴启焰, 张京祥, 朱喜刚. 2002. 现代中国城市居住空间分异机制的理论研究. 人文地理, 17(3): 26-30.

吴启焰. 2001. 大城市居住空间分异研究的理论与实践. 北京: 科学出版社.

徐宗本, 张讲社, 郑亚林. 2005. 计算智能中的仿生学: 理论与算法. 北京: 科学出版社.

杨桂山. 2001. 长江三角洲近 50 年耕地数量变化的过程与驱动机制研究. 自然资源学报, 16(2): 120-122.

姚永慧, 张百平, 罗扬, 等. 2006. 网格计算法在空间格局分析中的应用. 地球信息科学, 8(1): 73-75.

余方镇. 2005. 城镇化与土地资源集约利用研究. 开发研究, 2: 80-82.

张飞, 塔西浦提拉特依拜. 2006. 干旱区绿洲土地利用景观空间格局动态变化研究. 资源科学, 28(6): 167-170.

张华, 张勃. 2005. 国际土地利用/覆盖变化模型研究综述. 自然资源学报, 20(3): 422-431.

张建云, 王国庆, 杨扬, 等. 2008. 气候变化对中国水安全的影响研究. 气候变化研究进展. 4: 290-295.

张秋菊, 傅伯杰, 陈利顶. 2003. 关于景观格局变化演变研究的几个问题. 地理科学, 23(3): 264-270.

张树文, 张养贞, 李颖. 2006. 土地利用/覆被时空特征分析. 北京: 科学出版社.

周成虎, 孙站利, 谢一春. 1999. 地理元胞自动机研究. 北京: 科学出版社.

周广胜, 张新时, 郑元润. 1997. 中国陆地生态系统对全球变化的反应模式研究进展. 地球科学进展, 12(3): 270-272.

朱会义, 李秀彬. 2003. 关于区域土地利用变化指数模型方法的讨论. 地理学报, 58(5): 643-650.

Anderson J R. 1961. Toward more effective methods of obtaining land use data in geographic research. The Professional Geographer, 13: 15-18.

Anderson J R. 1976. A land use and land cover classification system for use with remote sensor data. U S Geological Survey Professional Paper 946. Washington DC: USGPO.

Arnold J G, Moriasi D N, Gassman P W, et al. 2012. SWAT: Model use, calibration, and validation. Transactions of the ASABE, 55: 1491-1508.

Baker W L, Cai Y. 1992. The role programs for multi-scale analysis of landscape structure using the GRASS geographic information system. Landscape Ecology, 7: 291-302.

Batty M, Longley P A. 1994. Fractal Cities. London: Academic Press.

Batty M, Xie Y. 1994. From cells to cities. Environment and Planning B: Planning and Design, 21: 531-548.

Batty M. 1995. New ways of looking at cities. Nature, 377: 574.

Bender O, Boehmer H J, Jens D, et al. 2005. Analysis of land-use change in a sector of Upper Franconia (Bavaria, Germany) since 1850 using land register records. Landscape Ecology, 20: 149-163.

Bolker B M, Brooks M E, Clark C J, et al. 2009. Generalized linear mixed models: a practical guide for ecology and evolution. Trends in Ecology & Evolution, 24(3): 127-135.

Braid R M. 1988. Optimal spatial growth of employment and residences. Journal of Urban Economics, 36: 79-97.

Breiman L, Friedman J H, Olshen R A, et al. 1984. Classification and regression trees. New York: Chapman and Hall.

Breiman L. 2001. Random Forests. Machine Learning, 45(1): 5-32.

Buisson L, Thuiller W, Casajuss N, et al. 2010. Uncertainty in ensemble forecasting of species distribution. Global Change Biology, 14: 2232-2248.

Chapman C A, Chapman L J. 1999. Forest restoration in abandoned agricultural land: a case study from East Africa. Conservation Biology, 13: 1301-1311.

Clark L A, Pregibonm D. 1992. Tree-Based Models. In: Chambers J M, Hastie T J. Statistical Models in S. Boca Raton, Chapman and Hall/CRC.

Conroy M J, Runge M C, Nichols J D, et al. 2011. Conservation in the face of climate change: the roles of alternative models, monitoring, and adaptation in confronting and reducing uncertainty. Biological Conservation, 144(4): 1204-1213.

Cressie N, Calder C A, Clark J S, et al. 2009. Accounting for uncertainty in ecological analysis: the strengths and limitations of hierarchical statistical modeling. Ecological Application, 19(3): 553-570.

Crk T, Uriarte M, Corsi F, et al. 2009. Forest recovery in a tropical landscape: what is the relative importance of biophysical, socioeconomic, and landscape variables? Landscape Ecology, 24: 629-642.

De Veaux R D, Psichogios D C, Ungar L H. 1993. A comparison of two nonparametric estimation schemes: MARS and neural networks. Computer & Chemical Engineering, 17(8): 819-837.

Deng X Z, Su H B, Zhan J Y. 2008. Integration of multiple data sources to simulate the Dynamics of Land Systems. Sensors, 8(2): 620-634.

Dong X F, Liu L C, Wang J H, et al. 2009. Analysis of the landscape change at River Basin scale based on SPOT and TM fusion remote sensing images: a case study of the Weigou River Basin on the Chinese Loess Plateau. International Journal of Earth Sciences (Geol Rundsch), 98: 651-664.

Dupouey J L, Dambrine E, Laffite J D, et al. 2002. Irreversible impact of past land use on forest soils and biodiversity. Ecology, 83: 2978-2984.

Elith J, Graham C H, Anderson R P, et al. 2006. Novel methods improve prediction of species' distributions from occurrence data. Ecography, 29: 129-151.

Ernoult A, Freiré-Diaz S, Langlois E, et al. 2006. Are similar landscapes the result of similar histories? Landscape Ecology, 21: 631-639.

Falcucci A, Maiorano L, Boitani L. 2007. Changes in land-use/land-cover patterns in Italy and their implications for biodiversity conservation. Landscape Ecology, 22: 617-631.

Fischer J, Lindenmayer D B. 2007. Landscape modification and habitat fragmentation: a synthesis. Global Ecology and Biogeography, 16: 265-280.

Forman R T T, Godron M. 1986. Landscape Ecology. New York: Wiley.

Fotheringham S. 2003. Geographically Weighted Regression: The analysis of Spatially Varying Relationships. West Sussex: John Wiley & Sons Ltd.

Friedman J H, Hastie T J, Tibshirani R. 2000. Additive logistic regression: a statistical view of boosting. Annals of Statistics, 28: 337-374.

Friedman J H. 1991. Multivariate additive regression spline. Annals of Statistics.

Friedman J H. 2001. Greedy function approximation: A gradient boosting machine. Annals of Statistics, 29: 1189-1232.

Fu B J, Liang D, Lu N. 2011. Landscape ecology: coupling of pattern, process, and scale. Chinese Geographic Science, 21: 385-391.

Fu B J, Zhao W Z, Chen L D, et al. 2005. Eco-hydrological effects of landscape pattern change. Landscape and Ecological Engineering, 1: 25-32.

Fu X Q, Li Y, Su W J, et al. 2012. Annual dynamics of N_2O emissions from a tea field in southern subtropical China. Plant Soil and Environment, 58: 373-378.

Fujihara M, Hara K, Da L J, et al. 2010. Landscape and stand structures in a hilly agriculture area in Fenghua City, Zhejiang Province, China: impact of fuelwood collection. Landscape and Ecological Engineering DOI 10.1007/s11355-010-0141-0.

Fujiwara H. 1993. Research into the history of rice cultivation using plant opal analysis. In: Pearsall D M, Piperno D R eds. Current research in Phytolith Analysis: application in archaeology and paleoecology. MASCA Research Papers in Science and Archaeology, 10: 147-158.

Gardner R H, O'Neill R V. 1991. Pattern, process, and predictability: the use of neutral models for landscape analysis. In: Turner M G, Gardner R H. eds. Quantitative Methods in Landscape Ecology. New York: Springer-Verlag: 289-307.

Guisan A, Overton J M C, Aspinall R, et al. 2006. Making better biogeographical predictions of Species' distributions. Journal of Applied Ecology, 43: 386-392.

Hageback J, Sundberg J, Ostwald M, et al. 2005. Climate variability and land-use change in

Danangou Watershed, China-Examples of small-scale farmers' adaptation. Climatic Change, 72: 189-212.

Hamann A, Gylander T, Chen P Y. 2011. Developing seed zones and transfer guidelines with multivariate regression trees. Tree Genet Genomes, 7: 399-408.

Hamre L N, Domaas S T, Austad I, et al. 2007. Land-cover and structural changes in a western Norwegian culture landscape since 1865, based on an old cadastral map and a field survey. Landscape Ecologyl, 22: 1563-1574.

Hanley J A, McNeil B J. 1982. The meaning and use of the area under a receiver operating characteristic (ROC) curve. Radiology, 142: 29-36.

Hastie T, Tibshiani R, Bujia A. 1994. Flexible discriminant analysis by optimal scoring. Journal of the American Stafishical Association, 89: 1255-1270.

Hastie T, Tibshiani R. 1996. Discriminant analysis by Gaussian mixture. Journal of Royal Stafishical Society-Series B 58:158-176.

Hastie T J, Tibshirani R. 1990. Generalized additive models. London: Chapman and Hall.

He J F, Liu J Y, Zhuang D F, et al. 2007. Assessing the effect of land use/land cover change on the change of urban heat island intensity. Theoretical and Applied Climatology, 90: 217-226.

He Y F, Zhang B, Ma C Q. 2004. The impact of dynamic change of cropland on grain production in Jilin. Journal of Geographical Sciences, 14: 56-62.

Heilig G K. 1995, Neglected dimensions of global land use change: relations and data. Population and Development Review, 20: 831-859.

Hessburg P F, Smith B G, Salter R B. 1999. Detecting change in forest spatial patterns from reference conditions. Ecological Applications, 9: 1232-1252.

Houghton R A. 1994. The worldwide extent of land-use change. Bioscience, 44: 305-313.

IPCC. 2001. Atmospheric chemistry and greenhouse gases. In climate change 2001: the Scientific Basis. New York: Cambridge University Press: 248-253.

Jelinski D E, Wu J. 1996. The modifiable areal unit problem and implications for landscape ecology. Landscape Ecology, 11: 129-140.

Jiang Y, Liu J, Cui Q, et al. 2011. Land use/land cover change and driving force analysis in Xishuangbanna region in 1986-2008. Frontiers of Earth Science, 5: 288-293.

Kopprio G, Biancalana F, Fricke A. 2014. Global change effects on biogeochemical processes of Argentinian estuaries: An overview of vulnerabilities and ecohydrological adaptive outlooks. Marine Pollution Bulletin, 91(2): 554-562.

Lambin E F, Baulies X, Bockstael N, et al. 1999. Land-Use and Land-Cover change (LUCC): Implementation Strategy. IGBP Report No.48 and IHDP Report No.10, International Geosphere-Biosphere Programme, International Human Dimension on Global Environment Change Programme, Stockholm Bonn.

Lee W T. 1922. The face of the earth as seen from the air: A study in the application of airplane photography to geography. New York: American Geographical Society, Special Publication 4.

Li X, Lu L, Cheng G D, et al. 2001. Quantifying landscape structure of the north of Heihe River Basin, northwest China using FRAGSTATS. Journal of Arid Environments, 48: 521-535.

Li X, Yeh A G O. 2000. Modeling sustainable urban development by the integration of constrained cellular automata and GIS. International Journal of Geographical Information Science, 14(2): 131-152.

Li X, Yeh A G O. 2004. Data mining of cellular automata's transition rules. International Journal of Geographical Information Science, 18(8): 723-744.

Li X, Yeh A G O. 2002. Neural-network-based cellular automata for simulating multiple land use changes using GIS. International Journal of Geographical Information Science, 16(4): 323-343.

Li X. 2011. Emergence of bottom-up models as a tool for landscape simulation and planning. Landscape and Urban Planning, 100(4): 393-395.

Li X H, Tian H D, Wang Y, et al. 2012. Vulnerability of 208 endemic or endangered species in China to the effects of climate change. Regional Environmental Change. DOI: 101007/s10113-012 -0344-z.

Liu C R, Berry P M, Dawson T P, et al. 2005. Selecting thresholds of occurrence in the prediction of species distributions. Ecography, 28(3): 385-393.

Liu X H, Wang J F, Liu M L, et al. 2005. Spatial heterogeneity of the driving forces of cropland change in China. Science in China Series D: earth Sciences, 48: 2231-2240.

Liu X L, Li Y, Shen J L, et al. 2013. Landscape pattern changes at a catchment scale: a case study in the upper Jinjing river catchment in subtropical central China from 1933 to 2005. Landscape and Ecological Engineering DOI: 101007/s11355-013-0221-z.

Liu X P, Li X, Shi X, et al. 2012 A multi-type ant colony optimization (MACO) method for optimal land use allocation in large areas. International Journal of Geographical Information Science, 26(7): 1325-1343.

Liu Y B, Nishiyama S, Kusaka T. 2003. Examining landscape dynamics at a watershed scale using landsat TM imagery for detection of wintering hooded crane decline in Yashairo, Japan. Environmental Management, 31: 365-376.

Lu A G, Suo A N. 2010. Relationship between landscape change and its driving factors in Jinghe river watershed on the Loess Plateau. CESCE, 2010 International Conference: 178-180.

Luo J, Nagaraj K. 2008. Modeling urban growth with geographically weighted multinomial logistic regression. Proceedings of SPIE, the International Society for Optical Engineering, 7144: 71440M.

Manel S, Dias J M, Ormerod S J. 1999. Comparing discriminant analysis, neural networks and logistic regression for predicting species distributions: a case study with a Himalayan river bird. Ecological Modelling, 120: 337-347.

Marschner F J. 1959. Land Use and Its Patterns in the United States. Washington, DC: US Department of Agriculture, Agriculture Handbook No.153 (with map at 1: 5 000000).

McCullagh P, Nelder J A. 1989. Generalized Linear Models. London: Chapman and Hall.

McGarigal K, Cushman S A, Ene, E. 2012. FRAGSTATS v4: spatial pattern analysis program for categorical and continuous maps.

McGarigal K, Marks B J. 1994. FRAGSTATS: spatial pattern analysis program for quantifying landscape structure reference manual forest science department. Corvallis: Oregon State University.

McKee T B, Doesken N J, Kleist J. 1993. The relationship of drought frequency and duration to time scales. Anaheim: American Meteorological Society, 2: 179-184.

McRae B H, Schumaker N H, Mckane R B, et al. 2008. A multi-model framework for simulating wildlife population response to land-use and climate change. Ecological Modelling, 219(1-2): 77-91.

Moisen G G, Frescino T S. 2002. Comparing five modeling techniques for predicting forest characteristics. Ecological Modelling, 157: 209-225.

Morin X, Thuiller W. 2009. Comparing niche- and process-based models to reduce prediction uncertainty in species range shifts under climate change. Ecology, 90(5): 1301-1313.

Musgrave T, Musgrave W. 2002. An Empire of Plants: People and Plants that Changed the World, Octopus Publishing Group, UK.

Napton D E, Auch R F, Headley R, et al. 2010. Land changes and their driving forces in the Southeastern United States. Regional Environmental Change, 10: 37-53.

National Climate Center. 2000. An Assessment System for Impact of Climate Anomaly on Social-Economic Aspects, National Key Project (1996-2000): Studies on Short-Term Climate

Prediction in China, Subproject 3, Beijing, China.

Nelder J, Wedderburn R. 1972. Generalized linear models. Journal of the Royal Statistical Society. Series A (General), 135(3): 370-384.

O'Neill R V, Krummel J R, Gardner R H, et al. 1988. Indices of landscape pattern. Landscape Ecology, 1: 153-162.

Palmer W C. 1965. Meteorological Drought. Washington DC: Department of Commerce Weather Bureau.

Perry G L W. 2002. Landscapes, space and equilibrium: shifting viewpoints. Progress in Physical Geography, 26: 339-359.

Pielke Sr R A. 2005. Land use and climate change. Science, 3(3): 1625-1626.

Pontius J R G, Schneider L C. 2001. Land-cover change model validation by an ROC method for the Ipswich watershed Massachusetts, USA. Agriculture, Ecosystems and Environment, 85: 239-248.

Price J C. 2004. Assessment of the urban heat island effect through the use of satellite data. Monthly Weather Review, 107(11): 1554-1557.

Radeloff V C, Hammer R B , Stewart S I. 2005. Rural and suburban sprawl in the U.S. Midwest from 1940 to 2000 and its relation to forest fragmentation. Conservation Biology, 19: 793-805.

Ramankutty N, Foley J A. 1999. Estimating historical changes in global land-cover: Croplands from 1700 to 1992. Global Biogeochemical Cycles, 13: 997-1027.

Reid R S, Kruska R L, Muthui N, et al. 2000. Land-use and land-cover dynamics in response to changes in climatic, biological and socio-political forces: the case of southwestern Ethiopia. Landscape Ecology, 15: 339-355.

Reilly J M, Schimmelpfennig D. 1999. Agriculture impact assessment, vulnerability and the scope for adaptation. Climate Change, 43: 745-788.

Ridgeway G. 1999. The state of boosting. Computing Science and Statistics, 31: 172-181.

Ripley B D. 1996. Pattern Recognition and Neural Networks. Cambridge: Cambridge University Press.

Roy H Y. 1999. Landscape pattern: context and process. Issues in landscape ecology. International Association for landscape Ecology: 33-37.

Seto K C, Gűneralp B, Hutyra, L. 2012. Global forecasts of urban expansion to 2030 and direct impacts on biodiversity and carbon pools. Proceedings of the National Academy of Sciences, 109(40): 16083-16088.

Shao J A, Huang X Q, Qu M, et al. 2005. Land use change and its socio-economic driving forces under stress of project in old reservoir area, Case study of Linshui reservoir area of Dahonghe reservoir in Sichuan province. Chinese Geographical Science, 15: 315-324.

Smit B, Cai Y L. 1996. Climate change and agriculture in China. Global Environemental Change, 6: 205-214.

Steiner F, Blair J, Mcsherry L, et al. 2000. A watershed at a watershed: the potential for environmentally sensitive area protection in the upper San Pedro Drainage Basin (Mexico and USA). Landscape and Urban Planning, 49: 129-148.

Stohlgren T J, Chase T N, Pielke R A, et al. 1998. Evidence that local land use practices influence regional climate, vegetation, and stream flow patterns in adjacent natural areas. Global Change Biology, 4: 495-504.

Swets J A. 1988. Measuring the accuracy of diagnostic systems. Science, 240: 1285-1293.

Teixeira A M G, Soares-Filho B S, Freitas S R, et al. 2009. Modeling landscape dynamics in an Atlantic Rainforest region: implication for conservation. Forest Ecology and Management, 257: 1219-1230.

Thuiller W, Araújo M, Lavorel S. 2003. Generalized models VS Classification tree analysis: Predicting spatial distributions of plant species at different scales. Journal of Vegetation Science, 14: 669-680.

Thuiller W, Lafourcade B, Engler R, et al. 2009. BIOMOD-a platform for ensemble forecasting of species distributions. Ecography, 32: 369-373.

Thuiller W. 2004. Pattern and uncertainties of species' range shifts under climate change. Global Change Biology, 10: 2020-2027.

Turner II B L, Meyer, W B, 1991. Land use and land cover in global environmental change: Consideration for study. International Social Science Journal, 43: 667-679.

Turner II B L, Skole D L, Sanderson S, et al. 1995. Land-Use and Land-Cover Change: Science/Research Plan. IGBP Report NO. 35; HDP Report NO. 7. Stockholm and Geneva.

Turner II B L. 1989. The human causes of global environmental change. In: DeFries, R.S., Malone, T.F. (eds) Global change and our common future: Papers from a forum (Committee on Global Change, National Research Council). Washington, DC: National Academy of Sciences: 90-99.

Turner M G, Gardner R H. 1991. Quantitative methods in landscape ecology: the analysis and interpretation of landscape. New York: Springer.

Valbuena D, Bregt A K, McAlpine C A, et al. 2010. An agent-based approach to explore the effect of voluntary mechanisms on land use change: a case in rural Queensland, Australia. Journal of Environment Management, 91(12): 2615-2625.

Valbuena D, Verburg P H, Veldkamp A, et al. 2010. Effects of farmer'decisions on the landscape structure of a Dutch rural region. Landscape and Urban Planning, 97(2): 98-110.

Verburg P H, Eickhout B, van Meij H. 2008. A multi-scale, multi-model approach for analyzing the future dynamics of European land use. The Annals of Regional Science, 42: 57-77.

Verburg P H, Kok K, Pontius R G Jr, et al. 2006. Modeling Land-Use and Land-Cover Change In: Lambin E, Geist, H. eds. Land-use and Land-cover Change: Local Processes and Global Impacts. Berlin: Springer.

Verburg P H, Schot P P, Dijst M J, et al. 2004. Land use change modeling: current practice and research priorities. GeoJournal, 61: 309-324.

Verburg P H, Soepboer W, Limpiada R, et al. 2002. Modeling the spatial dynamics of regional land use: The CLUE-S model. Environmental Management, 30: 391-405.

Verburg P H, van Berkel D B, van Doorn A M, et al. 2010. Trajectories of land use change in European: a model-based exploration of rural futures. Landscape Ecology, 25: 217-232.

Vicente-Serrano S M, Begueria S, López-Moreno J I. 2010. A multiscalar drought index sensitive to global warming: the standardized precipitation evapotranspiration index. Journal of Climate, 23 (7): 1696-1718.

Vico G, Porporato A. 2015. Ecohydrology of agroecosystems: quantitative approaches towards sustainable irrigation. Bulletin of Mathematical Biology, 77: 298-318.

Vliet J V, Zanker A H, Hurkens J, et al. 2013. A fuzzy set approach to assess the predictive accuracy of land use simulations. Ecological Modelling, 261-262: 32-42.

Vogelmann J E. 1995. Assessment of forest fragment in southern New England using remote sensing and geographic information system technology. Conservation Biology, 9: 439-449.

White R, Engelen G. 1993. Cellular automata and fractal urban form: a cellular modeling approach to the evolution of urban land use patterns. Environmental Management A, 25: 1175-1199.

Whitney G G. 1994. From Coastal wilderness to fruited plain: a history of environmental change in temperate North America from 1500 to the present. Cambridge: Cambridge University Press.

Wieand K F. An extension of the monocentric urban spatial equilibrium model to a multi-center setting: the case of the two-center city. Journal of urban economics. 1987, 21: 259-271.

William L. Urban influences on the amount and structure of agriculture in the North-Eastern United Stated. Landscape and urban planning. 1988, 16: 229-244.

Wu F, Webster C J. 1998. Simulation of land development through the integration of cellular automata and multi-criteria evaluation. Environmental Management B, 25: 103-126.

Wu F. 2002. Calibration of stochastic cellular automata: the application to rural-urban land conversions. International Journal of Geographical Information Science, 16(8): 795-818.

Wu J. 2002. Landscape ecology: pattern, process, scale and hierarchy. Beijing: Higher Education Press.

Xie Y C, Yu M, Bai Y F, et al. 2006. Ecological analysis of an emerging urban landscape pattern-desakota: a case study in Suzhou, China. Landscape Ecology, 21: 1297-1309.

Yang C C, Prasher S O, Lacroix R, et al. 2004. Application of multivariate adaptive regression splines (MARS) to simulate soil temperature. Transactions of ASAE, 47(3): 881-887.

Zhang B, Cui H S, Yu L, et al. 2002. Land reclamation process in northeast China since 1900. Chinese Geographical Science, 13: 119-123.

Zhang H Y, Zhao X Y, Cai Y L, et al. 2000. Hunan driving mechanism of regional land use change: A case study of Karst Mountain areas of southwestern China. Chinese Geographical Science, 10: 289-295.

Zhang S Q, Wang A H, Zhang J Y, et al. 2003. The spatial-temporal dynamic characteristics of the marsh in the Sanjiang Plain. Journal of Geographical Sciences, 13: 201-207.

Zhao Y, Tomita M, Hara K, et al. 2011. Effects of topography on status and changes in land-cover patterns, Chongqing City, China. Landscape and Ecological Engineering. DOI 10.1007/s11355-011-0155-2.

Zheng X Q, Zhao L, Xiang W N, et al. 2012. A coupled model for simulating spatio-temporal dynamics of land-use change: A case study in Changqing, Jinan, China. Landscape and Urban Planning, 106: 51-61.

Zhou L M, Dickinsion R E, Tian Y H, et al. 2004. Evidence for a significant urbanization effect on climate in China. Proceedings of the National Academy of Sciences, 101: 9540-9544.

Zhou W Q, Huang G L, Pickett S T A, et al. 2011. 90 years of forest cover change in an urbanizing watershed: spatial and temporal dynamics. Landscape Ecology, 26: 645-659.

Zipperer W C. 2002. Species composition and structure of regenerated and remnant forest patches within an urban landscape. Urban Ecosystems, 6: 271-290.

Zou K H, O'Malley A J, Mauri L. 2007. Receiver-operating characteristic analysis for evaluating diagnostic tests and predictive models. Circulation, 115(5): 654-657.

13. 流域关键生态水文过程对气候变化的响应

13.1 气候变化研究现状

大气中的 CO_2 浓度不断增加，由工业革命前的 280 ppmv 增加到 2011 年的 391 ppmv，再加上其他温室气体（CH_4、N_2O）的快速增加，大气成分和辐射强迫发生变化，致使气候系统的能量平衡遭到破坏，改变了全球水循环，使得水资源在时空上重新分配，并对降雨、蒸发、径流、土壤湿度等造成直接或间接的影响（秦大河等，2007；IPCC，2013；程国栋等，2014）。为了研究气候变化的过程及其影响，1988 年由联合国环境规划署（United Nations Environment Programme，UNEP）与世界气象组织（Word Meteorological Organization，WMO）共同成立了政府间气候变化专门委员会（Intergovernmental Panel on Climate Change，IPCC），主要目的是评估目前气候变化的相关科学知识，以及对生态系统和社会经济的潜在影响。IPCC 成立以来，已多次组织各国科学家对全球气候变化进行研究，并发表了五次权威的评估报告（1990 年、1995 年、2001 年、2007 年和 2013 年）。

目前大部分研究是基于 IPCC 第四次报告中的情景模拟展开研究，此次报告对经济、人口、科技等社会因素做了大量评估，并结合不同情景、不同模拟方法构建出四个主要的排放情景模式，分别是 A1、A2、B1 和 B2（IPCC，2007）。其中，A1 情景描述的是一个经济增长快，全球人口数量在 21 世纪中期达到最高值随后下降，更高效的技术将被迅速引进的发展模式。该情景下又根据能源系统中技术变化的不同方向划分了三个子情景模式：化石燃料密集型（A1FI）、非化石燃料能源（A1T），以及各种能源之间的平衡（A1B）。A2 情景描述的是一个发展不均衡的未来世界。其主要特征是自给自足并保持地区特色，各地区生产力增加趋于缓慢，人口保持持续增加。B1 情景描述的是一个趋同的世界，但全球人口数量与 A1 情景相同。经济结构向服务和信息经济方向转变，材料密集程度下降，引进了清洁和资源高效技术。寻求经济、社会和环境可持续发展的全球解决方案是该情景模式的重点。B2 情景描述的是一个注重区域性解决经济、社会和环境可持续发展问题的世界。其特点是全球人口数量低于 A2 情景，经济发展处于中等水平，技术变化速度与 B1 和 A1 情景相比较为缓慢但更加多样化。未来全球气候变化在每个情景模式下都不一样，但所有情景模式下平均温度都在上涨。A1FI 情景模式下升温最多，B1 情景模式下升温最少（IPCC，2007）。

气候变化与人类活动之间的影响是相互的，因此 IPCC 第五次报告中给出了新的温室气体和气溶胶排放情景模式来评估人类活动导致的气候变化（IPCC，2013）。在 IPCC 第三次和第四次报告中采用的是 IS92 和 SRES 情景模式。SRES 是目前进行气候变化研究应用最广的情景模式，它同时考虑了社会变化、科技变化和人口增长模式等因素，但没有考虑气候变化政策对未来气候变化的影响。IPCC 第五次气候变化评估中建立了具有稳定浓度特征的代表性浓度路径 RCP（Representative Concentration Pathway）情景，它针对决策者和公众关心的近期气候变化进行了试验，包括区域气候影响、极值变化等方面。其中，"代表性"的含义是指每个 RCP 都是会导致某一辐射强迫特征的多个情景模式中的一个。"路径"是强调不仅关注了长期的浓度水平，也包含了近期的结果。RCP 情景采用并行开发模式，即气候模型工作者和综合评估者同时工作而并非按顺序逐步进行。气候模型工作者同时对气候、大气和碳循环进行模拟，并融入社会经济情景模拟。综合评估模型情景在新的 RCP 中起到很大的作用，因为它能帮助识别未来不同技术，以及社会经济及政策会导致哪种浓度路径和气候变化的程度（IPCC，2013）。RCP 包含以下四种情景。

（1）**RCP2.6**：在 2100 年之前，辐射强迫达到峰值（约 3.0 W·m^{-2}），随后下降。二氧化碳浓度达到峰值（490 ppmv）并开始下降，预计全球升温 1.6～3.6 ℃，变化趋势是先上升达到峰值后下降。

（2）**RCP4.5**：2100 年之后，辐射强迫稳定在 4.5 W·m^{-2}，二氧化碳浓度稳定在 650 ppmv，预计升温为 2.4～5.5 ℃，变化趋势是上升到目标值后稳定不变。

（3）**RCP6.0**：2100 年之后，辐射强迫稳定在 6.0 W·m^{-2}，二氧化碳浓度稳定在 850 ppmv，预计升温为 3.2～7.2 ℃，变化趋势是上升到目标值后稳定不变。

（4）**RCP8.5**：2100 年之后，辐射强迫稳定在 8.5 W·m^{-2}，二氧化碳浓度稳定在 1370 ppmv，预计升温为 4.6～10.3 ℃，变化趋势是一直上升。

为了研究耦合大气-海洋环流模式的模拟结果，并作为标准的试验准则，全球气候研究项目中的耦合模型工作组成立了耦合模型比较项目（Coupled Model Inter-comparison Project，CMIP），为气候模型的诊断、验证、比较、记录及数据获取提供支持。CMIP5（the Fifth phase of the CMIP）成立于 2008 年，包括了 20 多个模型研究中心对历史气候的模拟，以及在 RCP2.6、RCP4.5、RCP6.0 和 RCP8.5 情景下对未来气候变化的评估。本研究将在其中选择气候模式对未来气候变化对生态水文过程的影响进行评估。

13.2 小尺度气候变化研究方法

大气环流模型（GCM）是基于物理概念和数值计算的研究全球范围内大空间尺度、长时间尺度气候系统的复杂模型，是全球气候模式的重要组成部分。GCM 是基于旋转体的 Navier-Stokes 方程模拟大气、海洋、低温层及陆地物理过程的数学模型,其中海洋大气耦合的 GCM 能为决策提供较为准确的预估(Fowler,2007)。它包括了大气模式和海洋模式两个部分,其中的数学方程描述了辐射过程、风的能量转换过程、云的形成过程、蒸发和降雨过程,以及洋流的热量传递过程等复杂过程,是预测不同情景模式下未来降水、温度等气象变量的常用工具。GCM 把全球划分为多个三维网格,这些网格在水平方向上的分辨率为 250~600 km,垂直方向上大气层分层为 10~30 层。由于 GCM 的分辨率很低,其输出结果一般不能满足流域尺度上的水资源评估精度要求,因此需要采用降尺度的方法解决分辨率不匹配的问题。降尺度是用大尺度气候信息获得小尺度信息的工具,目前主要有两种降尺度方法,一是统计降尺度方法,二是动力降尺度方法。

13.2.1 统计降尺度方法

区域气候研究是以大尺度气候为背景,并且受区域下垫面特征,如地形、坡度、植被等因素影响。开展统计降尺度方法要基于以下三个假设条件(Xu,1999;Fowler,2007):一是大尺度气候场和区域气候要素场之间具有显著的统计关系;二是大尺度气候场能被 GCM 很好地模拟;三是在变化的气候情景下,建立的统计关系是有效的。所以统计降尺度方法就是采用历史观测气候资料建立大尺度气候因子和区域气候要素之间的统计关系,并使用独立的观测资料检验这种关系,最后应用这种关系将未来气候变化情景的 GCM 输出大尺度信息转化为区域气候变化情景。降尺度方法主要包含三类(范丽军等,2005):转换函数法、环流分型技术、天气发生器。

13.2.1.1 转换函数法

转换函数法根据建立统计函数的不同类型,分为线性转换函数法和非线性转换函数法。总的来说,包括多元线性回归方程法、主成分分析法、主成分分析与逐步线性回归相结合法、典型相关分析法、奇异值分解法、人工神经网络和支持向量机等。由 Wilby 等研究的统计降尺度模型(Statistical Downscaling Model,SDSM)是目前国内外应用最广泛的统计降尺度方法。SDSM 是一种基于 Windows 界面、研究区域和当地气候变化影响的决策支持工具(Wilby and Wigley,1997;Wilby,1998,2005;Wilby et al.,2003)。SDSM 融合了天气发生器和多元线性回归技术,在气候变化研究中得到广泛的应用(Harpham and Wilby,2005;Dibike and Coulibaly,2005;赵芳芳等,2008)。本书中应用 SDSM 的 5.2 版本对小流域的降水和气温进行降尺度研究。SDSM 主要通过两个步骤完成降尺度研究:一是建立预测量与预测因子之间的多样线性统计关系,并量化天气发生器所需参数;二是基于 GCM 的预估数据和上一步中生成的参数预测气候因子的未来日变化序列。具体预测过程如下:

模拟降水时，首先利用大尺度气候因子模拟降水的日发生概率，然后再模拟日降水量。具体表达式为

$$p_t = \alpha_0 + \sum_{j=1}^{n} \alpha_j \hat{U}_t^{(j)} + \alpha_{t-1} p_{t-1} \tag{13.1}$$

式中，t 为时间，单位是日；p_t 为 t 日发生降水的条件概率；$\hat{U}_t^{(j)}$ 为标准化后的预测因子；α_0 为方程的截距；α_j 为方程的回归系数；p_{t-1} 为 $t–1$ 日发生降水的条件概率；α_{t-1} 为 $t–1$ 日回归系数。

设定一阈值 b（$0 \leqslant b \leqslant 1$）确定 t 日是否发生降水，当 $p_t \leqslant b$ 时，t 日将发生降水。在降水日，降水可由分布 z-score 表示：

$$z_t = \beta_0 + \sum_{j=1}^{n} \beta_j \hat{U}_t^{(j)} + \beta_{t-1} Z_{t-1} + \varepsilon \tag{13.2}$$

式中，Z_t 是 z-score 分布在 t 日的值；β_j 为方程的回归系数；β_{t-1} 为 $t–1$ 日的回归系数；Z_{t-1} 为 z-score 分布在 $t–1$ 日的值；ε 为服从正态分布的随机误差。t 日的总降水量为

$$y_t = \mathrm{F}^{-1}[\Phi(Z_t)] \tag{13.3}$$

式中，Φ 为正态分布的累计分布函数；F 为 y_t 的经验分布函数。对于其他区域气候变量，如只需考虑量的变化，在建立模型时，该式不需要使用。

13.2.1.2 环流分型技术

该技术是对与区域气候变化有关的大尺度大气环流因子（如海平面气压场、位势场、气流指数场、风向场、风速场、云量等）进行分类，应用该方法对降水、气温等区域气候变量进行统计降尺度时，首先应用已有的大尺度大气环流和区域气候变量的观测资料，对与区域气候变量相关的大气环流因子进行分型；然后分别计算各环流型和区域气候变量的平均值、发生频率及方差分布；最后，把未来环流型的相对频率加权到区域气候中，计算出未来区域气候变量值。常用的分型方法包括相似法（Zorita et al.，1995）、平均权重串组法（Chen，2000）、PCA-平均权重串组法（Wilson et al.，1992）、人工神经网络分类法（Michaelides et al.，2001）和模糊规则分类法（Bárdossy et al.，2002）等。

13.2.1.3 天气发生器

天气发生器是一系列可以构建气候要素随机过程的统计模型，是一种复杂的随机数发生器。它主要通过拟合气候要素的观测值，得到统计模型的拟合参数，然后用统计模型模拟生成随机的气候要素的时间序列。它能够在缺乏实测数据时生成长时间序列，不仅能产生气候平均值，而且可以任意调整气候变频，生成任意长度的时间序列，是一种时间上的降尺度工具。常用的天气发生器有 WGEN、

LARS-WG 和 WeaGETS 等。天气发生器首先把降水时间序列分为干天和湿天，对降水频率进行 Markov 链模拟。如果是雨天，则采用指数或 Gamma 分布生成降雨量。其他的气候变量可以根据湿天或干天的状态随机生成。天气发生器的主要缺点是只根据单一变量的统计规律，忽略了气候变量间的相互影响。

13.2.2 动力降尺度方法

动力降尺度法最早由美国的 Giorgi 和 Dickinson 于 20 世纪 80 年代末提出，主要原理是通过建立与 GCM 耦合的高分辨率有限区域模型（LAM）或区域气候模型（RCM）来预测未来区域的气温、降雨等气候因素的变化情景。由于动力降尺度法具有明确的物理意义，且不受观测资料的影响，可以应用不同的分辨率，反映影响区域气候地面特征量及其气候本身的波动规律等特点，因此各国均发展与 GCM 耦合的区域气候模型。美国国家大气研究中心将中尺度模式的 LAM 与 GCM 耦合，建立区域气候模式的 RegCM1（Giorgi and Bates，1989）；美国西北太平洋国家实验室建立了区域气候模式 PNNL-RCM；中国科学院大气物理研究所开发了区域环境系统集成模式 RIEMS，中国气象局国家气候中心开发了区域气候模式 RegCM_NCC。

13.3　气候变化与土地利用变化的关系

气候变化和土地利用变化被认为是未来两个主要的全球变化，但气候变化与土地利用相互关系的研究目前并没有得到大家的广泛关注，尚处于孤立的研究阶段（Kalnay and Cai，2003；Heikkinen et al.，2006）。土地利用变化可以直接导致陆面的反射率、粗糙度、不透水层面积的扩大等物理参数的变化，这类土地利用变化类型主要表现为农林垦殖、森林砍伐、城市化、水资源开发利用等（Geist and Lambin，2002）。虽然这种影响的作用强度不大，但随着人类活动的不断加剧，其影响不断在扩大，影响范围从小流域到区域，甚至影响到全球范围（刘春蓁，2003）。周广胜和王玉辉指出土地利用变化不仅改变了下垫面的热力特征（如地表反射率的变化）和动力特征（如地表粗糙度的变化），从而对气候变化产生影响，而且还通过对陆地碳循环的影响改变大气组成成分，特别是改变大气中温室气体的浓度，进而影响气候变化（周广胜和王玉辉，2003）。土地利用变化是迄今人类改变地球系统最重要的方面，其通过改变地表和大气之间的能量、水气（下垫面的热力特征）、大气动力和温室气体的交换而影响气候系统，而且还通过对陆地碳循环的影响改变大气组成成分，特别是改变大气中的温室气体的浓度、挥发性有机化合物等而改变气候（李巧萍和丁一汇，2004）。大量研究结果表明，土地利用变化对地方气候和区域气候有重要影响。例如，热带森林砍伐导致区域变暖、蒸散和降雨减少（Bounoua et al.，2004）；农田灌溉增加夏季下风向降雨，导致地表温度降低（Stohlgren et al.，1998）。此外，城市化对地方气候影响的研究较多（Price，2004；Zhou et al.，2011），大部分研究主要是针对城市化发展所带来的城市热岛效应，主要方法是采用高空分辨率热红外卫星数据研究城市中的温度与周围农村的比较。土地利用变化对区域气候的影响研究定性分析较多，如 Gallo 等通过分析美国 1221 个气象站日温度变化，得出土地利用变化是影响温度变化趋势的因素之一这一重要结论（Gallo et al.，1996）。Zhang 等对中国东部 431 个气象站 40 年观测数据与 NCEP/NCAR 再分析资料后得出一个具体的土地利用变化和地表温度关系的结论：土地利用变化尤其是城市化影响地表温度的结果是日平均地表温度 $0.12℃·10a^{-1}$、日最低地表温度 $0.20℃·10a^{-1}$、日最高地表温度 $0.03℃·10a^{-1}$（Zhang et al.，2005）。部分关于中国土地利用变化情况的研究指出，随着城市化的快速发展，城区与郊区的气温差异明显增加，这与地表温度升高和大气中氮氧化物含量迅速增加有很大关系（Zhao et al.，2006；He et al.，2007）。综上所述，目前已有的气候变化与土地利用变化相互关系研究还是单方面研究，即大尺度上的土地利用变化对气候变化的影响研究。然而，气候变化对土地利用变化的影响相对较少，这与土地利用变化过程复杂、影响因素众多有直接关系，但是在某种程度上分析，气候变化对土地利用变化有明显的影响，尤其是在小流域尺度上影响更为显著。因此，需要在独立研究土地利用变化和气候变化对流域生态水文过程影响的同时，尝试研究气候变化与土地利用变化交互影响及其对生态水文过程的影响。

13.4　水文过程响应气候变化的研究

目前，国内外流域生态水文过程情景模拟研究主要集中在影响流域水文过程的气候变化和土地利用方式变化两个方面。全球气候模式通过情景分析的形式与流域生态水文过程模拟进行耦合（IPCC，2007；刘昌明等，2008），预测未来气候变化情景下流域生态水文过程的演变，已经成为生态系统响应全球气候变化的研究热点（Rodriguez-Iturbe，2000）。尽管在不同气候模式下，世界各地的研究结果略有不同，但总趋势是流域水通量在未来全球温度升高和降雨减少的总趋势下呈现显著减少的态势（Rodriguez-Iturbe，2000；张建云等，2008）。

同土地利用变化对流域生态水文过程影响研究存在的问题类似，虽然众多学者把气候变化情景模拟与流域生态水文过程模型很好的结合到一块，揭示了宏观尺度上的气候变化对流域生态水文过程的影响。但考虑到流域水文过程的复杂性、影响因素的多样性，以及与生态系统中能量流和物质流的密切关系等方面，目前在情景模拟的时空尺度选取和设置方向还可能存在问题：①情景模拟设置的时间尺度问题。在未来气候变化情景下，流域能量、水、碳、氮循环过程应该是一个长期累积渐变的过程，其过程达到平衡可能需要达到百年、千年，或者更长的时间尺度（Bicknell et al.，1985；Arnold et al.，2012）。而当前许多的流域生态水文过程情景分析往往假设流域生态水文过程对未来情景的响应是一个突变过程，模拟的时间尺度也往往在十年或者更短的时间尺度内，这就会造成对未来流域生态水文过程预测的系统性偏差（Arnold et al.，2012）；②情景模拟设置的空间尺度问题。当前流域生态水文过程情景模拟主要以宏观尺度的流域水文过程为主。实际上，流域生态水文过程情景模拟需要把宏观尺度的流域水文过程和微观尺度上的生物地球化学循环（如水、碳、氮循环，土壤微生物过程）研究结合起来（Eamus et al.，2006；于贵瑞等，2013；贺纪正和张丽梅，2013），达到宏观尺度与微观尺度相结合，才能探索气候变化下流域中土壤微生物活性与植物吸收作用间的水分和养分胁迫竞争机制，揭示气候变化对生态水文过程的微观影响机理（贺纪正和张丽梅，2013；Spohn and Kuzyakov，2013）；再者，降水量和温度等气候因素的波动影响植被根层土壤的蓄水量，植物为维持生存和生长，需要调整其耗水策略，以防止土壤水分在下次降水前枯竭，因此在不同年份下，植被通常表现出不同的耗水过程。一般而言，植物的蒸散作用受到净辐射和土壤供水能力的共同调节，其对降水的响应受到净辐射的抑制（杨大文等，2010）。降水变化和大气 CO_2 浓度上升对生态系统的影响有协同作用，CO_2 浓度增加将减小植被叶片气孔导度，进而降低蒸腾速率，导致地表温度升高；然而，降水的增加则使得植被叶面积指数增加，蒸腾随之增加，补偿了 CO_2 浓度增加的效应，但其对植物生理和植被密度的影响广泛而深远。在水分为限制因子的地区，与温度和 CO_2 浓度相比而言，降水变化对生态水文过程的影响更为明显，反之亦然（于贵瑞等，2013）。

一般而言，我们可以从由全球气候研究项目下的耦合模型工作组成立的耦合模型比较项目 CMIP 提供的多个气候模式中选取一个中国大气环流模式——BCC_CSM1_1（Beijing Climate Center Climate System Model version1），基于浓度路径 RCP2.6、RCP4.5、RCP6.0 和 RCP8.5 下输出气候变化模拟结果，并使用统计降尺度模型（SDSM）和天气发生器 LARS-WG 两种降尺度方法对大气环流模式的输出进行降尺度处理，得出未来气候变化情景下流域时间序列气象数据，并把该数据输入到流域生态水文过程模型中，研究不同气候变化模式下的流域生态水文过程变化情况。

参 考 文 献

程国栋, 肖洪浪, 傅伯杰, 等. 2014. 黑河流域生态-水文过程集成研究进展. 地理科学进展, 29: 431-437.

范丽军, 符淙斌, 陈德亮. 2005. 统计降尺度法对未来区域气候变化情景预估的研究进展. 地球科学进展, 20(30): 320-329.

贺纪正, 张丽梅. 2013. 土壤氮素转换的关键微生物过程及机制. 微生物学通报, 40: 98-108.

李巧萍, 丁一汇. 2004. 植被覆盖变化对区域气候影响的研究进展. 南京气象学院学报, 27(1):

131-140.

刘昌明, 刘小莽, 郑红星. 2008. 气候变化对水文水资源影响问题的探讨. 科学对社会的影响, 2: 21-27.

刘春蓁. 2003. 气候变异与气候变化对水循环影响研究综述. 水文, 23(4): 1-7.

秦大河, 陈振林, 罗勇, 等. 2007. 气候变化科学的最新认识. 气候变化研究进展, 3: 63-73.

杨大文, 雷慧闽, 丛振涛. 2010. 流域水文过程与植被相互作用研究现状评述. 水利学报, 41: 1142-1149.

于贵瑞, 高扬, 王秋凤, 等. 2013. 陆地生态系统碳-氮-水循环的关键耦合过程及其生物调控机制探讨. 中国农业生态学报, 21: 1-13.

张建云, 王国庆, 杨扬, 等. 2008. 气候变化对中国水安全的影响研究. 气候变化研究进展, 4: 290-295.

赵芳芳, 徐宗学. 2007. 统计降尺度方法和Dela方法建立黄河源区气候情景比较分析. 气象学报, 65(4): 653-662.

周广胜, 王玉辉. 2003. 全球生态学. 北京: 气象出版社.

Arnold J G, Moriasim D N, Gassman P W, et al. 2012. SWAT: Model use, calibration, and validation. Transactions of the ASABE, 55: 1491-1508.

Bounoua L, DeFries R S, Imhoff M L, et al. 2004. Land use and local climate: a case study near Santa Cruz, Bolivia. Meteorology and Atmospheric Physics, 86(1-2): 73-85.

Bárdossy A, Stehlik J, Caspary H J. 2002. Automated objective classification of daily circulation patterns for precipitation and temperature downscaling based on optimized fuzzy rules. Climate Research, 23: 11-22.

Chen D A. 2000. Monthly circulation climatology for Sweden and its application to a winter temperature case study. International Journal of Climatology, 20: 1067-1076.

Dibike Y B, Coulibaly P. 2005. Hydrologic impact of climate change in the Saguenay watershed: comparison of downscaling methods and hydrologic models. Journal of Hydrology, 307: 145-163.

Eamus D, Haffon T, Cook P, et al. 2006. Ewhyclrology: Vegefation funcfrou, wafer and Rezarea Manyewwy. Melboume: CSRIO Publishing: 348.

Fowler H J, Blenkinsopa S, Tebaldib C. 2007. Linking climate change modeling to impacts studies: recent advances in downscaling techniques for hydrological modeling. International Journal of Climatology, 27: 1547-1578.

Gallo K P, Easterling D R, Peterson T C. 1996. The influence of land use land cover on climate logical values of the diurnal temperature range. Journal of Climate, 9(11): 2941-2944.

Geist H J, Lambin E F. 2002. Proximate causes and underlying driving forces of tropical deforestation. Bioscience, 52: 143-150.

Giorgi F, Bates G T. 1989. The climatological skill of regional model over complex terrain. Monthly Weather Review, 117: 2325-2347.

Harpham C, Wilby R L. 2005. Multi-site downscaling of heavy daily precipitation occurrence and amounts. Journal of Hydrology, 312: 235-255.

He J F, Liu J Y, Zhuang D F, et al. 2007. Assessing the effect of land use/land cover change on the change of urban heat island intensity. Theoretical and Applied Climatology, 90: 217-226.

Heikkinen R K, Luoto M, Ajaujo M B, et al. 2006. Methods and uncertainties in bioclimatic envelope modeling under climate change Progress in Physical. Geography, 30: 751-777.

IPCC. 2007. Climate change 2007: The physical science basis: Contribution of working group I to the fourth assessment report of the intergovernmental panel on climate change. Cambridge and New York: Cambridge University Press: 996.

IPCC. 2013. Climate change 2013: the physical science basis. Contribution of working group I, in: Solomon S, et al. Fourth assessment report of the intergovernmental panel on climate change. Cambridge. Cambridge University Press: 996.

Kalnay E, Cai M. 2003. Impact of urbanization and land use change on climate. Nature, 423: 528-531.

Michaelides S C, Pattichis C S, Kleovoulou G. 2001. Classification of rainfall variability by using artificial neural networks. International Journal of Climatology, 21: 1401-1414.

Price J C. 2004. Assessment of the urban heat island effect through the use of satellite data. Monthly Weather Review, 107(11): 1554-1557.

Rodriguez-Ifurbe I. 2000. Erohychrology: A hychrologtz. perspective of climate-soil-vegeration clynomics. Water Rezources Research, 36(1): 39.

Spohn M, Kuzyakou Y. 2013. Plosplorwn mineralizahice can be dnivew by rnicrohial mead for carbon. Soil Biology and Chemithy, 61: 69-75.

Stohlgren T J, Chase T N, Pielke R A, et al. 1998. Evidence that local land use practices influence regional climate, vegetation, and stream flow patterns in adjacent natural areas. Global Change Biology, 4: 495-504.

Wilby R L, Tomlinson O J, Dawson C W. 2003. Multi-site simulation of precipitation by conditional resampling. Climate Research, 23: 183-194.

Wilby R L, Wigley T M L. 1997. Downscaling general circulation model output: A review of methods and limitations. Progress in Physical Geography, 21: 530-548.

Wilby R L. 1998. Statistical downscaling of daily precipitation using daily airflow and seasonal teleconnection indices. Climate Research, 10: 163-178.

Wilby R L. 2005. Uncertainty in water resource model parameters used for climate change impact assessment. Hydrological Processes, 19: 3201-3219.

Wilson L L, Lettenmaier D P, Skyllingstad E. 1992. A hierarchical stochastic model of large-scale atmospheric circulation patterns and multiple station daily precipitation. Journal of Geophysical Research, 97: 2791-2809.

Xu C Y. 1999. From GCMs to river flow: a review of downscaling methods and hydrologic modeling approaches. Progress in Physical Geography, 23: 229-249.

Zhang J Y, Dong W J, Wu L Y, et al. 2005. Impact of land use changes on surface warming in China. Advances in Atmospheric Sciences, 22(3): 343-348.

Zhao S Q, Da L J, Tang Z Y, et al. 2006. Ecological consequences of rapid urban expansion: Shanghai, China. Frontiers in Ecology and the Environment, 4(7): 341-346.

Zhou W Q, Huang G L, Pickett S T A, et al. 2011. 90 years of forest cover change in an urbanizing watershed: spatial and temporal dynamics. Landscape Ecology, 26: 645-659.

Zorita E, Hughes J, Lettenmaier D, et al. 1995. Stochastic characterization of regional circulation patterns for climate model diagnosis and estimation of local precipitation. Journal of Climate, 8: 1023-1042.

14. 模型关键参数空间化方法

14.1 引　言

随着高性能计算机的应用和普及，复杂的运算变得方便快捷。在各学科领域中，各种大尺度的过程预测模型也相继产生，如 SWAT、MIKE SHE、TOPMODEL、DHSVM 及 CNMM 等，各种模型的功能和适用范围都有所不同，过程模型是各个复杂过程模拟的综合。然而在生态系统中，各个过程的模拟都涉及大量的函数转换和参数运用，要提升模型的预测和应用能力，必须考虑到模型预测精度和尺度应用问题。精度上，除了方法的准确应用和各个过程的全面考虑外，准确的测量是关键；而在尺度转换上，由于室内测定的人力、物力有限，只能选取有代表性的样点进行分析，而后再通过复杂的数据挖掘方法进行空间尺度转换，才能满足大尺度数据需求。

很多过程模型参数具有很强的空间变异性，并且对模型的精度影响大，因此，如何从点尺度向面尺度及更大尺度范围进行转换插值，对模型的拓展应用至关重要。学科和方法的交叉往往能提供便捷。在空间参数尺度转换上，目前常见的方法有地统计学克里格插值、土壤传递函数法、多/高光谱空间遥感-反演等，这些方法通过快速获取空间数据，然后建立转换模型，从而将其拓展到更大尺度。

本章主要是对上述空间转换方法进行简要概述，同时进行应用举例，为模型参数空间获取和应用提供参考。

14.2 地统计学插值

14.2.1 方法概述

地统计学（geostatistics）又名地质统计学，最初主要应用在采矿学、地质学等地学领域中。法国著名统计学家 G. Matheron 通过对南非地质工程师克里格和西舍尔在南非金矿储量估计所用的克里格方法进行了大量系统研究后，提出了以"区域化变量"来描述地质变量的随机性和结构性，并于 1962 年首次提出"地统计学"概念。至今，地统计学被定义为以区域化变量理论为基础，以变异函数为主要工具，研究在空间分布上既有随机性又有结构性或空间相关性和依赖性的自然现象的科学（刘爱利等，2012）。因此，凡要研究空间分布数据的结构性和随机性、空间相关性和依赖性、空间格局与变异，并对这些数据进行无偏最优内插估计或模拟数据的离散性、波动性分析，均可考虑采用地统计学的理论与方法。当前，地统计学已延伸到土壤、气象、农业、生态、环境、公共卫生和社会科学等领域，显示出了强大的生命力（王政权，1999）。

空间插值是空间数据获取的重要内容，它常用于将离散的测量数据转换为连续的数据曲面，以便与其他空间现象的分布模式进行比较，主要包括确定性插值和地统计插值。确定性插值包含反距离加权插值、全局多项式插值和径向基函数插值，该类方法通过周围观测点的值由特定数学公式内插，但较少考虑观测点的整体空间分布。地统计插值法，主要是克里格插值，又称空间局部插值，它是建立在变异函数理论及结构分析基础上的，实质是利用区域化变量的原始数据和变异函数的结构特点，对未采样点的区域化变量的取值进行线性无偏最优估计，是一种广义的最小二乘回归算法，即估计误差的数学期望值为零，方差达到最小。一个完整的空间插值过程首先为获取原始离散数据，检查、分析数据，找寻数据的特点和规律，比如是否为正态分布、有没有趋势效应或各向异性等，然后选择合适的模型进行表面预测，包括半变异函数和预测模型的选择，最后检验模型是否合理，这些工作在 ArgGIS 软件中都能很方便进行。

目前，二维地统计学插值理论和应用已经很成熟，但很多自然现象是在三维空间里连续变化的，因此它们赋予了三维插值研究如三维克里格插值方法实际的应用价值。

14.2.2 应用实例

中科院亚热带农业生态研究所土壤生态课题组于 2009 年 8 月至 9 月，在湖南长沙金井小流域（135 km²）进行了密集布点采集表层土样（0~20 cm），共采集样本 1397 个（图 14.1），并记录采样点地理坐标、高程及样点周围详细景观信息，样点土样经室内风干过筛处理后测定了土壤有机碳。

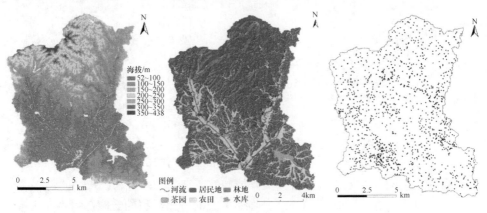

图 14.1 湖南金井流域高程（左）、土地利用（中）和采样点（右）分布

通过对所有样点有机碳进行地统计学分析和克里格插值，其半方差图和空间分布如图 14.2 所示。

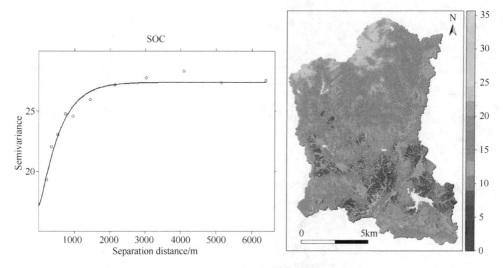

图 14.2　金井河流域有机碳的半方差图及其空间分布图

14.3　土壤传递函数估算

14.3.1　方法概述

土壤传递函数（pedo-transfer function，PDF）是一类预测函数或方程，是指利用方便获取或测定较简单的性质（如土壤类型、颜色、地理地貌、结构、pH 及遥感数据等）来预测较难获取或测定的土壤性质（如土壤容重、导水率、强度、阳离子交换量、磷吸附、水分特征曲线、气体扩散等）（Minasny and Hartemink，2011）。Briggs 和 McLane（1907）首次尝试利用土壤机械组成来估算土壤水分含量，而后于 1912 年再预测了凋萎系数。随着水力学模型及土壤水分和溶质迁移的计算机模型出现，水力学性质作为这些模型的输入参数变得更加重要，因此越来越多的针对水力学性质的预测函数也就相继出现（Abdelbaki et al.，2009）。Bouma（1989）正式将这些预测函数命名为土壤传递函数，然而该领域大部分研究成果都主要集中在美国和欧洲。Minasny 和 Hartemink（2011）对土壤传递函数的构建和应用提出了如下四项原则：①不要预测那些比自变量测定还简单的性质；②当对某个性质进行预测时，自变量和响应变量间需有一定的物理基础；③函数构建者应该尽可能清晰描述所用样本数据的统计特征；④针对特定的问题，除非对土壤传递函数的准确性进行了评估，否则不能随便使用，同时若有更多选择，则挑选变异最小的函数。

　　土壤传递函数应用最为广泛的是对土壤水力学性质的预测，构建传递函数的方法主要有回归法、人工神经网络法、分类树和随机森林法等。函数估测包括参数估计和点估计。参数估计是利用经验模型，如 Brook-Corey 模型、van Genuchten（VG）模型等，通过以上方法建立模型中参数的传递函数，然后再代入模型进行计算；而点估计则只是估测某个点的数据，如田间含水量、凋萎含水量等。在估测非饱和导水率时，常将水分特征曲线与饱和导水率模型联合起来进行估测，如 VG-Mualem、VG-Burdine 等。研究者虽建立不少模型，但通过比较发现，都难统一运用，必须进行校正才能应用。

14.3.2　应用实例

　　邹刚华等选取湖南长沙县金井流域作为研究对象，基于土壤基本理化性质（有机碳、容重、质地、pH 等），利用多元逐步回归法构建了稻田土壤水力学性质和氮素转化动力学参数的传递函数（邹刚华等，2013）。

　　研究得到稻田土壤饱和导水率（K_s）变异系数为 334%，属于强变异，且符合对数正态分布，并随土壤深度增加逐渐减小。容重和有机碳对稻田土壤饱和导水率影响最大。

　　土壤水分特征曲线选用 VG 模型来拟合（van Genuchten，1980），并进行参数估计（θ_s，a，n）。

　　土壤氮素动力学主要包含三个过程，即氮矿化作用、硝化作用和反硝化作用，并分别用双氮库一级动力学模型、线性模型和米氏方程进行拟合。

　　建立的土壤传递函数如式（14.1）~式（14.12），模型精确性用确定系数（R^2）表示，其值越接近 1，表明模型准确性越高。

$$\log(K_s) = -26.22 - 11.25 \cdot \log(BD) - 1.89 \cdot GSD + 22.17 \cdot \log(GSD) \quad R^2 = 0.71 \quad （14.1）$$

$$\theta_s = 0.71 - 0.21 \cdot BD - 0.25 \cdot GMD \quad R^2 = 0.87 \quad （14.2）$$

$$\log(\alpha) = 82.64 - 1.57 \cdot BD - 6.38 \times GSD - 24.59 \cdot \log(Silt)$$
$$-10.74 \cdot Sand^{0.5} - 10.25 \cdot Clay^{0.5} + 56.57 \cdot GSD^{0.5} \quad R^2 = 0.43 \quad （14.3）$$

$$n = -0.14 - 1.05 \cdot BD + 0.63 \cdot GSD^{-1} + 2.27 \cdot BD^{0.5} \quad R^2 = 0.55 \quad （14.4）$$

$$AD = -39.95 - 1.51 \cdot Clay - 3.73 \cdot GSD + 45.60 \cdot GSD^{-1}$$
$$+ 0.037 \cdot GSD^2 + 21.91 \cdot GSD^{0.5} \quad R^2 = 0.57 \quad （14.5）$$

$$WP = 0.21 + 0.004 \times SOC^2 - 0.86 \times GSD^{-1} - 0.04 \times \log(GMD) \quad R^2 = 0.56 \quad （14.6）$$

$$FC = 0.52 - 0.29 \cdot GMD - 0.06 \cdot BD^2 \quad R^2 = 0.87 \quad （14.7）$$

$$AWC = 0.64 - 0.03 \cdot GSD + 0.001 \cdot GSD^2$$
$$-0.14 \cdot BD - 0.06 \cdot \log(Clay) \quad R^2 = 0.82 \quad （14.8）$$

$$f = 0.012 + 0.067 \cdot SOC^{0.5} - 0.0059 \cdot pH \quad R^2=0.72 \quad （14.9）$$

$$k = 0.16 + 0.037 \cdot SOC - 0.46 \cdot pH^{-1} \quad R^2=0.49 \quad （14.10）$$

$$\log(NR) = 33.50 - 16.72 \cdot pH + 1.97 \cdot pH^2 \quad R^2=0.61 \quad （14.11）$$

$$DNR = -0.83 + 2.97 \cdot SOC^2 + 0.10 \cdot SILT \quad R^2=0.56 \quad （14.12）$$

式中，K_s 为土壤饱和导水率（cm·d^{-1}）；BD、GSD 和 GMD 分别表示容重（Mg·m^{-3}）、土壤粒径标准偏差（mm）和土壤平均粒径（mm）；$Sand$、$Silt$ 和 $Clay$ 分别表示土壤砂粒、粉粒和黏粒含量（%）；SOC 表示土壤有机碳（%）；θ_s 表示饱和含水量（m^3·m^{-3}）；a（cm^{-1}）和 n（–）为 VG 模型形状参数；AD、WP、FC 和 AWC 分别为风干、凋萎、田间和有效含水量（m^3·m^{-3}）；pH 表示土壤的 pH；f 和 k 分别为土壤易矿化氮占总氮比例（0～1）和易矿化氮矿化速率（d^{-1}）；NR 为土壤硝化反应米氏方程最大速率（mg N·kg^{-1}·d^{-1}）；DNR 为土壤反硝化反应米氏方程最大速率（mg N·kg^{-1}·d^{-1}）。

运用地统计学，并结合第二次全国土壤普查数据进行空间插值，部分结果如图 14.3 所示。

应用所构建的土壤水力学性质和氮素转化动力学参数传递函数进行流域尺度及垂直方向上土壤属性估算，然后输入 CNMM 模型模拟脱甲河小流域出口水流量，并与未使用土壤传递函数而依据经验或单个点测定数据输入模型所得结果进行比对（图 14.4 和图 14.5）。研究结果表明，应用土壤传递函数后，模型对流域出水口流量模拟更准确，尤其是对高位流量（大于 5 m^3·s^{-1}）的模拟（图 14.4）。

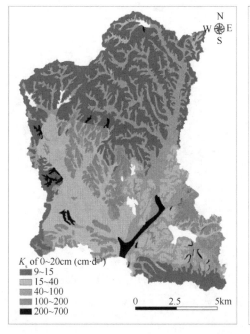

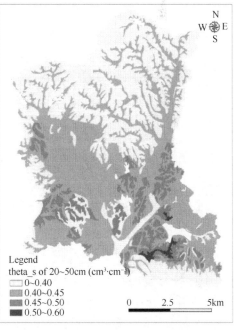

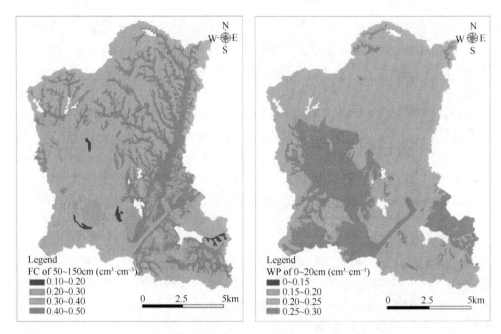

图 14.3　土壤传递函数在水力学性质空间插值上的应用

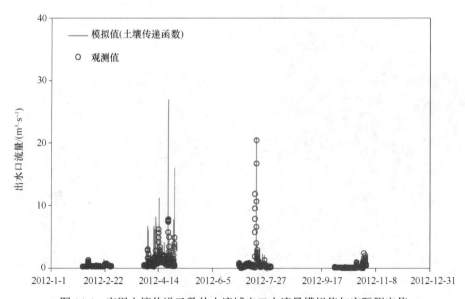

图 14.4　应用土壤传递函数的小流域出口水流量模拟值与实际测定值

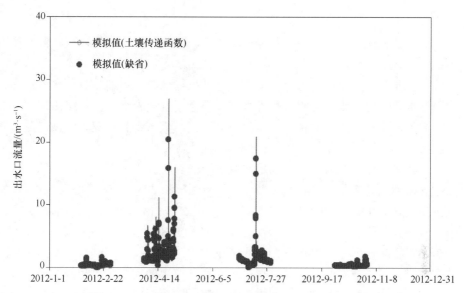

图 14.5　应用土壤传递函数估算的和缺省的土壤水动力学性质模拟小流域出口水流量的比较

14.4　遥感-模型反演

遥感（remote sensing），广义上是指在不直接接触的情况下，对目标或各种现象进行远距离定量探测的技术；狭义上是指在航天或航空平台上，运用传感器（可见光、红外、微波等）对地球观测，接受并记录电磁波信号，根据电磁波与地表物体的作用机理及对探测目标的电磁特性进行分析，进而获取物体特征性质及其变化信息的技术。依据分辨率不同，主要分为多光谱和高光谱，前者在可见光和近红外光谱区只有几个波段，后者在可见光到近红外光谱区的光谱通道多达数十甚至 100 以上。

成像光谱仪是遥感的核心，其搭载平台目前主要有航空机载或卫星，通过摆扫或推扫方式获取空间物体遥感信息，后续的数据处理主要是针对遥感信息进行辨物识别和模型反演等。遥感反演首先要通过数学方法建立遥感信息与目标属性间的关系模型，然后将该模型在空间尺度上运用。

14.4.1　多光谱遥感

多光谱遥感（multispectral）是利用具有两个以上波谱通道的传感器对地物进行同步成像的一种遥感技术，它将物体反射辐射的电磁波信息分成若干波谱段进行接收和记录，广泛应用于农业、林业、渔业、地理水文、气象和环境监测等领域。随着空间技术发展及其他技术的相互渗透，遥感技术应用将具有更广阔的前景，各领域的主要具体应用如下：

（1）农业应用：资源调查及动态监测，作物估产，灾情监测与预报，作物病虫害监测等；

（2）林业遥感：森林制图，森林资源调查，动态监测，火灾监测及病虫害监测等；

（3）渔业领域：水温，海洋色素，大型动植物分布，赤潮监测，油污染等；

（4）水文应用：洪水监测，改善水文预报，调查地表水体及其变化等；

（5）灾害遥感：洪涝灾害，地震，滑坡和泥石流，森林火灾，火山监测，沙尘暴的防治，土地荒漠化，土壤侵蚀，森林退化等；

（6）环境领域：大气环境，陆地环境，海洋环境。

中分辨率光谱成像仪（MODIS）分别于 1999 年和 2002 年由 NASA 发射成功，搭载卫星分别为 Terra（EOS AM-1）和 Aqua（EOS PM-1）。该光谱仪采用 36 个光谱带（波长范围为 0.4～14.4 μm），其中 2 个光谱带的分辨率为 250 m，5 个为 500 m，29 个为 1000 m。利用这两台光谱仪，每 1～2 天就能获取整个地球图像。它的主要目标是了解发生在全球陆地、海洋和低空上的动力学过程，例如，气溶胶、云层，地表温度、蒸散发，冰雪覆盖，海洋表面温度等。

为了快速获取农业旱灾监测中所需要的地表温度参数，覃志豪等选取 MODIS 遥感数据，利用其中第 31 个和第 32 个波段信息来反演地表温度，采用的算法为两因素分裂窗算法，获得了良好的反演结果（覃志豪等，2005）。图 14.6 给出了利用 MODIS 数据反演得到的 2004 年 4 月 4 日（a）、2004 年 4 月 17 日（b）和 2004 年 8 月 31 日（c）的我国不同地区地表温度分布，影像区白色为云层，表示的是云顶的温度。

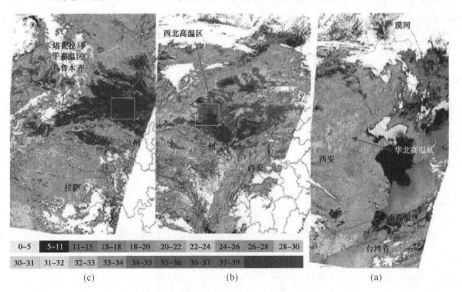

图 14.6　利用 MODIS 数据反演中国东部（a）、中部（b）和西部（c）地表温度

李发鹏等利用 MODIS 遥感数据估算了黄河三角洲区域陆面蒸散发（李发鹏等，2009），选取的模型为 SEBS（图 14.7），该模型的理论基础是地表能量平衡方程：

$$R_{n} = \lambda E + H + G \tag{14.13}$$

式中，R_n 为净辐射通量（W·m^{-2}）；λE 为潜热通量（W·m^{-2}）；λ 为蒸发潜热（J·m^{-3}）；E 单位时间蒸散量（m·s^{-1}）；H 为感热通量（W·m^{-2}）；G 为土壤热通量（W·m^{-2}）。

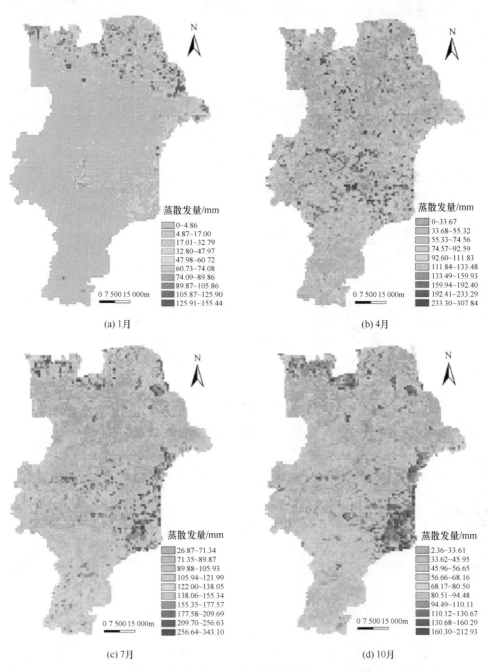

(a) 1月   (b) 4月

(c) 7月   (d) 10月

图 14.7 2001 年黄河三角洲陆面蒸散发量空间分布

Yang 等（2009） 利用 2001～2004 年 MODIS 遥感数据研究了青藏高原草地地表生物量的空间分布和环境影响因素（图 14.8），得到该地区平均生物量为 68.8 $g·m^{-2}$，认为可利用的水分是植物生产力的主控因子，同时温度和土壤质地也会影响地表生物量。

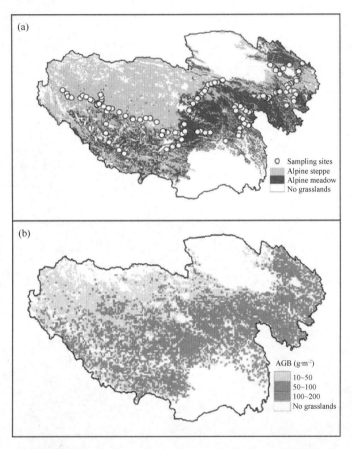

图 14.8 采样点（a）以及由 MODIS 数据估算得到的地表生物量分布（b）

14.4.2 高光谱遥感

高光谱遥感（hyperspectral）兴起于 20 世纪 80 年代，是在多光谱遥感基础上发展而来的，借助成像光谱仪，能在可见光、近红外、中红外和热红外波段范围内获取许多非常窄且光谱连续的图像数据，为每个像元提供数十至数百个窄波段（通常波段宽度小于 10 nm）光谱信息，并能产生一条完整而连续的光谱曲线。

1983 年，世界上第一台高光谱成像仪 AIS-1 在美国研制成功，而后在美国宇航局（NASA）的支持下推出了一系列光谱仪，如 AVIRIS、HIRIS 等。在此之后，许多国家也先后研制出各种类型的航空成像光谱仪，如加拿大的 FLI、CASI，德国的 ROSIS,澳大利亚的 HyMap 等。在经过航空搭载运用成功后,20 世纪 90 年代末期,星载高光谱成像仪得到迅速发展,1997 年,NASA 随 Lewis 卫星发射了全球第一个星载成像仪,但不幸的是该卫星后来控制出现问题,偏离了轨道。1999 年,美国地球观测计划(EOS)Terra 综合平台成像光谱仪(MODIS)、欧洲的 MERIS 和 CHRIS 相继发射。2007 年,"嫦娥-1"探月卫星上也装载了我国第一台基于傅里叶变换的航天干涉成像光谱仪;在 2008 年环境与减灾卫星上(HJ-1)搭载了一台工作在可见光-近红外,具有 128 个波段,分辨率优于 5 nm 的高光谱成像仪。

高光谱遥感已经成为了当前遥感的前沿技术,被称为遥感发展的里程碑。随着高光谱遥感技术的日趋成熟,其应用领域也日益广泛(杨国鹏等,2008;姚云军等,2008):①在植被和生态上,高光谱遥感数据能够精确估算关键生态系统过程中的生物物理和生物化学参量,特别是在大尺度上冠层水分、植被干物质和土壤生化参量的精确反演。高光谱遥感还应用于生态环境梯度制图、光合作用色素含量提取、植被干物质信息提取、植被生物多样性监测、土壤属性反演、植被和土地覆盖精细制图、土地利用动态监测、矿物分布调查、水体富营养化检测、大气污染物监测、植被覆盖度和生物量调查、地质灾害评估等;②在大气科学上,利用高光谱数据,在准确探测大气成分的基础上,能提高天气预报、灾害预警等的准确性与可靠性;③在地质矿产中,在矿物识别与填图、岩性填图、矿产资源勘探、矿业环境监测、矿山生态恢复和评价等方面有重要贡献;④在海洋研究上,它不仅可用于海水中叶绿素浓度、悬浮泥沙含量、某些污染物和表层水温探测,也可用于海冰、海岸带等的探测;⑤在农业方面,充分利用高光谱图谱合一的优点能够精准监测作物长势,为精准农业服务,特别是作物长势评估、灾害监测和农业管理等方面;⑥在土壤质量信息监测方面,高光谱遥感主要用于获取土壤质量信息,如土壤有机质的反射光谱特征、土壤水分与土壤反射光谱关系、土壤氧化铁的光谱反射特性等。通过对土壤理化性质与土壤精细光谱信息的定量分析,进行土壤的特性参数评价。

当前,面向高光谱遥感应用,发展以地物精确分类、地物识别、地物特征信息提取为目标的高光谱遥感信息处理和定量化分析模型,提高高光谱数据处理的自动化和智能化水平,开发专用的高光谱遥感数据处理分析软件系统和地物光谱数据库仍是高光谱遥感研究的主要任务,旨在将高光谱遥感更精确地应用于更多更广的领域(童庆禧等,2006)。

美国地球观测计划 EO-1 卫星上搭载的高光谱遥感器 Hyperion 是新一代航天成像光谱仪的代表,空间分辨率为 30 m,在 0.4~2.5 μm 共有 220 波段,其中在可见光-近红外(400~1000 nm)范围有 60 个波段,在短红外(900~2500 nm)范围有 160 个波段。

Gong 等(2003)利用基于 Hyperion 遥感数据中得到的植被指数来估算森林

叶面积指数（LAI）。该研究比较了从 Hyperion 光谱图像中提取的 12 个植被指数与田间 LAI 测量数据之间的相关性，发现在许多位于短波红外区（SWIR）和近红外区（NIR）的高光谱带对 LAI 估测有重要作用，波段集中在 820nm、1040nm、1200nm、1250nm、1650nm、2100nm 和 2260 nm，这些光谱带主要受植物叶片水分影响。研究认为利用 SWIR 和 NIR 光谱带信息比传统的利用 R 和 NIR 预测 LAI 准确性有所提高，植被指数 MNLI、SR 和 NDVI 能更好地估测 LAI。

图 14.9 为 LAI 分别与植被指数 NDVI 和 MNLI 间的相关系数矩阵，通过该图可以明确相关性最好的光谱带和带宽，从而用于森林 LAI 估测。

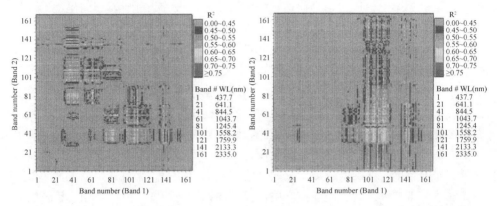

图 14.9　任意成对光谱带中 LAI 分别与 NDVI（左图）和 MNLI（右图）相关系数矩阵

14.4.3　SMAP

土壤水分主动/被动（soil moisture active passive，SMAP）遥感卫星于 2015 年 1 月由 NASA 成功发射（图 14.10）。该卫星采用 L 波段（1.4 GHz 或波长 21 cm）雷达和 L 波段辐射计来进行扫描，目的在于监测地球表层 5 cm 土壤湿度及土壤冻融情况，并进行相关预测，分辨率可达 9 km。它有助于科学家更好地了解地球水分、能源和碳循环，同时能提高天气预报、作物生产力预测、洪水预警和干旱监测的准确率。

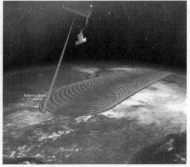

图 14.10　美国 NASA 的 SMAP 卫星工作图

　　该卫星设计使用期 3 年，每 2～3 天就能获取全球表层 5 cm 土壤水分分布图（图 14.11）。

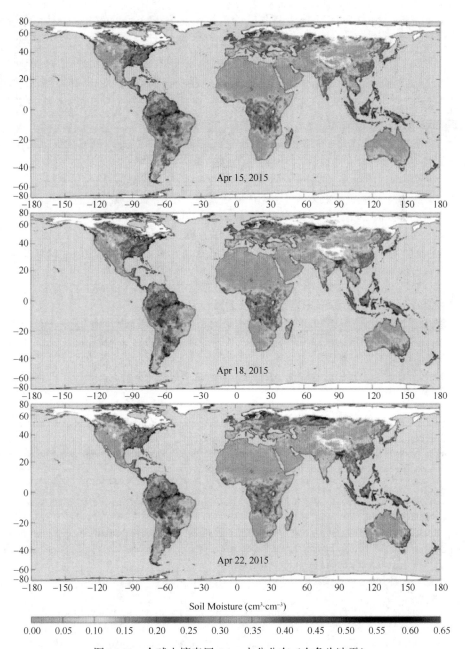

图 14.11　全球土壤表层 5 cm 水分分布（白色为冰雪）

14.4.4 Radarsat-2

Radarsat-2 为加拿大新一代商业雷达卫星，于 2007 年 12 月发射成功，分辨率可达 3 m，雷达采用 C 波段（频率为 4~8 GHz）昼夜扫描，主要应用于冰面监测、海洋监察、灾害管理、水文、数字制图、地质勘探，以及农业和林业等，如加拿大 Guelph 大学利用 Radarsat-2 图像来监测不同生长季棉花、大豆和小麦的生长情况（Wiseman et al. 2014）。卫星图像有助于定量明确土壤特征对植物生长的影响，提供的土壤水分信息更有利于农业活动的管理。

参 考 文 献

李发鹏, 徐宗学, 李景玉. 2009. 基于 MODIS 数据的黄河三角洲区域蒸散发量时空分布特征. 农业工程学报, 25(2): 113-120.

刘爱利, 王培法, 丁园圆. 2012. 地统计学概论. 北京: 科学出版社.

覃志豪, 高懋芳, 秦晓敏, 等. 2005. 农业旱灾监测中的地表温度遥感反演方法-以 MODIS 数据为例. 自然灾害学报, 14(4): 64-71.

童庆禧, 张兵, 郑兰芬. 2006. 高光谱遥感: 原理、技术与应用. 北京: 高等教育出版社.

王政权. 1999. 地统计学及在生态学中的应用. 北京: 科学出版社.

杨国鹏, 余旭初, 冯伍法, 等. 2008. 高光谱遥感技术的发展与应用现状. 测绘通报, (10): 1-4.

姚云军, 秦其明, 张自力, 等. 2008. 高光谱技术在农业遥感中的应用研究进展. 农业工程学报, 24(7): 301-306.

邹刚华, 李勇, 李裕元, 等. 2013. 亚热带小流域稻田土壤饱和导水率传递函数构建. 土壤通报, 44(2): 302-307.

Abdelbaki A M, Youssef M A, Naguib E M F, et al. 2009. Evaluation of pedotransfer functions for predicting saturated hydraulic conductivity for US soils. Paper presented at the ASABE Annual International Meeting, Nevada.

Bouma J. 1989. Using Soil Survey Data for Quantitative Land Evaluation. Advances in Soil Science, 9: 177-213.

Briggs L J, McLane J W. 1907. Moisture equivalents of soils. USDA Bureau of Soils Bulletin, 45: 1-23.

Goetz A F H. 2009. Three decades of hyperspectral remote sensing of the Earth: A personal view. Remote Sensing of Environment, 113(S1): 5-16.

Gong P, Pu R, Biging G S, et al. 2003. Estimation of forest leaf area index using vegetation indices derived from Hyperion hyperspectral data. Geoscience and Remote Sensing, IEEE Transactions on Geoscience and Remate Sensing, 41(6): 1355-1362.

Minasny B, Hartemink A E. 2011. Predicting soil properties in the tropics. Earth-Science Reviews, 106(1-2): 52-62.

Van Genuchten M T. 1980. A closed-form equation for predicting the hydraulic conductivity of unsaturated soils. Soil Science Society of America Journal, 44(5): 892-898.

Wiseman G, M C Nain H, Homayouni S, et al. 2014. RADARSAT-2 Polarimefric SAR response to crop biomass for agniculfural production monifaring. IEEE Journal of Selected Topics in Applied Earth Obserrafious and Rounfe Seusing, 7(11):4461-4471.

Yang Y H, Fang J Y, Pan Y D, et al. 2009. Aboveground biomass in Tibetan grasslands. Journal of Arid Environments, 73(1): 91-95.

15. 模型关键参数的敏感性及不确定性分析和优化方法

15.1 引　言

自然界在很大程度上是不可测、不可观察的。对于环境科学家来讲，自然界和被人类管理的系统都是高维度的，很多彼此关联的因素在同时起作用（Clark and Gelfand，2006）。为从自然界提取重要的关系，简化这些模糊、复杂过程是必要的。一种实现模拟的简化途径是构建只包含少数变量和参数的环境模型。然而环境模型的不确定性使得模型结果的可靠性和实用价值受到限制，这也成为环境模型研究发展的瓶颈。因此，理解、估计、进而降低环境模型不确定性是环境模拟工作者目前研究的热点问题。

环境模型不确定性的直接来源主要分为参数不确定性、输入不确定性和结构不确定性。其中，针对模型结构不确定性的相关研究最为缺乏；结构不确定性的潜在危害也最大。不同来源的不确定性既相互区别，又相互影响。本章重点研究参数的不确定性。

模型参数不确定性是指参数赋值为真的不确定性，通常用参数取值的概率密度函数来表示。目前为止，大多数模型还是需要参数优化才能较好地反映所研究的自然规律，而参数率定中的"异参同效"现象则表明了优化方法的局限性。片面追求参数最优化而忽视其不确定性还会导致过度匹配（将数据误差也进行匹配），使优化结果远离真实值。同时，尺度问题使模型参数的观测值和最有效值存在差异；因此，可观测的物理性参数也有不确定性。

敏感性分析是一种动态不确定性分析，它用于分析模型输出对各不确定参数的敏感度，并找出敏感参数。一般来讲，敏感性分析的目标是定量参数变化对计算结果的影响大小，一般与"影响"、"重要性排名"及"主导"等字眼相关。而不确定性的目标是评估参数不确定性对计算结果不确定性的影响大小（Saltelli et al.，2008）。

15.2　模型参数的敏感性

已有敏感性分析法具有不同的分类标准。从所用公式来看，可分为数学分析法和统计分析法，其中数学分析法包括 NRSA（Nominal Range Sensitivity Analysis）

（Critchfield and Willard，1986）和 DSA（Differential Sensitivity Analysis）（Hwang et al.，1997）；统计分析法包括回归分析法、方差分析法（ANOVA）、基于方差分解的方法[如傅里叶幅度灵敏度检验法（Fourier Amplitude Sensitivity Test，FAST）、Sobol 方法和扩展傅里叶幅度灵敏度检验法（Extend FAST）等]和代理模型法（又称元模型或者响应曲面法）等，另外还包括采样算法，如蒙特卡罗法（MC）和拉丁超立方法（LHS）。从分析结果的量化程度看，可分为筛选法和精炼法。从研究对象为单参数还是多参数来看，分为局部法和全局法。

15.2.1　三种典型的敏感性分析方法

15.2.1.1　Morris 参数筛选法

Morris 法（Campolongo et al.，2007）是一种定性方法，基本思想是评估单个因子微小变化量所引起的输出响应变化，它定义了基效应的概念，计算公式为

$$d_i(j) = \frac{f(x_1,\cdots,x_{i-1},x_{i+\Delta},x_{i+1},\cdots,x_n) - f(x_1,\cdots,x_n)}{\Delta} \tag{15.1}$$

式中，$d_i(j)$ 为第 i 个参数第 j 组样本的基效应，$j=1,2,\cdots,R$（R 为重复抽样次数）；n 为参数个数；x_i 为第 i 个参数；Δ 为单个参数微小变化量；$f(\cdot)$ 为对应参数组的响应输出。

Morris 提出了两个计算指标来判断参数的敏感性，即基效应均值 μ 和标准差 σ。其中，μ 表征参数的灵敏度，确定参数的排序；而 σ 表征参数之间的非线性或相互作用的程度。考虑到模型非单调可能导致计算的 μ 为负值，常采用 Campolongo 等（2007）提出的修正均值 μ^* 来代替 μ。

$$\mu^* = \frac{1}{R}\sum_{j=1}^{R}|d_i(j)| \tag{15.2}$$

$$\sigma_i = \sqrt{\frac{1}{R-1}\sum_{j=1}^{R}[d_i(j)-\mu^*]^2} \tag{15.3}$$

15.2.1.2　响应曲面法（RSM）

近年来，计算机仿真模拟技术快速发展，以 RSM 和状态相关参数法（State Dpendent Parameter，SDP）为代表的代理模型技术被引进到复杂模型的敏感性分析领域（Sathyanarayanamurthy and Chinnam，2009；Ascough，2005）。其中，RSM 法基于多项式回归、人工神经网络和支持向量机等统计理论。Sathyanarayanamurthy 和 Chinnam 尝试将 RSM 法与其他敏感性分析法结合用于定量分析。但是相关方法在水文和环境模型中的应用尚不多见。因此，本章将 RSM 与 Sobol 法结合用于定量估算 CNMM 模型的关键参数敏感性，拟合非参数响应曲

面，估算一阶和二阶敏感度。

RSM 也被称为响应面优化法，被广泛用于解决非线性数据处理的相关问题。它借助统计技术对过程进行回归分析、拟合响应曲面绘制等高线，然后计算相应于各因素水平的响应值。RSM 法优点在于：①在考虑试验随机误差在各因素水平的响应值的基础上，可以找出预测的响应最优值；②将实验得出的数据结果拟合出一个响应面（常为曲面），作为代理模型进行预测，该过程将离散的数据转化为连续的曲面模型，实现了输入空间的连续化。

RSM 是对受多个变量影响的问题建模和分析的一种数学统计方法。作为一种系统优化方法，包括构建过程模型和对过程进行优化两部分。

15.2.1.3 RSMSobol 方法

该方法结合方差分解的 Sobol 方法和统计理论的响应曲面模型，构建一种定量敏感性分析方法，实现一阶、二阶及总敏感度计算。根据方差分解理论有

$$V(Y)=V(E(Y|X_k)) + E(V(Y|X_k)) \tag{15.4}$$

式中，$V(Y)$ 和 $E(Y)$ 为输出变量 Y 的方差和均值；X_k 为第 k 个输入，右边第 1 项为输出变量条件期望的方差（条件是 X_k），第 2 项为误差项或剩余项，表示不考虑 X_k 影响的 Y 的变异程度。则对应于一阶敏感度的相关比 η^2 可定义为

$$\eta^2=V(E(Y|X_k)) / V(Y) \tag{15.5}$$

同理，对不相关输入因素的双因素交互作用满足如下公式：

$$V(Y)=V(E(Y|X_i, X_k)) + E(V(Y|X_i, X_k)) \tag{15.6}$$

式中，X_i 和 X_k 为两个输入因素，右边第 1 项为条件期望，第 2 项为残差。

$$\eta^2(X_i, X_k) = V(E(Y|X_i, X_k))/V(Y) \tag{15.7}$$

根据

$$S_{T_i} = \frac{(V_i+\sum_{i \neq j} V_{ij} + \sum_{i \neq j, i \neq k} V_{ijk}+\cdots+V_{1,2\ldots,n})}{V(Y)} \tag{15.8}$$

式中，V_i 为因素 i 单独作用的方差；V_{ij} 为因素 i 和 j 同时作用的方差；V_{ijk} 为因素 i、j 和 k 同时作用的方差；依此类推，$V_{1,2,\cdots,n}$ 为 n 个参数同时作用的方差。总敏感度定义为

$$S_{T_i} = E(V(Y | X_{-i}))/V(Y) \tag{15.9}$$

式中，$-i$ 为除第 i 个因素的其他所有因素。

15.2.2 基于改进 Morris 方法对 CNMM 进行敏感性分析实例

采用改进 Morris 法分析 CNMM 模型 8 个关键参数（表 15.1）的敏感性，结果见图 15.1 和图 15.2。

表 15.1　CNMM 水文模块包含的八个关键参数

名称	单位
曼宁糙率系数（Manning）	—
饱和含水量（Phy_sat）	%
田间持水量（Phy_fc）	%
萎蔫含水量（Phy_wp）	%
风干含水量（Phy_ad）	%
土壤容重（Phy_bd）	$g\cdot cm^{-3}$
土壤饱和导水率（Phy_ks）	$m\cdot d^{-1}$
土壤侧向饱和导水率（Phy_kslat）	$m\cdot d^{-1}$

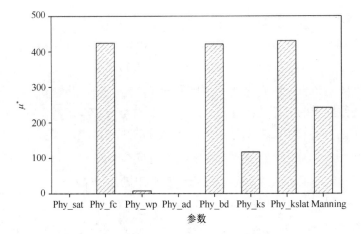

图 15.1　Morris 方法估算的关键参数敏感性

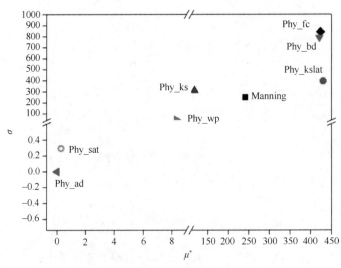

图 15.2　CNMM 模型 8 个关键参数的 $\mu*$ 和 σ 散点分布

15.3 常见模型参数的不确定性分析方法

15.3.1 普适似然不确定性估计

普适似然不确定性估计方法（Generalized Likelihood Uncertainty Estimation，GLUE）由 Beven 和 Binley（1992）提出，首先用于评估水文模型的不确定性分析。GLUE 方法的基本原理是在确定模型结构和模拟时段后，选择模型中敏感及重要的参数，进行参数值分布空间和预报不确定性分析，最终得出一定可信度的水文预报范围，原理简单，易于操作。然而，GLUE 方法在很多实际应用中的结果表明，预测区间的覆盖率远低于给定的置信水平。导致这种低覆盖率的原因是多方面的，熊立华等（Xiong and O'Connor，2008）将这些原因归为两类：一类因素独立于 GLUE 方法，包括模型结构误差、降雨径流误差及人类对流域下垫面的影响等客观原因；另一类依赖于 GLUE 方法，包括似然阈值的设定及模型参数先验分布的假定等主观原因。

似然度函数是 GLUE 方法的关键，通常为模拟值与观测值残差的统计量，最常用的是残差平方和。但似然度函数并没有一个标准的定义，其选择具有一定的主观性，由于似然度函数选择的差异，可能对水环境数学模型的参数识别和灵敏度分析结果产生一定的影响。GLUE 方法可以分为下面几个主要步骤。

（1）似然判据的定义。一般来说，当模拟结果与所研究的系统完全不同时，似然判据应该为零；而当模拟结果相似度增加时，似然判据值应该单调上升。目前最常用的似然判据是萨克利夫系数及纳什系数（刘艳丽等，2009）。纳什系数计算公式如下：

$$L(\theta_i|Y)=1-\frac{\sigma_i^2}{\sigma_o^2} \tag{15.10}$$

式中：$L(\theta_i|Y)$ 为第 i 组参数的似然判据；σ_i^2 为模拟序列的误差方差；σ_o^2 为实测序列的方差。

（2）确定参数的先验分布和初始范围，一般采用均匀分布形式代替参数的先验分布。参数的采样方式根据具体情况，一般采用均匀或者对数采样等方式。

（3）确定似然值置信水平，选出该水平下参数组，根据参数组估算该置信水平下模拟结果。

（4）当有新的数据时，利用贝叶斯公式更新得到加权后的似然判据值。贝叶斯公式如下：

$$L(Y|\theta_i)=L(\theta_i|Y)L_o(\theta_i)/C \tag{15.11}$$

式中，$L_o(\theta_i)$ 为先验似然值；$L(\theta_i|Y)$ 为观测变量；$L(Y|\theta_i)$ 为后验似然值；C 为规

一化因子。

（5）如果有新的数据，利用以上步骤更新递推。

近年来多准则似然判据被运用到 GLUE 方法提高精度。采用模型对特定某区域进行模拟时，可以利用各种测定数据和结果分别选取多种似然目标函数。综合考虑这些似然函数值，取舍参数组可以有效地降低模型参数的随机性，提高准确性。Gupta 等（1998）和 Franks 等（1999）分别利用以上办法，采取多准则似然函数对土壤植被大气传输模型和水文模型进行了参数的率定。结果表明，多准则目标函数的使用可以大大减小最优组的数量，提高准确性。一般采用的多目标似然判据如下：

$$L(Y|\theta_i)=L(\theta_i|Y)L_o(\theta_i)/C \qquad (15.12)$$

目标函数的选择直接影响着最终参数组的选取和模拟结果。一般在选取的时候主要满足以下两个原则：①保持模拟和实测的水量平衡及流量过程的形状一致性；②实测和模拟量的峰现时间及洪峰流量误差不宜太大。

GLUE 方法可通过自己编程实现，也可利用已有软件，如 SWAT-CUP 中已集成实现 GLUE 的模块。

15.3.2　ParaSol 方法

ParaSol 方法（Van Griensven et al.，2006）将目标函数（objective function，OF）耦合进全局优化准则（Global Optimization Criterion，GOC），用 SCE-UA 方法最小化 OF 或 GOC，在两种统计概念中选较优进行不确定性分析。

15.3.3　贝叶斯不确定性分析方法

贝叶斯方法的主要特征是它以概率形式量化模型输入和输出，并且当新的数据被添加时，依据概率理论更新已有分布（Sivia，1996）。把一切事情当作概率问题来处理——即使是在模型拥有众多不同输入输出的时候，这使得贝叶斯分析法在计算方面要求较为苛刻，这在过去也限制了贝叶斯理论的具体应用。近年来出现了一些基于采样的概率分布估算方法，特别是马尔可夫链蒙特卡罗技术，很大程度上解决了贝叶斯理论应用中的高复杂度计算问题。

现代贝叶斯分析的快速发展促进了计算工具的出现，反过来，计算工具也有利于贝叶斯理论被更广泛的不同专业背景的人群接收，加快了贝叶斯应用的普及。一方面，软件的获取已经越来越容易，包括 WinBUSG（Bayesian Inference Using Gibbs Sampling）、JAGS（Just Another Gibbs Sampler），还有 R 语言的分析包 LearnBayes、BayesValidate、boa 等在内很多软件都是开源免费的，在网上可以轻易得到；另一方面，由于使用者对贝叶斯理论的误解导致的错误使用层出不穷，因此，深入了解一些分布理论和计算原理对于避免误用软件依然必要。

在贝叶斯世界观下，概率被当作事件可信度的度量，即我们对一个事件发生可能性的确定，而这就是概率的自然解释。概括来讲，贝叶斯的概率描述的是主观信念而不是概率。这样，除了对从随机变化产生的数据进行概率描述外，还可以对其他事物进行概率描述。例如，可以对模型中各个参数进行概率描述，即使它们是固定的常数；还可为参数生成一个概率分布来对他们进行推导，点估计和区间估计可以从这些分布得到。贝叶斯推断的基本步骤如下：

（1）选择一个概率密度函数 $f(\theta)$，用来表示在取得数据之前我们队某个参数 θ 的信念，称为先验分布；

（2）选择一个模型 $f(x|\theta)$ 反映在给定参数 θ 情况下对 x 的信念；

（3）当得到数据 $X_1, X_2, \cdots, X_n$ 后，更新信念并计算后验分布 $f(\theta|x)(X_1, X_2, \cdots, X_n)$；

（4）从后验分布中得到点估计和区间估计。

贝叶斯定理如下：

$$f(y|k) = \frac{f(x|y)f(y)}{\int f(x|y)f(y)\mathrm{d}y} \tag{15.13}$$

利用贝叶斯规则可将模型输入数据和模型参数的分布联合起来：

$$f(\theta|x) = \frac{f(x|\theta)f(\theta)}{\int f(x|\theta)f(\theta)\mathrm{d}\theta} \tag{15.14}$$

式中，$f(x|\theta)$ 即为似然函数。假设有 n 个观测数据，$X_1, X_2, \cdots, X_n$，记为 X^n，对应的值为 $x_1, \cdots, x_n$，记为 x^n，用如下公式代替 $f(x|\theta)$：

$$f(x^n|\theta) = f(x_1, \cdots, x_n|\theta) = \prod_{i=1}^{n} f(X_i|\theta) = L_n(\theta) \tag{15.15}$$

此处似然函数可进一步解释为给定参数下数据的概率。接下来介绍的是后验概率，公式表达如下：

$$f(\theta|x^n) = \frac{f(x^n|\theta)f(\theta)}{\int f(x^n|\theta)f(\theta)\mathrm{d}\theta} = \frac{L_n(\theta)f(\theta)}{c_n} \propto L_n(\theta)f(\theta) \tag{15.16}$$

式中，$c_n = \int L_n(\theta)f(\theta)\mathrm{d}\theta$ 被称为归一化常数，常常忽略此项，因为我们关心的主要是参数 θ 的不同值之间的比较。所以有：

$$f(\theta|x^n) \propto L_n(\theta)f(\theta) \tag{15.17}$$

可知，后验和似然函数与先验的乘积成正比。

15.3.3.1　贝叶斯点估计

后验均值是最常用的点估计，代表 L_2 损失下的贝叶斯规则，记为：

$$L_n \overline{\theta_n} = \int \theta f(\theta \mid x^n) \mathrm{d}\theta = \frac{\int \theta L_n(\theta) f(\theta) \mathrm{d}\theta}{\int L_n(\theta) f(\theta) \mathrm{d}\theta} \tag{15.18}$$

另一个常用的点估计是极大后验估计，是使后验 $f(\theta|x^n)$ 最大的 θ 的值：

$$\hat{\theta}_n = \arg\max_{\theta} f(\theta \mid x^n) \tag{15.19}$$

15.3.3.2　贝叶斯置信区间估计

为了获得贝叶斯区间估计，需要找到 a 和 b，使得

$$\int_{-\infty}^{a} f(\theta \mid x^n) \, \mathrm{d}\theta = \int_{b}^{+\infty} f(\theta \mid x^n) \, \mathrm{d}\theta = \frac{\alpha}{2} \tag{15.20}$$

另 $C=(a, b)$，因此，

$$\mathrm{P}(\theta \in C \mid x^n) = \int_{a}^{b} f(\theta \mid x^n) \, \mathrm{d}\theta = 1 - \alpha \tag{15.21}$$

C 称为 $1-\alpha$ 后验区间。

15.3.3.3　先验分布

在进行观察以获得样本之前，人们对 θ 也会有一些知识。因为是在试验观察之前，故称之为先验知识。通过引入事件的先验可能性，我们已经认可了做出的任何猜测都是潜在错误的。因此，贝叶斯派认为应该把 θ 看成是随机变量。首先，先验使得后验参数密度的计算成为可能；其次，先验为现有数据集之外的信息提供了一个入口。θ 的分布函数记为 $F(\theta)$，θ 的密度函数记为 $f(\theta)$，分别称为先验分布函数和先验密度函数，两者合称为先验分布。它是总体分布参数 θ 的一个概率分布。贝叶斯学派的根本观点，是认为在关于 θ 的任何统计推断问题中，除了使用样本 X 所提供的信息外，还必须对 θ 规定一个先验分布，它是在进行推断时不可或缺的一个要素。贝叶斯学派把先验分布解释为在抽样前就有的关于 θ 的先验信息的概率表述，先验分布不必有客观的依据，它可以部分地或完全地基于主观信念。

贝叶斯分析为根据新的信息更新先前的认识提供了一个简单的结构，后验分布就是这个更新。如果我们手头数据之外还有大量信息，这个先验就会有相当大的权重。先验信息也会因人而异——并不是每个个体拥有相同的信息，每个个体也不是以相同的方式权衡这些信息。而贝叶斯结构的价值就在于它允许这些差异的能力。当调查者没有任何认识，或认为希望将某个特定数据的贡献分离出来时，可使用无信息先验。

一个贝叶斯模型是否有用取决于该模型的应用目的，以及数据对于该模型的支持程度。与经典模型评价相同，假设是贝叶斯模型评价的组成部分。一个贝叶斯分析将数据与先验知识结合起来，并计算一个假设为真的后验概率。

15.3.4 与贝叶斯统计相关的采样方法——MCMC

马尔可夫链蒙特卡罗（Markov Chain Monte Carlo，MCMC）模拟用以估计多变量分布。从名字上可以看出，该方法产生待估参数的马尔可夫链，表示目标分布的一个随机游走。该链用先验和后验密度中的 p 个参数的值来初始化。

MCMC 概念包含了两部分：Monte Carlo integration 和 Markov chain。首先是 Monte Carlo integration，利用采样的方法解决参数期望不能直接计算的问题，即根据 θ 的后验概率密度函数对 θ 进行 n 次随机采样，计算 n 个 $f(\theta)$，然后将这 n 个值求平均。根据大数定理，当 n 足够大并且采样服从独立原则的时候，该值趋向于期望的真实值；但是当 θ 的后验概率函数很难得到的时候，该方法并不适用。而在此基础上产生的 MCMC，虽然也是通过采样方法进行的，却将马尔可夫链的概念引进来。它的想法是，如果某条马尔可夫链具有非周期和不可约特性的时候，该马尔可夫链具有唯一的静态点，即 $P_t = P_{t-1}$；因此当马尔可夫链足够长后（设为 N），产生的值会收敛到一个恒定的值（m）。这样对 $f(\theta)$ 产生马尔可夫链，在 N 次之后 $f(\theta)$ 的值收敛于恒定的值 m，一般假设 $n > N$ 后，$f(\theta)$ 服从 $N(m, scale)$ 的正态分布。即当 n 足够大的时候，用马尔可夫链产生的 $f(\theta)$ 相当于在 $N(m, scale)$ 独立抽样产生的值。

问题是如何产生具有这样特性的马尔可夫链？主要的方法包括 M-H（Metropolis-Hastings）算法、Gibbs 抽样法，以及近差分进化自适应 Metropolis 算法（Differential Evolution Adaptive Metropolis，DREAM）。

15.3.4.1 M-H 算法

M-H 算法由两部分组成：一是根据条件概率密度函数，抽样得到下一个时间点的参数值 V_{t+1}；二是计算产生的这个值的接受概率 a。如果 a 有显著性，就接受抽样得到的值；否则下一时间点的值保持不变。

第一部分引入了建议分布（proposal distribution）的概念。在参数取值连续的情况下，后一个时间点的值服从一个分布，而这个分布函数只和前一个时间点的值有关 $q(\cdot|\theta_t)$。计算完 a 之后，如何决定接受采样获得的值还是保持原来值不变。一般假设 a 服从 0～1 的均匀分布，每次采样计算 a 后都从 U（0，1）中随机抽样一个值 a'，如果 $a \geq a'$，则接受抽样的值，否则保持原来的值不变。根据 $q(\cdot|\theta_t)$ 的不同，M-H 算法又有不同的分类：一是假设 $q(\theta_{t+1}|\theta_t) = q(|\theta_{t+1} - \theta_t|)$，因此 a 被化解，该方法叫做 random walk metropolis；二是假设 $q(\theta_{t+1}|\theta_t) = q(\theta_{t+1})$，该方法称为 independence sampler。

对于多参数的情况，既可以同时产生多向量的马尔可夫链，又可以对每个参数分别进行更新，即如果有 h 个参数需要估计，那么在每次迭代的时候分 h 次，每次更新一个参数。

15.3.4.2　Gibbs 抽样

作为 M-H 算法的一个变体，Gibbs 抽样利用条件概率能够完成高维度的模拟处理。其抽样核心是将高维的后验密度分解为多个低维（一般为单变量的）密度，而这些低维的密度可以利用 M-H 算法解决。此处能够将高维分解的原因是所有低维条件分布的集合决定了唯一的联合分布。

15.3.4.3　DREAM 算法

DREAM 具有较强的全局收敛能力和鲁棒性，能够避免"早熟收敛"问题，适用于复杂高维非线性的问题求解。该算法沿袭了 DE 算法和自适应 Metropolis 算法的思想。根据指定分布抽样时，DE 算法的变异操作保证了 MC 链的遍历性。通过多元正态分布函数和双峰分布函数验证 DREAM 采样结果，发现该算法保留了自适应 DE 算法的优点，使 MC 链朝着高概率后验分布区收敛，降低了得到局部最优区域的可能性，提高了搜索参数后验概率分布的效率和精度（Vrugt, 2009）。

使用 DREAM 算法的 MCMC 模拟是一种复杂的估计模型参数和输出后验概率密度函数的方法，具有坚实的统计学基础，比 GLUE 方法更加高效。DREAM 算法在保证效率的同时，满足了细致平衡条件和遍历性。

介绍完如何利用 MCMC 模拟产生马尔可夫链并如何从该链中得到联合后验之后，下面介绍如何判别马尔可夫链的收敛性。

模拟开始到收敛之前的阶段通常称为预烧（burn-in），这一部分迭代出来的数值必须舍弃，而且该部分常通过肉眼判断。链的预烧过程是达到稳态的必经阶段，预烧之后估计出来的链趋于平稳。对于复杂模型，也有一些数量指标来帮助判断链的收敛情况。运行 MCMC 模拟足够长的序列以充分代表目标分布是至关重要的。MCMC 模拟的关键之一是要确定链是否收敛及在什么时候收敛。对于多参数模型来说，这个判断非常困难，因为不存在模拟的中止规则。然而尽管有一些常用的方法来评估收敛，但针对高维模型，几乎无法完全确定链是否已经收敛。

收敛是渐近发生的。当我们说链已经收敛时，必须基于合适的初始值（如从先验分布中抽取的参数值的组合）通过逐渐增加的模拟步骤可达到收敛状态。如经很长时间还无法判断是否收敛，或者序列存在强自相关性，则可通过设置不同的初始条件来重复多次模拟。一方面，不同的参数组合初始值有助于判断链是否收敛，每一组合为一条链；另一方面，完全随意的初始值组合不一定会产生有用结果。对于复杂模型，收敛所需的时间依赖于合理的参数初始值。对于一个最终能够收敛的模拟，如果初始值与合理的值差别太大，或许模拟永远不会收敛。假设目标分布在尾部特别平滑以至于无法到达较高的概率区，永不收敛的情况是可能发生的。对于高维模型来说更是如此，一些不合适的参数初始值会极大地阻止其他参数的收敛。参数间较强的相关性使得识别一个有效的跳跃分布变得困难重重。参数初始值间毫不相关也会导致类似的问题。需要强调的是，明显的收敛表示该算法确实收敛到了某一点，但这并不意味着该点就是你所需要的目标分布。因为似然表面可能是复杂的，所以需谨慎对待明显收敛的情况。

另外，有几个指标用来检验链是否到达收敛，其中之一是 Gelman 和 Rubin（1992）的尺度换算因子（scale reduction factor），基于平行链的链内和链间的方差比较。假设有 M 条从不同初始条件模拟得到的 MCMC 链，长度为 N，每条链包括 p（参数数量）个长度为 N 的向量。对任意参数 θ，计算链内平均方差，即

$$S_{\text{in}} = \frac{1}{M(N-1)} \sum_{m=1}^{M} \sum_{n=1}^{N} \left(\theta_{nm} - \overline{\theta_m} \right)^2 \tag{15.22}$$

式中，θ_{nm} 表示第 m 个序列中参数 θ 的第 n 个估计；$\overline{\theta_m}$ 是整个第 m 个序列的平均估计。链间方差为

$$S_{\text{out}} = \frac{1}{(M-1)N} \sum_{m=1}^{M} \left(\sum_{n=1}^{N} \theta_{nm} - \frac{1}{M} \sum_{m=1}^{M} \sum_{n=1}^{N} \theta_{nm} \right)^2 \tag{15.23}$$

这些关系用于判断随着 MCMC 的进行参数 θ 的收敛状况，即

$$R = \sqrt{\frac{1}{N} \left(N - 1 + \frac{S_{\text{out}}}{S_{\text{in}}} \right)} \tag{15.24}$$

当序列间（链间）方差接近序列内方差时，R 趋近于 1。

Gelman 等（1995）推荐：当 $R<1.2$ 时，可以接受链已收敛，R 不应小于 1。一些参数的序列收敛很快，而另一些则很慢。对模型整体来说，所有参数均需达到收敛状态才可接受。如果在某个序列内存在强烈的自相关，此时，R 可能落在以此判断收敛的范围内，但实际上链却为真正收敛。

最后从 MCMC 的模拟结果中配置边界分布、计算分位数和矩。舍弃预烧值后，剩下的值可以构建直方图或者通过平滑处理得到连续的密度分布。

15.3.5 基于 DREAM 算法对 CNMM 进行关键参数不确定性分析实例

根据前文敏感性分析结果，选取 CNMM 的 4 个较敏感参数 Phy_ks、Phy_fc、Phy_bd 和 Manning 作为本章研究对象。通过基于 DREAM 采样算法的贝叶斯统计模型研究 4 个参数对径流输出的影响。采用尺度换算因子 SR 作为收敛性指标，当 SR < 1.2 时，判断算法收敛于稳定的后验分布。DREAM 采样结果及径流输出的不确定性分析如下。

图 15.3 为收敛性判断指标 SR 的变化情况，每层的平均 SR 依次为 1.0360、1.1490、1.4050、1.0410 和 1.0325。除 layer03 稍大外，另外四层均小于 1.2 的阈值，说明采样链已收敛。

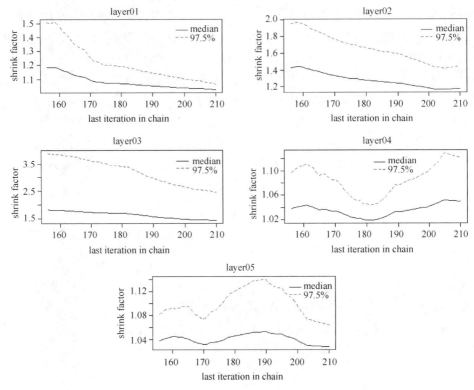

图 15.3 DREAM 算法采样 Phy_ks 参数的尺度收缩因子

为研究参数不确定性对模拟结果，即径流输出不确定性的影响，以参数后验区间的中值、2.5%和 97.5%处的取值分别放入模型输入文件得到 3 条对应的出水口径流流量序列。选取典型参数 Manning 和 Phy_ks 研究对径流的影响，图 15.4 展示了以阴影面积表示参数取 2.5%和 97.5%时输出径流的区间。图中的蓝线是参数取 50%（中值）时的径流序列，红线是冷模拟，即最优参数下的最佳输出序列。可知，对于 Manning 和 Phy_ks，参数位于后验区间 2.5%处时的输出径流大于在 97.5%处取值时的输出径流。而且两条序列在时间上有延迟，参数在后验区间 97.5%处取值时得到的径流序列较晚。

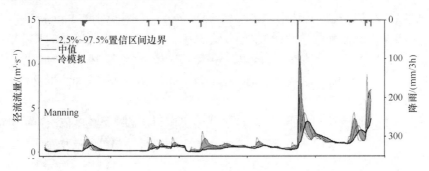

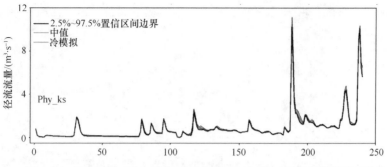

图 15.4　曼宁系数（上）和饱和导水率（下）的 97.5PPU 模拟不确定性

15.4　常见模型优化方法

优化方法是参数识别最常用的方法之一，而且最直观、最传统。经过近几十年的发展，大量的优化技术涌现出来，如梯度方法、单纯性方法。计算速度的快速提高，使得基于随机搜索的现代优化算法在非线性模型的参数识别中应用更加普遍、简易。现代优化优化算法，如分支定界算法、遗传算法、蚁群算法、模拟退火算法和人工神经网络算法都得到了极大的应用。虽然各种方法的收敛速度各有不同，但本质是一样的。下面以模拟退火和人工神经网络为例进行描述。

15.4.1　分支定界算法（Branch and Bound，BaB）

BaB 是一种在问题的解空间树上搜索问题的解的方法。基本思想是采用广度优先或最小耗费优先的方法搜索解空间树，并且每一个活结点只有一次机会成为扩展结点。活结点一旦成为扩展结点，就一次性产生其所有儿子结点。在这些儿子结点中，导致不可行解或导致非最优解的儿子结点被舍弃，其余儿子结点被加入活结点表中。此后，从活结点表中取下一结点成为当前扩展结点，并重复上述结点扩展过程。这个过程一直持续到找到所需的解或活结点表为空时为止。从活结点表中选择下一个活结点作为新的扩展结点时，根据选择方式的不同，分支定界算法通常可以分为两种形式：队列先进先出分支定界法和优先队列式分支定界法。

15.4.2　模拟退火（Simulated Annealing，SA）

介绍 SA 前，先介绍爬山算法（Hill Climbing）。爬山算法是一种简单的贪心搜索算法，该算法每次从当前解的邻近解空间中选择一个最优解作为当前解，直到达到一个局部最优解。爬山算法的实现很简单，其主要缺点是会陷入局部最优解，而不一定能搜索到全局最优解。假设 C 点为当前解，爬山算法搜索到 A 点这个局部最优解就会停止搜索，因为在 A 点无论向哪个方向小幅度移动都不能得到更优的解（图 15.5）。

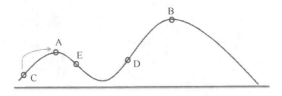

图 15.5　爬山算法示意图

爬山法是完完全全的贪心法，每次都"鼠目寸光"地选择一个当前最优解，因此只能搜索到局部的最优值。模拟退火其实也是一种贪心算法，但是它的搜索过程引入了随机因素。模拟退火算法以一定的概率来接受一个比当前解要差的解，因此有可能会跳出这个局部的最优解，达到全局的最优解。以图 15.5 为例，模拟退火算法在搜索到局部最优解 A 后，会以一定的概率接受到 E 的移动。也许经过几次这样的不是局部最优的移动后会到达 D 点，于是就跳出了局部最大值 A。

模拟退火算法描述：

若 J［Y(i+1)］≥ J［Y(i)］（即移动后得到更优解），则总是接受该移动；

若 J［Y(i+1)］< J［Y(i)］（即移动后的解比当前解要差），则以一定的概率接受移动，而且这个概率随着时间推移逐渐降低（逐渐降低才能趋向稳定）。这里的"一定的概率"的计算参考了金属冶炼的退火过程，这也是模拟退火算法名称的由来。

根据热力学的原理，在温度为 T 时，出现能量差为 dE 的降温的概率为 P(dE)，表示为：

$$P(dE) = \exp\left[dE/(kT)\right] \tag{15.25}$$

式中，k 是一个常数；exp 表示自然指数，且 dE<0。这条公式的直观解释为：温度越高，出现一次能量差为 dE 的降温的概率就越大；温度越低，则出现降温的概率就越小。又由于 dE 总是小于 0（否则就不叫退火了），因此 dE/kT < 0，所以 P(dE)的函数取值范围是(0, 1)。随着温度 T 的降低，P(dE)会逐渐降低。我们将一次向较差解的移动看成是一次温度跳变过程，以概率 P(dE)来接受这样的移动。

模拟退火算法是一种随机算法，并不一定能找到全局的最优解，但可以比较快地找到问题的近似最优解。如果参数设置得当，模拟退火算法搜索效率比穷举法要高。

15.4.3　遗传算法（Genetic Algorithm，GA）

GA 又称进化算法，是一类借鉴生物界的进化规律（适者生存、优胜劣汰遗传机制）演化而来的随机化搜索方法，由美国的 Holland 教授于 1975 年首先提出。

其主要特点是直接对结构对象进行操作，不存在求导和函数连续性的限定；具有内在的隐并行性和更好的全局寻优能力；采用概率化的寻优方法，能自动获取和指导优化的搜索空间，自适应地调整搜索方向，不需要确定的规则。其基本思想是将要解决的问题模拟成一个生物进化的过程，通过复制、交叉、突变等操作产生下一代的解，并逐步淘汰掉适应度函数值低的解，增加适应度函数值高的解。这样进化 N 代后就很有可能会进化出适应度函数值很高的个体。

15.4.4　人工神经网络（Artificial Neural Network，ANN）

ANN 是一种模仿动物神经网络行为特征，进行分布式并行信息处理的数学模型。这种网络依靠系统的复杂程度，通过调整内部大量节点之间相互连接的关系，从而达到处理信息的目的。人工神经网络具有自学习和自适应的能力，可以通过预先提供的一批相互对应的输入-输出数据，分析掌握两者之间潜在的规律，最终根据这些规律，用新的输入数据来推算输出结果，这种学习分析的过程被称为"训练"。神经网络由大量的节点（或称神经元）之间相互连接构成。每个节点代表一种特定的输出函数，称为激励函数（activation function）。每两个节点间的连接都代表一个对于通过该连接信号的加权值，称之为权重，这相当于人工神经网络的记忆。网络的输出则依网络的连接方式、权重值和激励函数的不同而不同。网络自身通常都是对自然界某种算法或者函数的逼近，也可能是对一种逻辑策略的表达。

人工神经网络具有四个基本特征：非线性、非局限性、非常定性和非凸性。该算法主要考虑网络连接的拓扑结构、神经元的特征、学习规则等。目前，已有几十种神经网络模型，其中有反传网络、感知器、自组织映射、Hopfield 网络、波耳兹曼机、适应谐振理论等。根据连接的拓扑结构不同，神经网络模型可分为两种。

（1）前向网络。网络中各个神经元接受前一级的输入，并输出到下一级，网络中没有反馈，可以用一个有向无环路图表示。这种网络实现信号从输入空间到输出空间的变换，它的信息处理能力来自于简单非线性函数的多次复合。网络结构简单，易于实现。反传网络是一种典型的前向网络。

（2）反馈网络。网络内神经元间有反馈，可以用一个无向的完备图表示。这种神经网络的信息处理是状态的变换，可以用动力学系统理论处理。系统的稳定性与联想记忆功能有密切关系。Hopfield 网络、波耳兹曼机均属于这种类型。

不管形式如何，学习都是神经网络研究的一个重要内容，它的适应性是通过学习实现的，根据环境的变化，通过学习对权值进行调整，改善系统的行为。

参 考 文 献

刘艳丽, 梁国华, 周慧成. 2009. 水文模型不确定性分析的多准则似然判据 GLUE 方法. 四川大学学报, 41(4): 90-93.

Ascough II J C. 2005. Key criteria and selection of sensitivity analysis methods applied to natural resource models. International Congress on Modeling and Simulation Proceedings, Salt Lake City, UT, 6-11: 2463-2469.

Beven K, Binley A. 1992. The future of distributed models: model calibration and uncertainty prediction. Hydrological Processes, 6: 279-298.

Campolongo F, Cariboni J, Saltelli A. 2007. An effective screening design for sensitivity analysis of large models. Environmental Modelling & Software, 22(10): 1509-1518.

Clark J S, Gelfand A E. 2006. A future for models and data in environmental science. Trends in Ecology & Evolution, 21(7): 375-380.

Critchfield G C, Willard K E. 1986. Probabilistic analysis of decision trees using Monte Carlo simulation. Medical Decision Making, 6(2): 85-92.

Franks S W, Beven K J, Gash J H C. 1999. Multi-objective conditioning of a simple SVAT model. Hydrology and Earth System Sciences Discussions, 3(4): 477-488.

Gelman A, Carlin J B, Stern H S, et al. 1995. Bayesian Data Analysis. Florida: Chapman & Hall.

Gelman A, Rubiu D B. 1992. Inference from interative simulation using multiple stquences. Stochastic Science, 7(4):457-472.

Gupta H V, Sorooshian S, Yapo P O. 1998. Toward improved calibration of hydrologic models: Multiple and noncommensurable measures of information . Water Resources Research, 34(4): 751-763.

Hwang D, Byun D W, Odman M T. 1997. An automatic differentiation technique for sensitivity analysis of numerical advection schemes in air quality models. Atmospheric Environment, 31(6): 879-888.

Saltelli A, Ratto M, Andres T, et al. 2008. Global sensitivity analysis: the primer. London: John Wiley & Sons: 304.

Sathyanarayanamurthy H, Chinnam R B. 2009. Metamodels for variable importance decomposition with applications to probabilistic engineering design. Computers & Industrial Engineering, 57(3): 996-1007.

Sivia D S. 1996. Data analysis: a Bayesian tutorial. Oxford: Oxford University Press: 189.

Van Griensven A, Meixner T, Grunwald S, et al. 2006. A global sensitivity analysis tool for the parameters of multi-variable catchment models. Journal of hydrology, 324(1): 10-23.

Vrugt J A, Ter Braak C J F, Gupta H V, et al. 2009. Equifinality of formal (DREAM) and informal (GLUE) Bayesian approaches in hydrologic modeling. Stochastic Environmental Research and Risk Assessment, 23(7): 1011-1026.

Xiong L, O'Connor K M. 2008. An empirical method to improve the prediction limits of the GLUE methodology in rainfall-runoff modeling . Journal of Hydrology, 349(1): 115-124.

16. 模型应用：以金井河流域为例

16.1 引　　言

起源于湖南省长沙县金井镇的金井河流域（图16.1），位于湘江一级支流捞刀河的上游，东经113°18~26′、北纬28°30~39′，属湘中丘陵盆地向洞庭湖平原的过渡地带，亚热带季风气候，年均气温17.2℃，年降水量1200~1500 mm，无霜期274 d，年日照时数1663 h。流域总面积为105 km²，海拔高度50~430 m，主要水系包括捞刀河金井段及其以北的脱甲河（图16.1左下角）和观佳河（图16.1右上角）。土壤以花岗岩和板页岩母质发育的红壤及水稻土为主。全区林地面积占65.5%，农田占26.6%，园林地占2.4%，水面占2.9%，居民用地占2.6%。林地以次生马尾松林和人工杉木林为主；农田以双季稻为主，辅以一季稻、稻-油、瓜果蔬菜等作物种植模式；园地以茶叶为主。

图16.1　金井河流域示意图

流域内种植业、养殖业、农产品加工业和乡镇工业十分发达，农田平均化肥施用量超过700 kg·hm⁻²，全镇2010年的生猪出栏量为24万头，平均养殖密度高达 3.46 AU·hm^{-2} 耕地。区内氮、磷排放量高，地表径流输出通量分别高达 2200 kg N·km^{-2} 和 110 kg P·km^{-2}，金井河全年近 80%时段为 V 类或劣 V 类水质（总氮>1.5 mg/L），是湖南省富营养化最严重河流——捞刀河氮磷污染的重要源头。

研究流域内的气象站每 1 h 记录一次太阳辐射、气温、降水、风速、相对湿度等参数。在流域的多个出水口处安装水位计每 10 min 自动记录一次出水口断面水位高度，定期测定出水口水的流速，并计算出水口水的流量。同时，流域内的水质观测频率为每月 3 次（8 日、18 日和 28 日），采集水质样品的测试指标包括铵态氮、硝态氮、总氮、水溶性磷和总磷等。

CNMM 模拟时间为 2010 年 12 月至 2013 年 12 月共计 39 个月，其中 2010 年的 3 个月为预热期，其他时间为正式模拟期。在正式模拟期内，出水口的流量和水质观测值与 CNMM 模拟值进行比较，其中水质数据假设为中午 12 时的测定值。

16.2　伏岭小流域

伏岭小流域是脱甲流域中一个面积较小的子流域（27°55′~28°40′N, 112°56′~113°30′E，海拔 56~440 m），土地利用为 100%的马尾松林地，受人类活动干扰较少，长期处于自然状态，总面积为 9.8 hm^2。土壤类型为红壤，土种为黄泥土，植被以次生马尾松林为主。图 16.2 为伏岭小流域水系特征分布图。研究流域内除两栋居民住宅和很小面积的家用蔬菜地外，无其他人类活动的影响。

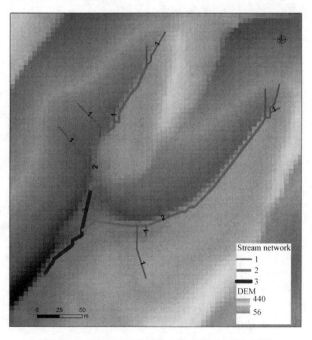

图 16.2　伏岭小流域的数字高程和水系分布图

模拟的流域出水口流量和水体氮磷浓度与观测值具有很好的相关性。其中，径流流量模拟值与伏岭流域出水口的观测值（0.0001～0.045 m³·s⁻¹)吻合（图16.3），CNMM 较准确地模拟了该小流域的水流量变化趋势，出水口流量对降水的响应非常迅速，高流量主要出现在春季（4～5 月），枯水期集中在秋季（9～11 月）和冬季（12 月和1～2 月）。如图16.3 所示，CNMM 的模拟值在每个洪峰的后期稍有拖尾现象，表明与土壤侧渗流有关的土壤亚表层、深层及底层水文参数需要进一步率定。除 2011 年外（可能由于降水的空间变异所致），其他年份的最大洪峰（0.040～0.045 m³·s⁻¹）都能得到很准确的模拟。

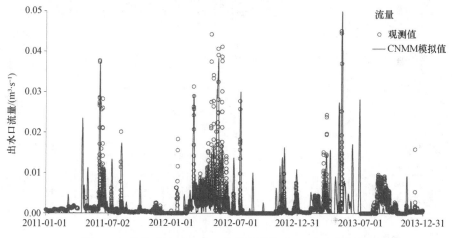

图 16.3   伏岭小流域出水口流量观测值和 CNMM 模拟值

伏岭小流域的出水口水体硝态氮（图16.4）及铵态氮（图16.5）浓度的模拟值与实际观测值相当且变化趋势基本一致。观测的硝态氮浓度为 0.1～1.5 mg·L⁻¹，有明显的季节性变化规律，即秋冬季高、春夏季低。观测的铵态氮浓度为 0.00～0.32 mg·L⁻¹，无明显的季节性变化规律。总体而言，CNMM 对水体硝态氮浓度的模拟效果要明显好于铵态氮的模拟。出水口铵态氮浓度的模拟值要高出实际测定值 20%～30%，因此有关土壤和沟渠底泥铵态氮动态变化的硝化反应参数及吸附动态参数需要更精细的率定。

伏岭小流域的出水口水体水溶性磷浓度的模拟值与实际观测值相当且变化趋势有一些差异（图16.6）。在 2011 年度，CNMM 的水溶性磷浓度模拟值与观测值比较接近，但在 2012 年和 2013 年两个年度，两者有一定的差别，原因不明。

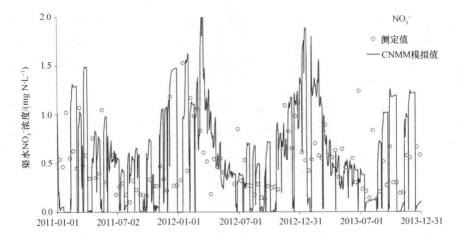

图 16.4　伏岭小流域出水口水体硝态氮（$NO_3^- $-N）浓度观测值和 CNMM 模拟值

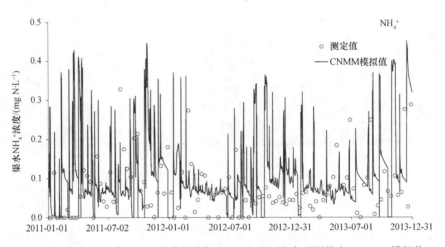

图 16.5　伏岭小流域出水口水体铵态氮（NH_4^+-N）浓度观测值和 CNMM 模拟值

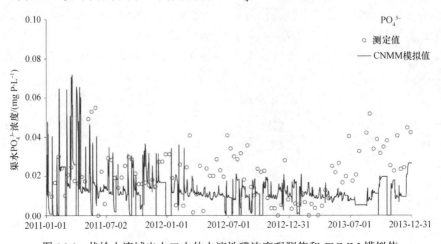

图 16.6　伏岭小流域出水口水体水溶性磷浓度观测值和 CNMM 模拟值

16.3 飞跃小流域

　　飞跃小流域是脱甲河流域中的一个面积很小的集水区（面积 4.0 hm²，海拔 70～110 m），土地利用为100%的经营性茶园，受人类活动干扰较强。土壤类型为红壤，植被为茶树。图16.7为飞跃小流域地形特征分布图。在集水区下游水塘的上方安装有一个流量计，但常年几乎观测不到地表径流，因此该小流域内水的侧向流动以壤中流和浅层地下水流为主。

图 16.7　飞跃小流域的数字高程图

　　CNMM 在飞跃小流域（集水区）的应用以模拟土壤中的水和氮素转化过程为主。在飞跃集水区开展了连续的（2013～2015 年）NO 和 N₂O 排放观测。在 CNMM 模型中，NO 和 N₂O 排放模拟模块主要计算两个过程的 NO 排放——硝化和亚硝酸根化学分解，以及两个 N₂O 排放过程——硝化和反硝化（图16.8）。

　　如图16.9 所示，CNMM 对茶园土壤 0～15 cm 的土壤水分含量、铵态氮含量、硝态氮含量和 5 cm 的土壤温度的模拟与观测值基本一致；模拟值和观测值差异较大的变量是 0～15 cm 土壤铵态氮含量，主要发生在 2013 年的春季（3～5 月份），主导因素可能是施肥的空间变异性或实际施肥量与计划施肥量存在差异。

　　硝化过程 NO 和 N₂O 的排放主要发生在 AOA/AOB 细菌作用阶段（或铵态氮至亚硝态氮阶段）。CNMM 模拟结果和观测值的比较见图 16.9，NO 的模拟结果是可以接受的（R^2=0.44，$P<0.05$）。另外，亚硝态氮不稳定，在酸性条件和高温

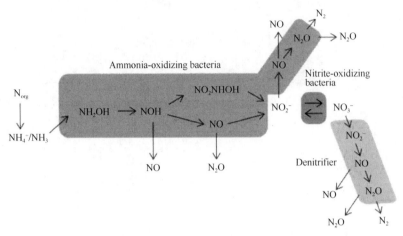

图 16.8　NO、N_2O 和 N_2 的产生途径

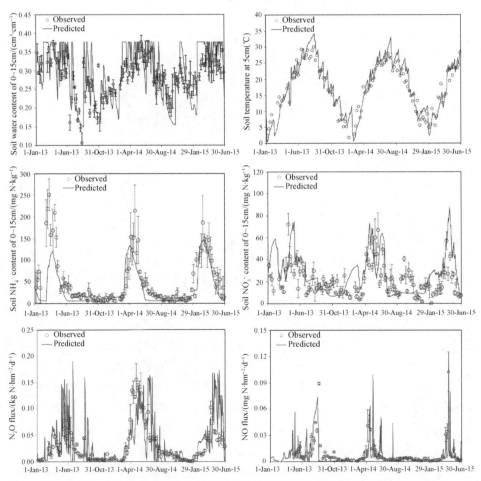

图 16.9　飞跃集水区茶园土壤的土壤水分、温度、铵态氮含量、硝态氮含量，
以及 N_2O 和 NO 排放通量的模拟值与观测值

下化学分解产生 NO 排放，我们的模拟表明此过程为主要途径，占总 NO 排放的 55%以上。另外，CNMM 对茶园 N_2O 排放的模拟效果要明显好于 NO（R^2=0.52，P<0.001），并推算出反硝化过程的 N_2O 排放贡献占总排放量的 75%左右。

16.4　涧山流域

涧山小流域是金井河流域的一个较大的小流域，面积为 50 km^2，土壤为红壤和水稻土，主要土地利用类型有林地（77.8%）、稻田（19.6%）、茶园（1.3%）、居民地（1.3%）和水体等（图 16.10）。

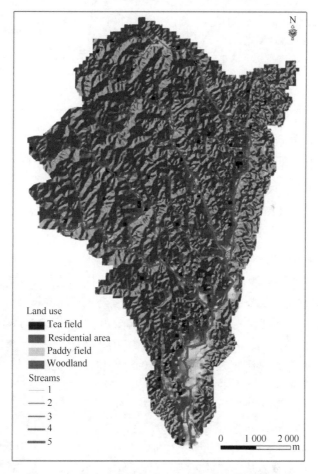

图 16.10　涧山小流域地形、水系和土地利用类型图

CNMM 模拟了 2011 年 7 月～2013 年 12 月年涧山小流域（预热期为 2011 年下半年）。与流域主出水口的流量观测值比较表明（图 16.11），模拟结果与观测结果拟合度良好，尤其是 CNMM 模型能够很准确地捕捉到小流域内发生的各个洪

峰过程。在 2012 年度,有 2 个洪峰没有被 CNMM 模拟到,可能与农田无序排水或水库放水有关。一般而言,在早稻和晚稻收获前 1 个星期都各有 1 个稻田排水事件,但有时由于特殊原因,这些事件没有发生或提前发生。

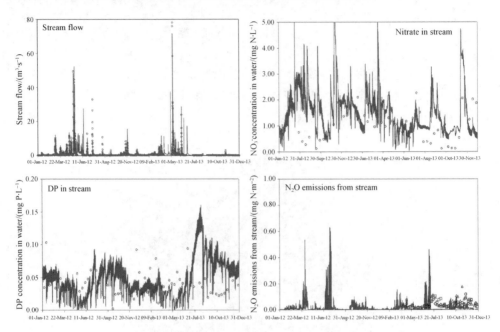

图 16.11　洞山小流域的主出水口水流量、水体硝态氮浓度、可溶性磷浓度、水体 N_2O 排放通量的 CNMM 模拟值与观测值

　　CNMM 模型能够较为准确地模拟洞山小流域的碳、氮、磷循环过程(图 16.11)。CNMM 模型对流域河流中硝态氮和全氮的模拟效果非常好。由于流域中铵态氮主要以颗粒态形式输出,而 CNMM 模型尚未有泥沙模拟模块,所以对流域河流中的铵态氮模拟效果相对其他氮素形态要差一些。CNMM 模型对全磷的模拟效果一般,但对可溶性磷的模拟效果较好。由图 16.11 可见,CNMM 对出水口水体 N_2O 排放通量的模拟值与实时观测值的动态也比较一致。

16.5　南　岳　流　域

　　南岳小流域是脱甲和河流域的一个面积为 3.24 km² 的丘岗型农业小流域,高程为 58～230m,土壤为花岗岩风化物发育的红壤和水稻土,主要土地利用类型为林地(50.1%)、水田(25.7%)、茶园(1.0%)、居民地(2.5%)和水体等(图 16.12)。

　　应用 CNMM 模拟了 2011 年 1 月～2013 年 12 月年南岳小流域(预热期为 2011 年整年)。与流域主出水口的流量观测值比较表明(图 16.13),模拟结果与观测结果拟合度良好,尤其是 CNMM 能够较好地模拟小流域内发生的各个洪峰过程。

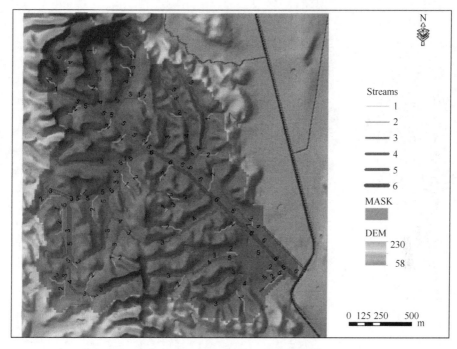

图 16.12　南岳小流域的地形、高程和水系分布图

由于流量计容量的限制，流量实时观测值只在 0.6 m³·s⁻¹ 以下。

CNMM 对水系主出水口水体的总氮（1.2～8.1 mg N·L⁻¹）和总磷（0.005～0.175 mg P·L⁻¹）的模拟效果均较好，尤其是对全氮的模拟。然而，CNMM 对全磷的模拟效果在 2013 年后半年有较大的高估，原因不明。另外，CNMM 也能较满意地模拟地下水水位的动态（图 16.13）。

在南岳小流域，CNMM 模拟的 0～20cm 土壤水分含量（2013 年 12 月 31 日 21 时）、2013 年度甲烷排放总量、2013 年度氧化亚氮排放总量、2013 年度晚稻产量的空间分布见图 16.14。尽管没有开展相应的空间分布观测，这些变量的 CNMM 模拟值的空间分布是合理的：土壤水分含量（0.08～0.81 cm³·cm⁻³）在丘岗高地部位为低值，而在沟谷部位较高，尤其在水系的下游汇合部位；甲烷排放（0～150 kg C·hm⁻²·y⁻¹）主要发生在水稻田间，并与土壤水分的空间分布密切相关；N₂O 排放（0.14～13 kg N·hm⁻²·y⁻¹）主要发生在茶园和水稻田内，也与土壤水分以及田间施肥的空间分布密切相关；晚稻产量（0～8200 kg·hm⁻²）明显与灌溉水保证条件的空间分布关系密切，高产区域主要分布在主干水系的周围地段。

与甲烷长期定位观测试验结果比较，CNMM 的甲烷排放模块工作良好。如图 16.15 所示，CNMM 能较准确地模拟水稻田在施用不同剂量（0 t·hm⁻²·y⁻¹、6 t·hm⁻²·y⁻¹、12 t·hm⁻²·y⁻¹）的水稻秸秆量时甲烷的排放通量，以及 5 cm 土壤深度的氧化还原电位和田间持水状况。通过 CNMM 模拟，我们推算出秸秆和水稻根际

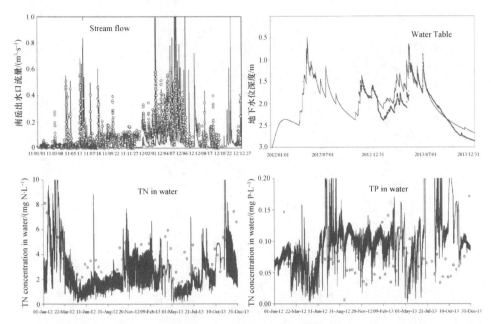

图 16.13　南岳小流域的主出水口水流量、地下水位深度、总氮浓度、
总磷浓度的 CNMM 模拟值与观测值

分泌物产生甲烷的分配与随秸秆投入量成正相关；秸秆产生甲烷的分配比要明显
高于水稻根际分泌物产生甲烷的分配比；而土壤原生有机碳产生甲烷的分配比很
低，并几乎不随秸秆投入量变化而变化。

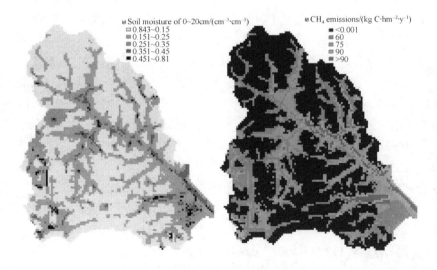

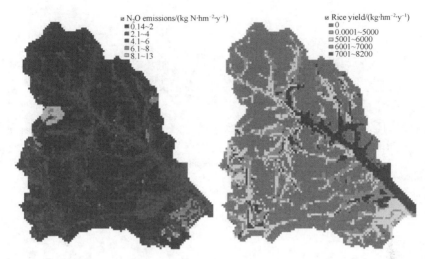

图 16.14　南岳小流域的 0～20 cm 土壤水分含量（2013 年 12 月 31 日 21 时）、2013 年度甲烷排放总量、2013 年度氧化亚氮排放总量、2013 年度晚稻产量的 CNMM 模拟空间分布图

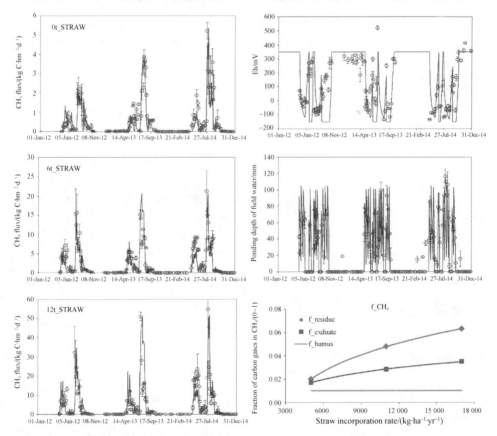

图 16.15　南岳小流域的不同秸秆投入量处理的甲烷排放通量、5 cm 土壤深度氧化还原电位、稻田表水深度的观测值与 CNMM 模拟值，以及有机物料的产生甲烷的分配比与秸秆投入量之间的定量关系

16.6 小　　结

　　由于 CNMM 模型是一个空间分布式并基于栅格数据和生态过程的生物地球化学循环数学模拟模型，在较详细的空间参数的支撑下，其模拟精度是较高的、可靠的，尤其是关于水文过程、植物生长、碳氮循环过程的模拟，但对磷素循环过程的模拟还需要加强和更多的观测数据校验。另外，需要对模型的能量模块的模拟功能进行验证，以及对关键空间变量开展实测验证。